荒石滩综合治理技术研究与实践

王曙光 张 扬 史高琦 著

U0364431

黄河水利出版社
·郑州·

内 容 提 要

本书以荒石滩为研究对象,研究通过工程措施对坡度、落差较大的荒石滩进行合理开发,以达到耕作要求,同时保证修复的耕作层长期稳定。本书主要介绍荒石滩的基本概念、形成过程、治理现状、开发前景与潜力,研究确定客土层厚度和提高耕作层稳定性,总结绿色施工技术,构建整治评价体系和开发切实可行的整治技术,为荒石滩整治工作提供技术支撑。

本书可作为土地工程工作者、高等学校相关专业教师、科研机构相关研究人员、政府部门相关行业土地管理工作者的理论研究和实际工作参考书,也可作为高校土地管理相关专业学生的参考教材。

图书在版编目(CIP)数据

荒石滩综合治理技术研究与实践/王曙光,张扬,史高琦
著 . —郑州:黄河水利出版社,2015.5
ISBN 978 - 7 - 5509 - 1138 - 3

Ⅰ.①荒⋯　Ⅱ.①王⋯ ②张⋯ ③史⋯　Ⅲ.①河滩地 –
综合治理 – 研究　Ⅳ.①S156.91

中国版本图书馆 CIP 数据核字(2015)第 114176 号

出　版　社:黄河水利出版社
　　　　　地址:河南省郑州市顺河路黄委会综合楼 14 层　　　　邮政编码:450003
发行单位:黄河水利出版社
　　　　　发行部电话:0371 – 66026940、66020550、66028024、66022620(传真)
　　　　　E-mail:hhslcbs@126.com
承印单位:河南新华印刷集团有限公司
开本:787 mm × 1 092 mm　1/16
印张:15.25
字数:352 千字　　　　　　　　　　　　　印数:1—1 000
版次:2015 年 5 月第 1 版　　　　　　　　印次:2015 年 5 月第 1 次印刷
定价:30.00 元

前 言

　　随着经济的不断发展和社会进步,城镇化、工业化的持续推进,我国对建设用地的需求逐年增加,耕地保护形势严峻。耕地资源的现状引起了国家的高度重视,党中央、国务院把"十分珍惜和合理利用每一寸土地,切实保护耕地"作为一项基本国策,通过研发土地整治技术、开展土地整治工程,对各类耕地后备资源(其中包括大量的难利用土地)进行开发整治,使其达到农用耕地的标准,以保证耕地的占补平衡。

　　我国国土面积广阔,土地资源丰富、类型多样,但耕地占有量小,后备资源不足且开发利用难度较大。以陕西省为例,主要的耕地后备资源有荒石滩、裸岩石砾地、盐碱地、其他草地、沙地和滩涂地等。其中,荒石滩的面积约有 20 万亩(1 亩 = 1/15 hm^2),主要分布在秦岭一线的南山支流、渭河支流、北洛河支流等山前冲积扇上游,是重要的耕地后备资源,但属于极难利用的土地类型。荒石滩土层瘠薄、植被覆盖度极低,地表覆盖物以石砾为主,多由河道变迁、河道来水减少等因素造成。荒石滩占地面积大、砾石裸露、土层瘠薄、植被覆盖度低、蓄水能力差、利用难度大,基本处于闲置状态,土地资源浪费严重。因此,针对这一特殊类型的耕地后备资源,研究开发出成套整治技术,对其进行综合整治,是亟须解决的重要问题。

　　本书以荒石滩作为研究对象,研究通过工程措施,对坡度、落差较大的荒石滩进行合理开发,以达到耕作要求,同时保证修复的耕作层长期稳定,并介绍已开发出的切实可行的整治技术,为陕西省荒石滩整治工作提供技术支撑。此外,陕西省还有约 15 万亩的裸岩石砾地,其基本性质特点与荒石滩类似,研究取得的成果亦可以在此类后备土地资源的整治工程中推广应用。

　　本书以陕西省华阴市白龙涧荒石滩土地整治工程为基础,第 1 章介绍了荒石滩的基本概念、形成过程、治理现状、开发前景和潜力等;第 2 章介绍了荒石滩整治的理论基础;第 3 章和第 4 章分别通过客土层厚度、耕作层结构、土壤理化性质及土壤侵蚀研究,对耕作层构建技术和稳定性进行了探讨;以此为基础,第 5 章探讨了荒石滩整治评价体系的构建,并分析了整治后的社会效益与生态效益;第 6 章提出了荒石滩绿色施工技术体系;第 7 章通过在华阴市白龙涧荒石滩开展的工程实践及示范应用,总结了荒石滩综合整治技术的应用效果。

　　在本书撰写过程中,作者吸收并借鉴了前人大量的既有成果,对于引用的资料,本书注明来源与出处,但仍难免有所疏漏,在此谨请各位专家海涵和谅解。成稿后,韩霁昌研究员、傅有明研究员,以及罗林涛、孙剑虹、孙新文、燕超凡、赵磊、王映月、陈田庆、杜宜春等多位高级工程师、博士和工程技术人员提出了许多宝贵意见。张卫华、程杰、魏雨露、把余玲、张瑞庆、李娟、赵彤、雷娜、张露、董起广、王晶、师晨迪、张海欧、魏样、童伟、赵宣等参与了主要资料的整理和试验工作,在此一并致谢。

　　本书旨在与业界同仁和读者共享作者在荒石滩土地整治中的研究成果和相关理念,

殷切盼望能够集思广益,共同推动土地整治工程事业的发展。由于时间紧张及水平有限,一些现实问题和工程创新仍在深入讨论之中,因而本书还有许多尚待完善和深化研究的内容,不足之处,敬请批评指正。

作　者
2015 年 3 月

目　录

第1章 绪 论

农业是国民经济的基础,耕地是农业生产的根本,是人类生存和社会发展最基本的自然资源。我国人口众多,耕地资源相对匮乏,截至 2009 年 12 月 31 日,全国耕地面积为 18.21 亿亩,人均 1.37 亩,仅为世界人均水平的 1/3;同时,我国又处在经济快速发展时期,各项经济建设不可避免地要占用耕地,造成耕地面积急剧减少。虽然十几年来基本实现了建设占用耕地占补平衡,但占近补远、占优补劣、占水田补旱地等问题仍客观存在,补充耕地的后备资源大多为荒石滩、盐碱地等难利用土地,且资源严重不足。因而,我们还须继续坚持最严格耕地保护制度和最严格的节约用地制度,必须坚守 18 亿亩的耕地红线和粮食底线,保持实有耕地数量基本稳定。

陕西省第二次土地调查成果显示,从 1996 年到 2009 年,耕地面积从 7 710 万亩减少到 5 996 万亩,几乎等于每年减少一个 50 万人口县的耕地面积。而随着城镇化、工业化的发展和西部大开发战略的实施,建设用地需求逐年增加,经济发展和耕地保护的矛盾十分突出。陕西省现有的耕地后备资源主要包括荒石滩、盐碱地、沙地和滩涂地等难利用土地,其中盐碱地、沙地和滩涂地均已通过成熟的开发治理方式开始整治,而面积约为 35 万亩的荒石滩,由于缺乏系统科学的研究,特别是对荒石滩综合整治开发的研究,还未成为耕地开发对象。

荒石滩是由洪水或潮水冲刷时挟带的砾石沉淀形成的,由于河床宽广、水流速度慢,上游冲刷挟带的大量砾石开始沉淀,河槽宽水流浅,导致砾石裸露,土层瘠薄,使得蓄水能力差。汛期时滩地内会出现少量明水,非汛期时则完全干涸,整个滩地处于闲置状态,占用大量的土地资源。针对这一特殊类型的耕地后备资源,以国土资源部退化及未利用土地整治工程重点实验室主任韩霁昌为核心的科研团队,以荒石滩为研究对象,以如何将开发难度大的荒石滩通过工程措施进行整治为核心,在砾石基上采用一定厚度的客土覆盖,以达到耕作要求,同时保证修复的耕作层长期稳定。通过这种对客土厚度和耕作稳定性等关键技术的研究,开发出一套切实可行的整治技术,为荒石滩整治工作提供技术指导与支撑。

通过对陕西省荒石滩的整治,不远的未来,将新增约 20 万亩耕地,这将极大缓解陕西省土地资源的供求矛盾,同时,还会对荒石滩周边的土地资源的合理利用和生态环境改善起到积极的促进作用,经济效益和生态效益都十分显著。

1.1 荒石滩及其形成过程

1.1.1 基本概念与主要特点

随着全球人口增长与经济的高速发展,耕地资源量锐减,环境恶化、资源短缺与人类生活需求日益提高的矛盾不断尖锐。因此,为解决全球人口的食物保障问题,开发后备土地资源,实现耕地动态平衡,刻不容缓。

1.1.1.1 基本概念与成因

荒石滩是由洪水、潮水或河流冲刷形成的基岩大面积裸露,或者是由从上游冲刷挟带的砾石沉淀形成的土地条件恶劣、土壤瘠薄的滩地;由大小不等的鹅卵石、沙和极少量的土组成;植被覆盖率不足5%,农作物无法生长,开发治理难度大,长期处于荒芜状态。汛期时会出现少量明水,非汛期时则完全干涸,处于闲置状态,占用大量的土地资源。目前我国对荒石滩这一特殊类型的耕地后备资源尚未给予足够的重视,由于缺乏系统的科学研究,特别是关于荒石滩客土厚度、耕作层稳定性等方面的研究一直滞后,导致大面积的荒石滩长期处于荒废状态,未能纳入土地整理、耕地开发的范围,直接影响了周围群众的生产生活。

荒石滩主要包括沙荒滩涂、戈壁、冲积扇与石漠化地区。主要的成因可分为自然因素和人类因素。

1.沙荒滩涂

沙荒滩涂(见图1-1)分为沙荒河滩和沿海滩涂,由石砾、沙和少量的土组成,由于土层浅薄、砾石外露,以及严重的采沙、采土使得河滩坑坑洼洼,不利于植被生长,更不利于耕作。

图1-1 沙荒滩涂

沙荒河滩是由于河流转弯或河床变动,淤积产生的大片沙荒滩地,此处分布着粒径巨大的石砾,为不毛之地,常年荒芜。沿海滩涂则是沿海地区海岸线的重要组成部分,呈环形连续分布于大陆边缘(陈放和马延祥,1982),其概念的界定,目前学术界尚未达成共识。有学者认为,滩涂仅指潮间带新沉积的滩地;有的学者则明确界定了沿海滩涂的下限深度(朱大奎,1986;陈永文等,1989);近年来还有学者认为,海涂(又称潮滩)(Tidal Flat)(杨宝国等,1997)、海滩(Coastal Beach)可等同于滩涂。沙荒河滩作为一个地域概念,从不同角度出发,有广义与狭义理解之分。从学术观点来看,沙荒河滩只能是潮间带

(Tidal Zone)。从开发利用角度看,沙荒河滩不仅拥有全部潮间带,还包括所有可供开发利用的部分,这是一种广义的理解。由于沿海各地滩涂类型及其开发利用方式的不同,滩涂的上下限也就有所差异。根据沿海滩涂自然生态景观的差异,我国沿海滩涂大致可分为泥滩、沙滩、岩滩和生物滩(包括红树林滩与珊瑚礁滩)等四大基本景观生态类型(彭建和王仰麟,2000)。作为荒石滩的一种,沿海滩涂应指石岩外露、含沙量高、不被潮水淹没、可供开发利用的岩滩,其多位于基岩海岸的迎风向浪场所,是基岩海岸受强烈海水动力作用侵蚀不断后退形成的。全国岩滩岸线总长约 5 000 km,占全国海岸线总长的 1/3 以上。岩滩滩面较陡,在基岩底质上覆盖薄层细砂或基岩砾石、碎块,或发育沟槽,土壤不发育。因岩性、波能、微地貌等因素差异,各地岩滩宽窄不一,从几十米至几千米不等。

随着人口增长与经济高速发展,我国尤其是沿海地区,耕地资源量锐减,环境恶化、资源短缺与人民生活需求日益提高的矛盾不断尖锐。因此,为了解决我国人口的食物保障问题,开发后备土地资源,实现耕地动态平衡,刻不容缓。

2. 戈壁

戈壁(见图 1-2)是粗砂、砾石覆盖在硬土层上的荒漠,按成因砾质戈壁可分为风化的、水成的和风成的三种,其中水成的戈壁属于荒石滩的一种,主要是由洪水冲积而形成的。当发洪水,特别是山区发洪水时,由于出山洪水能量的逐渐减弱,在洪水冲积地区形成如下地貌特征:岩石向山外依次变小,大块的岩石堆积在离山体最近的山口处,随后出现的就是拳头大小到指头大小的岩石。由于长年累月日晒雨淋和大风的剥蚀,棱角都逐渐磨圆,变成了我们所说的石头(学名叫砾石)。这样,戈壁滩也就形成了,而那些更加细小的砂和泥则被冲积、漂浮得更远,形成了更远处的大沙漠。

图 1-2　戈壁

3. 冲积扇

冲积扇(Alluvial Fan)(见图 1-3)是河流出山口处的扇形堆积体,山前冲积扇上游属于荒石滩。当河流流出谷口时摆脱侧向约束,其挟带物质便铺散沉积下来。冲积扇平面上呈扇形,扇顶伸向谷口,立体上大致呈半埋藏的锥形,以山麓谷口为顶点,向开阔低地展布的河流堆积成扇状地貌。它是冲积平原的一部分,规模大小不等,从数百平方米至数百平方千米。由暴发性洪流形成,在一些山间盆地区尤为突出,通常被视为荒漠地形的特征,粗大砾石多形成陡扇,页岩、泥岩区的细粒物质多形成平缓扇。

泥石流扇

图 1-3 冲积扇

冲积扇在不同的气候区有不同的形成过程,在地貌上和物质上有较大的差异(莫多闻等,1999):湿润区,降水频率大,水量丰沛,水流比较稳定,因此出山口河流形成的冲积扇规模大,组成物质分选较好,砾石磨圆度高,扇面上分流和网流十分发达。扇面物质在湿热气候作用下,土质呈现红壤化。山区主流两侧的溪沟坡陡水流急,在山洪暴发时形成洪流或泥石流,挟带的大量碎屑物质便在沟口附近堆积,形成由大小不一的砾石、砂土和黏土等组成的冲积锥。这些碎屑物质分选程度和磨圆度均较差,孔隙度较大,透水性较强。一般情况下,冲积锥面积较小,其上段坡度较大,中段坡度锐减,前缘地段地势展平,坡度减至 1°～2°。干旱区,降雨量极少,暂时性洪流在山麓谷口处形成洪积扇。组成洪积扇的泥沙石块颗粒粗大,磨圆度差,层理不明显,透水性强,扇面网状水系发育不显著。

4. 石漠化地区

石漠化地区(见图 1-4)是指在喀斯特脆弱的生态环境下,由于人类不合理的社会经济活动而造成的人地矛盾突出地区。这些地区自然植被不断遭到破坏,大面积的陡坡开荒,造成地表裸露,加上喀斯特石山区土层薄,基岩出露浅,暴雨冲刷力强,大量的水土流失后岩石逐渐凸现裸露,呈现石漠化现象,并且随着时间的推移,石漠化的程度和面积也在不断加深和发展。这一现象导致的最直接后果就是土地资源的丧失,又由于石漠化地区缺少植被,不能涵养水源,往往伴随着严重的人畜饮水困难。

形成石漠化的主要原因是水土流失严重,人地矛盾成为了治理石漠化最大的一个难题。石漠化的形成既有自然因素,又有人为因素。

(1)自然因素是石漠化形成的基础条件。岩溶地区丰富的碳酸盐岩具有易淋溶、成土慢的特点,是石漠化形成的物质基础。山高坡陡,气候温暖、雨水丰沛而集中,为石漠化的形成提供了侵蚀动力和溶蚀条件。因自然因素形成的石漠化土地占石漠化土地总面积的 26%。

(2)人为因素是石漠化形成的主要原因。岩溶地区人口密度大,地区经济贫困,群众

图 1-4　石漠化地区

生态意识淡薄,各种不合理的土地资源开发活动频繁,导致土地石漠化。人为因素形成的石漠化土地占石漠化土地总面积的74%,主要表现为:

①过度樵采。岩溶地区经济欠发达,农村能源种类少,群众生活能源主要靠薪柴,特别是在一些缺煤少电、能源种类单一的地区,樵采是植被破坏的主要原因。据调查,监测区的能源结构中,36%的县薪柴比重大于50%。

②不合理的耕作方式。岩溶地区山多平地少,农业生产大多沿用传统的刀耕火种、陡坡耕种、广种薄收的方式。由于缺乏必要的水保措施和科学的耕种方式,充沛而集中的降水使得土壤易被冲蚀,导致土地石漠化。据调查,监测区现有耕地中15°以上的坡耕地约占耕地总面积的20%。

③过度开垦。岩溶地区耕地少,为保证有足够的耕地,以解决温饱问题,当地群众往往通过毁林毁草开垦土地来扩大耕地面积,增加粮食产量。这些新开垦的土地,由于缺乏水保措施,土壤流失严重,最后导致植被消失,土被冲走,石头露出。

④乱砍滥伐。新中国成立以来,西南岩溶地区先后出现了几次大规模砍伐森林资源的活动,导致森林面积大幅度减少,如"大炼钢铁"时期大规模的砍伐活动和"文化大革命"期间推行的"以粮为纲"的政策等,使森林资源受到严重破坏。由于地表失去保护,加速了石漠化发展。

⑤乱放牧。岩溶地区散养牲畜,不仅毁坏林草植被,且造成土壤易被冲蚀。据测算,一头山羊在一年内可以将10亩3～5年生的石山植被吃光。

1.1.1.2　主要特点

荒石滩的主要自然特点是:

(1)地面组成物质以粗大的砾石或基岩为主。粒径变化很大,在一些地区有比小卡车还大的巨石,直径1 m左右的砾石可被冲到荒石滩边缘,大砾石与黏土也可在同一处堆积中出现。经准平原作用而形成的石砾裸露地区,绝大部分是被覆薄层砾砂削平的基岩,水土极端缺乏,植物极难生长。在由厚层堆积物覆盖的砾石上,地面组成物质各处不同,但以具有一定比例的砾石并以具有显著的"砾面"为共同特色。

（2）荒石滩主要由河流冲刷而成，由于水流变缓，挟带物沉淀，所以地面平坦，但也略有起伏，微形凹下的侵蚀沟广布。

（3）由内陆流域冲刷形成的荒石滩，地表径流稀少，地下水位较低。局部地区，特别是河流两岸和盆地边缘，也有较多的地表水及地下水，为开发利用和改造荒石滩提供了有利条件。

（4）由于流水冲蚀，将肥沃的土壤都带到下游，导致荒石滩土壤肥力较低、土层薄、质地粗、水分和养分缺乏。

（5）由于土壤含量低，肥力不够，不利于耕作，不少地方甚至寸草不生，植被覆盖率仅为1%～5%，近乎常年荒芜。

冲积砾石形成的荒石滩，地貌上相当于山麓扇形地，地面绝大部分是砾石外露，主要由第四纪洪积、冲积物组成，砾石磨圆度较好，分选较明显。荒石滩的分布和性质也表现出地区差异。例如在甘肃省马鬃山南麓倾斜平原，砾石荒石滩是东西向的狭带，砾石层厚10～20 m，砾径2～10 cm，均有棱角和漆皮。祁连山北麓扇形地，其砾石荒石滩是东西向的宽带，砾石层厚100 m左右，砾径2～20 cm，磨圆度较好，呈灰色及灰黑色。

洪积砂形成的荒石滩，多位于山麓冲积扇前缘，或沿现代和古代河床及局部洼地分布，荒石滩散布于绿洲或盐碱滩之中，面积不大，自然条件在各类荒石滩中最为良好。例如疏勒河中下游荒石滩，主要由河流冲积砂砾组成，水平层次明显，砾石磨圆度较佳，分选作用显著，砾径以1～5 cm居多。有河水可供灌溉，地下水位深不及5 m，可挖沟灌溉。土壤为肥力较高的冲积土，细土物质较其他戈壁类型为多，土层较厚，植被也较茂密，以骆驼刺、勃氏麻黄、泡泡刺等为主，黑河下游荒石滩还有梭梭、胡杨、沙枣、红柳等林带。

旧河道荒石滩的主要特点是河槽浅宽、河床宽广、占地面积大、砾石裸露、土层瘠薄、蓄水能力差，植被稀少，不适于耕种。汛期时河滩内会出现少量明水，非汛期时则完全干涸，整个河道处于闲置状态，占用大量的土地资源。

1.1.2 荒石滩的分布

荒石滩广泛分布在世界各地，主要在沿海地区、河流出山口、河流转弯处、河床变动处、水库下游及喀斯特地貌区。

1.1.2.1 荒石滩在我国的分布

1. 沙荒滩涂的分布

沙荒滩涂分布在各大河流、支流流经之处，以及海岸线周边。沿海滩涂作为海岸带的重要组成部分，地处海陆交接带且不断演变，是我国重要的后备土地资源。我国沿海滩涂分布十分广泛，据全国海岸带和海涂资源综合调查资料，北起辽宁鸭绿江口，南至广西北仑河口，四大海域，沿海11个省（市、区）（不包括台湾省）共有滩涂21 709 km²。并且，沿海滩涂在泥沙来源丰富的海岸带仍在淤长。其中，岩滩主要分布于辽东半岛南端、山海关—葫芦岛、胶东半岛、江苏连云港及杭州湾以南沿海，以及台湾东部沿海。有学者估算（Wang Ying，1983），全国沿海滩涂每年约淤长300 km²，滩涂总量是很丰富的。同时，研究表明，滩涂资源在我国六大后备土地资源开发利用中经济最合理，投资最可行（连镜清,1990;陆国庆和高飞,1996)。

2. 戈壁的分布

　　蒙古语和满语中的"戈壁"系指内蒙古高原上地面较平坦、组成物质较粗疏、气候干旱、植被稀少的广大地区。文中"戈壁"仅指砾质、石质荒漠,半荒漠平地,而"沙漠"则仅指荒漠、半荒漠和干草原地沙地。我国的戈壁广泛分布于温都尔庙—百灵庙—鄂托克旗—盐池一线以西北的广大荒漠、半荒漠平地,总面积约45.5万km²。戈壁滩主要分布在我国的新疆、青海、甘肃、内蒙古和西藏的东北部等地。

　　中国戈壁分布如图1-5所示。

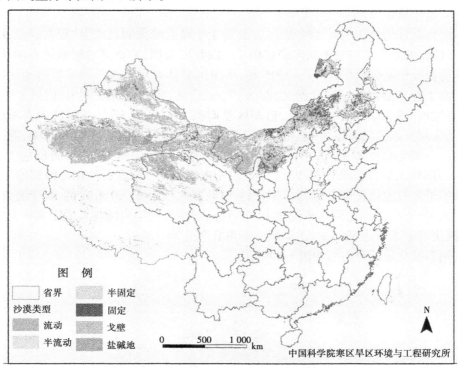

图1-5　中国戈壁分布图

　　坡积—洪积碎石和砾砂戈壁,主要分布于山间盆地的边缘和山麓地带。戈壁分布特点是与石质低山及山间盆地相错综,或广大成片,或较为零星。戈壁的地区差异性很显著,例如在甘肃省马鬃山地,戈壁分布于山间盆地的边缘,由强烈剥蚀的古老岩层风化物就近坡积和洪积而成,地面坡度达3°~5°,砾径多为3~10 cm,一般具有明显的漆皮,当地称为"黑戈壁",土壤多为贫瘠而厚仅50~60 cm的石膏棕色荒漠土,植被覆盖度5%左右,人烟稀少。在祁连山地则情况不同,由洪积—坡积形成的戈壁位于海拔2 200 m以下的山间盆地边缘,组成物质为粗大的砾石和碎石,呈灰色或灰黑色,当地称为"白戈壁"。地面坡度达5°~10°,降水较多,水文网较密,植被较好,覆盖度可达20%~30%。

　　洪积—冲积砾石戈壁,在堆积类型中分布最为广阔,地貌上相当于山麓扇形地,地面绝大部分是砾石戈壁,主要由第四纪洪积、冲积物组成,砾石磨圆度较好,分选较明显。戈壁的分布和性质也表现出地区差异。例如，在马鬃山南麓倾斜平原，砾石戈壁作东西向的狭带，砾石层厚 10～20 m，砾径 2～10 cm，均有棱角和漆皮。祁连山北麓扇形地，其砾石戈壁作东西向的宽带，砾石层厚 100 m 左右，砾径 2～20 cm，磨圆度较好，呈灰色及灰黑色。

3.冲积扇的分布

冲积扇主要分布在大江大河的出山口，在干旱、半干旱地区发育最好，由暴发性洪流形成，在一些山间盆地区尤为突出，通常被视为荒漠地形的特征。冲积扇对人类有实际经济意义，尤其在干旱与半干旱区，它是用于农业灌溉和维持生命的主要地下水水源。

4.石漠化地区的分布

石漠化地区的分布相对比较集中，主要发生于坡度较大的坡面上，程度以轻度、中度为主，石漠化的发生率与贫困状况密切相关。以我国为例，为查清岩溶地区石漠化状况，为科学防治提供基础数据，2004～2005 年，中国国家林业局组织开展了岩溶地区石漠化土地监测工作。监测范围涉及湖北、湖南、广东、广西、贵州、云南、重庆、四川 8 个省（自治区、直辖市）的 460 个县（市、区），监测区总面积 107.14 万 km²，监测区内岩溶面积为 45.10 万 km²。以云贵高原为中心的 81 个县，国土面积仅占监测区的 27.1%，而石漠化面积却占石漠化总面积的 53.4%。发生在 16°以上坡面上的石漠化面积达 1 100 万 hm²，占石漠化土地总面积的 84.9%。轻度、中度石漠化土地占石漠化总面积的 73.2%。监测区的平均石漠化发生率为 28.7%，而县财政收入低于 2 000 万元的 18 个县，石漠化发生率为 40.7%，高出监测区平均值 12 个百分点；在农民年均纯收入低于 800 元的 5 个县，石漠化发生率高达 52.8%，比监测区平均值高出 24.1%。

我国石漠化地区分布图如图 1-6 所示。

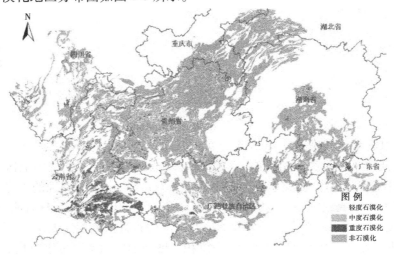

图 1-6　我国石漠化地区分布图

1.1.2.2　荒石滩在陕西的分布

陕西省的荒石滩（包括裸岩石砾地）现有面积约为 35 万亩，主要分布在秦岭一线的南山支流、渭河支流、北洛河支流等山前冲积扇上游。

秦岭是横贯我国中部的东西走向山脉，西起甘肃省临潭县北部的白石山，向东经天水南部的麦积山进入陕西。位于陕西省南部、渭河与汉江之间的山地，东以灞河与丹江河谷为界，西止于嘉陵江。在地质构造上，秦岭是一个掀升的地块，北麓为一条大断层崖，极为雄伟；山脉主脊偏于北侧，北坡短而陡峭，河流深切，形成许多峡谷，通称秦岭"七十二峪"；南坡长而和缓，有许多条近于东西向的山岭和山间盆地。

南山支流发源于秦岭北麓山区，在渭南市境内主要有赤水、遇仙、石堤、罗纹、方山、罗夫、柳叶、长涧河和磨沟河、裂斜沟等支流，涉及临渭、华县、华阴和潼关4个县(市、区)。河道具有流程短、比降大、流速快、洪水暴涨暴落等特点，因此会将上游或周边的石砾冲刷或挟带至河道下游，待洪水退去，形成荒石滩。

北洛河支流为黄河二级、渭河一级支流，河长680.3 km，为陕西最长的河流。它发源于白于山南麓的草梁山，由西北向东南注入渭河，途经黄土高原区和关中平原两大地形单元。河流自西北向东南，流经志丹、甘泉、富县、洛川、黄陵、宜君、澄城、白水、蒲城、大荔，至三河口入渭河，流域面积26 905 km²。

白龙涧属于南山支流，其周边的荒石滩土地整治项目由陕西省土地工程建设集团负责，实施规模77.846 5 hm²，新增耕地61.913 6 hm²。白龙涧位于陕西省华阴市境内，主流发源于秦岭北麓，河源区山高坡陡，流程较短，出峪后流经山前洪积扇区及孟塬黄土台塬区，主槽摆动不定，造成两岸塌岸失地。此次的荒石滩土地整治主要采用四种实施措施：一是治理河道，加固河堤，保证河道顺畅、安全，避免洪灾淹没农田；二是通过覆土改善土壤结构；三是修建引水渠道，完善项目区灌溉设施；四是通过在河道治理的基础上开发河道滩涂地，增加耕地面积，同时改善该区域的生态环境，促进当地农民生产，增加农民收入，提高当地农民的生活水平。这一荒石滩土地整治项目较之前宝鸡眉县的整治项目来说，具有更加严格的技术保障方法及措施，同时具有可持续性。

渭河在陕西境内流长502.4 km，流域面积67 108 km²，占陕西境内黄河流域总面积的50%。全河多年平均径流量103.7亿 m³，其中陕西境内产流62.66亿 m³。

1.2 荒石滩治理现状与趋势

1.2.1 土地整治

1.2.1.1 土地整治及其发展

土地整治指对低效利用、不合理利用、未利用以及生产建设活动和自然灾害损毁的土地进行整治，提高土地利用效率的活动。土地整治是盘活存量土地、强化节约集约用地、适时补充耕地和提升土地产能的重要手段。

土地整治是世界上许多国家解决社会经济发展过程中土地利用问题的一项重要措施，具有悠久的历史，是很多国家在社会经济发展过程中解决土地合理利用、促进区域经济增长的一种重要手段。由于自然、社会、经济情况的多样性，不同发达国家或发展中国家，甚至同一国家的不同发展阶段，土地整治的内涵和模式不同，土地整治的侧重点也不同，但从本质上都体现了对土地利用布局和土地关系的调整。在国外，尤其是欧洲国家，土地整治的历史可以追溯到16世纪,德国、比利时、荷兰等欧洲国家开展较早,并积累了丰富的经验。近年来,亚洲地区包括韩国、日本等国家的土地整治工作也得到了迅速发展。纵观国外土地整理的发展历史,大体可以分为3个阶段,即16世纪中叶至19世纪末的简单土地整理,主要是有组织、有规划地归并地块、调整权属、改善农业生产条件;20世纪初至20世纪50年代的特定内容土地整理,根据工业化发展和第二次世界大战后欧洲复兴计划需求,结合城市建设和大型基础设施建设进行土地整理,为城市发展和基础设施建设提供土地;20世纪60年代以后的综合土地整理,围绕快速工业化、城镇化过程中出现的经济、社会与生态等问题,开展促进地区经济发展、缩小城乡差异、增加农民收入、保护和改善农业生产生活环境的综合整理(丁恩俊,2006;丘杰等,2013)。

1.2.1.2 我国土地整治发展历程

我国是一个土地开发历史悠久、农耕文明灿烂的国家。我国土地整治的历史可追溯到3 000多年前商周时期的井田制,但现代意义上的土地整治则在新中国成立之后,特别是在改革开放以后才逐步形成和发展起来。我国的土地整治大体经历了3个发展阶段:发育阶段(1987～1997年)、发展壮大阶段(1998～2007年)和综合发展阶段(2008年至今)。

1. 发育阶段(1987～1997年)

1987年,首次全国土地开发经验交流会在辽宁省本溪召开,会议号召要加强土地开发,保持全国耕地面积相对稳定。1997年,中共中央、国务院颁布《关于进一步加强土地管理切实保护耕地的通知》(中发〔1997〕11号),要求"积极推进土地整理,搞好土地建设"。土地整理的概念第一次正式写入中央文件,并明确了土地整理的内涵,即按照土地利用总体规划的要求,通过对田、水、路、林、村进行综合整治,搞好土地建设,提高耕地质量,增加耕地有效面积,改善农业生产条件和环境。

2. 发展壮大阶段(1998～2007年)

1998年,新修订的《中华人民共和国土地管理法》明确规定:国家鼓励土地整理,开征新增建设用地有偿使用费、耕地开垦费专项用于耕地开发,从法律上解决了土地整治资金来源,为土地整治的全面开展提供了稳定的资金保障。2004年,国务院下发《关于深化改革严格土地管理的决定》(国发〔2004〕28号),提出"鼓励农村建设用地整理,城镇建设用地增加要与农村建设用地减少相挂钩",为城乡建设用地布局调整提供了政策依据。2000～2007年,国土资源部、财政部利用中央分成的新增费共批准3 054个土地开发整理项目,总建设规模248万hm^2,总额约450亿元,计划新增耕地45万hm^2。土地整理受到各级政府的重视和农民欢迎,成为一项"德政工程"、"民心工程"。这一时期是土地整治全面推进时期,主要以农地整理为主要内容,以增加耕地面积,提高耕地质量为主要目标,并开始探索农地整理与村庄土地整治的结合。

3. 综合发展阶段(2008年至今)

十七届三中全会决定提出:大规模实施土地整治,搞好规划、统筹安排、连片推进,加快中低产田改造,鼓励农民开展土壤改良,推广测土配方施肥和保护性耕作,提高耕地质量,大幅度增加高产稳产农田比重。国土资源部提出:"十二五"期间,农村土地整治工作将以实施重大工程和示范建设为主要手段,大规模建设旱涝保收高标准基本农田,规范推进农村建设用地整治,鼓励开展城镇和工矿用地整治,加快土地复垦,建立健全土地整治长效机制,全面提高农村土地整治工作水平,不断增强土地资源对经济社会全面协调可持续发展的支撑能力。到 2015 年,全国将建成 4 亿亩高标准基本农田;到 2020 年,力争全国建成 8 亿亩高标准基本农田,为国家粮食安全奠定坚实基础。

从土地整治发展历程看,其内涵逐步丰富,目标多元化、区域综合性特点越来越鲜明。

1.2.2 土地整治技术

土地整治技术主要是通过改变土地利用限制因素而采取工程技术措施,包括农用土地整治、废弃土地复垦、建设用地整治、未利用地开发等。

1.2.2.1 农用土地整治

农用土地整治主要是为增加耕地有效面积,提高耕地质量,改善农业生产条件而对田、水、路、林、村进行的综合治理活动。具体包括:中低产田的改造;工程建设毁弃地的复垦、农村居民点的整理,主要是零散农民的搬迁、归并、农村居民宅基地的整理,农村村庄"空心化"的消除以及分散的乡村工业圈(乡镇企业用地)的整理;农村抛荒土地的整理和复垦;田土坎的归并整理;对农田的其他整理;以生态环境保护和改善为目的的土地整理。整治技术主要包括土地平整工程、农田水利工程、道路工程等。主要代表性工程有河南国家粮食核心区建设工程、江西"造地增粮富民工程"、江苏"万顷良田建设工程"、浙江"千万亩高标准农田建设工程"等。

1.2.2.2 废弃土地复垦

废弃土地复垦是对生产建设过程中因挖损、塌陷、压占、污染或自然灾害损毁等原因造成的废弃土地采取整治措施,使其恢复到可利用状态的活动。

工程技术手段对损毁土地进行改良改造使其恢复成可利用的有效土地,包括生境建设和群落建设两大内容,其中生境建设是对地貌的重塑和土壤改良培肥,其核心在于"造地",为生物群落建造一个良好的生境。群落建设则包括植被重建和引入土壤微生物及动物,其核心内容是植被(刘越岩等,2005;王霖琳等,2007)。主要包括地貌重塑、土壤改良培肥技术、植被重建工程技术。以辽宁阜新、山东枣庄为代表,通过对工矿废弃地进行复垦整治,增加农用地或建设用地,改善生态环境;以四川、江西等受灾地区为代表,结合灾后重建,对地震、水毁农田抢整、兴修水利,结合移民建镇,对移民后旧宅基地退宅还耕。

1.2.2.3 建设用地整治

建设用地整治是对村镇建设用地进行挖潜改造和调整,进一步优化建设用地结构和布局,提高建设用地节约集约利用水平的活动。其整治技术主要包括平整工程、市政工程。主要整治项目代表为河南"三项整治",即以农民旧房改造、新居建设、农村基础设施和公共服务配套设施建设相结合为主要内容的村庄土地整治。

1.2.2.4 未利用地开发

未利用地是指农用地(直接用于农业生产的土地,包括耕地、林地、草地、农田交通、水利用地、养殖水面等)和建设用地(建造建筑物、构筑物的土地,包括城乡住宅和公共设施用地、工矿用地、交通水利设施用地、旅游用地、军事设施用地等)以外的土地,主要包括荒草地、盐碱地、沼泽地、沙地、裸土地、裸岩等。

未利用地开发主要是通过工程、生物或综合措施,将宜农未利用地或低效利用土地开发为耕地的活动,以增加耕地、改善生态环境为主要目的。目前,我国土地整治的主要对象为沙地、盐碱地和滩涂等,其中以沙地和盐碱地整治技术最为成熟。

1.2.2.5　荒石滩土地整治技术

裸岩石砾地指表层为岩石或石砾、覆盖面积大于或等于70%的土地。据中国土地利用现状调查,截至1996年10月31日,全国裸岩石砾地面积为10 353.45万 hm²(155 301.8万亩)。裸岩石砾地主要分布在西北区,有6 977.91万 hm²,占全国裸岩石砾地总面积的67.4%。各省(区)裸岩石砾地以新疆最多,有4 850.87万 hm²,占全国裸岩石砾地总面积的46.9%。

荒石滩则是难利用土地中的裸岩石(砾)地,由大小不等的鹅卵石、沙和土组成,植被覆盖度不足5%,土地条件恶劣。大部分因洪水冲刷、上游建库蓄水、河道变迁、缺乏河防等多种原因形成。其共性是河槽浅宽、河床宽广、占地面积大、砾石裸露、土层瘠薄、蓄水能力差。汛期河滩内会出现少量明水,非汛期则完全干涸,整个滩地处于闲置状态,占用了大量的土地资源。

目前,国内外对未利用、难利用土地的整治工作研究多集中在政策、利用方式、工程设计等某个单一领域,将各种因素综合考虑,形成完整的土地整治技术体系的研究工作尚未引起广泛关注。通过客土覆盖对难利用土地进行开发是目前国内外较为常见的土地整治方式,主要应用在工矿废弃地的复垦研究上。荒石滩的土地整治可借鉴矿山复垦的客土复土法。

客土复土法包括常规法和泥浆法。

1. 常规法

客土是指非当地原生的、由别处移来用于置换原生土的外地土壤,通常是指质地好的壤土(砂壤土)或人工土壤。制作满足这些条件的客土,仅依靠自然土壤是不够的,还需人工添加其他物质。在自然土壤中所应添加的其他物质为:纤维材料,既可增加客土的有机质含量,又可防止土壤粒子散落;各类肥料(无机肥和有机肥),提供植物生长所需营养元素;土壤改良剂(如保水剂、黏合剂和土壤稳定剂),提高客土保水性,增强团粒结构和稳定性。

2. 泥浆法

采集的土壤加水制成泥浆,此法适用于搬运距离较远的滩地。泥浆的配制:视黄土采集季节而调整水的加入量,一般土水比在1:10范围内波动,最大时可达1:3。在需要覆盖土壤的地块(地块大小为1~2.5 hm²)四周用黄土堆砌土堤,堤高在1.2 m以上,由管道运来的泥浆分阶段灌入地块内,先灌入0.5 m厚的泥浆。根据气候情况,每阶段间隔2~8个月,以便下部地区的积水排干、沉积的泥浆蒸发后成为黄土,然后再次灌入泥浆,直至黄土层厚1~2 m。一般先种植牧草和施肥,经过3~5年时间能成为肥沃的土地。

1.2.3　存在的主要问题

目前,对荒石滩的整治尚未引起足够的重视。由于缺乏科学、系统的研究,特别是关于荒石滩客土厚度、耕作层稳定性等方面的研究一直滞后,大面积的荒石滩长期以来一直处于荒废状态，未能纳入土地整理、耕地开发的范围，也直接影响了周边群众的生产、生活。荒石滩的治理看似简单，实际上，要提出一种有效的治理模式却不是一件容易的事。由于基质不同，地形条件、气候不同，各个学者得出的客土覆盖厚度结论差异较大，而在荒石滩这种基质上进行的土地整治的研究更是未见报道。客土层厚度及其稳定性没有可支撑性的材料是理论转化为实践治理的主要制约因素。

1.2.3.1 客土层厚度的技术难题

土壤是植物生长的基质和养分提供者，人工造地无论是用作农田，还是用作生态用地，都需要一定的土壤厚度，才能使根系正常发育。安徽理工大学的刘会平等以淮南矿区新庄孜煤矿采煤塌陷区土地复垦区为研究对象，提出以煤矸石充填为基底，上覆不同表土厚度，其生产能力差异较大；中国地质大学的冯全洲等研究塌陷区土地复垦和矸石山复垦，提出适宜乔木、灌木、草本的覆土厚度；东北林业大学的鲁统春通过对废弃采石场的研究，认为客土厚度为 30 cm 栽植乔木能有效提高成活率。目前已有的研究多数集中在沙地客土和矿区、采石场的客土研究方面。由于基质不同、地形条件和气候不同，客土厚度差异很大。

以农业利用为目的的土地整治，构建满足各类作物生长所需的合理土层厚度是先决条件。在荒石滩整治中，客土层厚度不仅要考虑作物的生长需要，合理的客土厚度还直接决定了项目的后期利用和治理成本。因此，客土层厚度成为治理荒石滩的一项技术难题。

1.2.3.2 耕作层结构稳定性

荒石滩因砾石间间隙大，客土极易下沉，复土后耕作层稳定度无法度量。荒石滩落差较大，客土的力学稳定性是工程成功与否的关键。目前，有些学者已经开始对生态边坡的稳定性进行研究。中国海洋大学的刘强等研究认为，客土越长、越厚，边坡越容易失稳；王亮等研究了渗流对边坡稳定性的影响后提出：随客土中渗流的产生，客土的稳定性逐渐开始下降，产生的渗流越深，客土的稳定性越小。然而有关土地整理后耕作层的稳定性研究甚少，尚未见到有关报道。

在荒石滩的整治技术中，客土厚度的确定和耕作层稳定技术是决定经整治后新建成的耕地能否作为农业长久利用的攻关技术。同时，在荒石滩整治后新建成的耕地，由于耕作层直接建在砾石层和河道上游，耕作层的稳定性差，在整治中如何确保新建成的耕作层能长久稳定使用是检验项目成功的关键。由于此前尚无可借鉴的成熟技术，因此非常需要进行技术攻关。

1.2.4 荒石滩治理趋势

随着人们对土地开发利用的认识的不断提高，土地工程领域的技术开发会受到越来越多的重视。结合生态修复的治理措施、提高稳定性的技术措施、绿色施工等将会成为荒石滩治理趋势。

1.2.4.1 结合生态修复的治理措施

地球上所有生物及其生存的环境构成了生态系统。能量流动、物质循环、信息传递是生态系统的三大功能，它们共同维持着生态系统的正常运转。生态系统的核心是该系统中的生物及其所形成的生物群落,荒石滩的表土常常因为风蚀、水蚀等原因而流失或遭到破坏,植被覆盖度极低,生物多样性单一,生态系统稳定性差。因而,土壤物理性修复与恢复的关键是覆盖、培育与维持客土土壤,改善新生土壤结构,建立植被覆盖,有效控制土壤侵蚀,逐步形成丰富的生物群落,修复生态环境。生态修复是解决荒石滩环境保护和综合治理的最有效途径。可通过工程、生物及其他综合措施来恢复和提高生态系统的功能,实现荒石滩的综合利用及可持续发展。

随着土地资源的紧缺,荒石滩作为土地后备资源,不仅仅是治理,更重要的是加以利用,在因地制宜进行耕作的同时,将荒石滩土地复垦和生态修复同步进行,实现复垦与生态修复的一体化是未来的主要趋势。

1.2.4.2 提高稳定性的技术措施

1. 观测站工程

由于客土会随着砾石间的缝隙下沉,修建观测站长期对客土下沉量及稳定性进行监测,是防止水土流失、地质灾害,进行土壤物理性质动态变化、表层侵蚀分析的有效措施。

2. 平整工程

土地平整工程是指根据农业生产的需要,对拟开发、整理和复垦的土地进行田面平整等工程的总称(柳长顺等,2004),是土地整理工程设计中的关键和难点。同时,土地平整工程与水土保持、土壤改良措施关系密切,在土地平整工程设计中应充分考虑合理灌排、节约用水、提高劳动生产率、发挥机械作业效率,以及改良土壤、保水、保土、保肥等方面的内容(付梅臣等,2007),应尽量做到田块规模合理、设计高程优化、土方量较少、挖填平衡、土方运输路径优、投资费用省(黄琪等,2011)。

3. 农田水利工程

农田水利工程是农田生态系统中的重要组成部分,是解决农田灌溉、排水、降渍和防洪,调节农田水分状况、保持水土的人工工程;其建筑规模小,但分布范围较广、数量众多。它的建设对农田生态系统的影响是不能不引起注意的(陈平等,2004)。

1.2.4.3 绿色施工

2007年9月,建设部颁布了《绿色施工导则》,导则中定义绿色施工为:工程建设中,在保证质量、安全等基本要求的前提下,通过科学管理和技术进步,最大限度地节约资源与减少对环境负面影响的施工活动,实现"四节一环保"(节能、节地、节水、节材和环境保护)。绿色施工是可持续发展思想在工程施工中的应用体现,是绿色施工技术的综合应用。绿色施工技术并不是独立于传统施工技术的全新技术,而是用"可持续"的眼光对传统施工技术的重新审视,是符合可持续发展战略的施工技术。因而,绿化施工成为土地整治施工的必然趋势。

1. 节能、低碳施工

随着2009年12月7日哥本哈根世界气候大会的召开,"低碳"成了一个流行词。以"节能、环保、绿色、低排放"等为特点的"低碳建筑",也以一种全新的姿态高调登场。低碳建筑施工是指在建筑材料和设备制造、施工建筑和建筑物使用的整个生命周期内,减少石化能源的使用,提高能效,降低二氧化碳排放量。目前,低碳建筑施工已逐渐成为国际建筑界施工的主流趋势。在未来的土地整治中,其施工技术也将围绕节能、低碳展开。

2.节约资源

建设项目通常要使用大量的材料、能源和水资源。减少资源的消耗、节约能源、提高效益、保护水资源是可持续发展的基本观点。施工中资源(能源)的节约主要有以下几方面内容:

(1)水资源的节约利用。通过监测水资源的使用,安装小流量的设备和器具,在可能的场所重新利用雨水或施工废水等措施来减少施工期间的用水量,降低用水费用。

(2)节约电能。通过监测利用率,安装节能灯具和设备、利用声光传感器控制照明灯具,采用节电型施工机械,合理安排施工时间等降低用电量,节约电能。

(3)减少材料的损耗。通过更仔细的采购,合理的现场保管,减少材料的搬运次数,减少包装,完善操作工艺,增加摊销材料的周转次数等降低材料在使用中的消耗,提高材料的使用效率。

(4)可回收资源的利用。可回收资源的利用是节约资源的主要手段,也是当前应加强的方向。主要体现在两个方面:一是使用可再生的或含有可再生成分的产品和材料,这有助于将可回收部分从废弃物中分离出来,同时减少了原始材料的使用,即减少了自然资源的消耗;二是加大资源和材料的回收利用、循环利用,如在施工现场建立废物回收系统,再回收或重复利用在拆除时得到的材料,这可减少施工中材料的消耗量或通过销售来增加企业的收入,也可降低企业运输或填埋垃圾的费用。

3.施工组织优化

施工组织优化主要通过对施工方案的经济、技术比较,选择最优的施工方案,达到加快施工进度并能保证施工质量和施工安全,降低消耗的目的。主要包括施工方法的优化、施工顺序的优化、施工作业组织形式的优化、施工劳动组织优化、施工机械组织优化和资源利用的优化等。

(1)施工方法的优化要能取得好的经济效益,同时还要有技术上的先进性。

(2)施工顺序的优化是为了保证现场秩序,避免混乱,实现文明施工,取得好快省而又安全的效果。

(3)施工作业组织形式的优化是指作业组织合理采取顺序作业、平行作业、流水作业三种作业形式中的一种或几种的综合方式。

(4)施工劳动组织优化是指按照工程项目的要求,将具有一定素质的劳动力组织起来,选出相对最优的劳动组合方案,使之符合工程项目施工的要求,投入到施工项目中去。

(5)施工机械组织优化就是要从仅仅满足施工任务的需要转到如何发挥其经济效益上来。这就是要从施工机械的经济选择、合理配套、机械化施工方案的经济比较以及施工机械的维修管理上进行优化,才能保证施工机械在项目施工中发挥巨大的作用。

(6)资源利用的优化。项目物资是劳动的对象,是生产要素的重要组成部分。施工过程也就是物资消耗过程。项目物资指主要原材料、辅助材料、机械配件、燃料、工具、机电设备等,它服务于整个建设项目,贯穿于整个施工过程。因此,对于它的采购、运输、储存、保管、发放、节约使用、综合利用和统计核销,关系到整个工程建设的进度、质量和成本,必须对其进行全面管理。资源利用的优化主要包括物资采购与供应计划的优化、机械需要计划的优化:①物资采购与供应计划的优化就是在工程项目建设的全过程中对项目物资供需活动进行计划,必要时需调整施工进度计划。②机械需要计划的优化就是尽量考虑如何提高机械的出勤率、完好率、利用率,充分发挥机械的生产效率。

1.3　荒石滩开发整治的意义与前景

1.3.1　荒石滩开发整治的背景

　　"土地整治"这一概念是在我国编制的《全国土地整治规划(2011～2015年)》中提出的,将土地开发整理、土地整理复垦、土地综合整治等进行了统一。荒石滩的开发整治就包括在其中,主要是为了盘活存量土地、强化节约集约用地、适时补充耕地和提升土地产能。在我国将土地整治与农村发展,特别是与新农村建设相结合,是保障发展、保护耕地、统筹城乡土地配置的重大战略。

1.3.1.1　国家层面

　　改革开放以来的快速工业化、城镇化进程中,城镇人口增加造成城镇建设用地的不断扩张。尤其是1996年以来,冒进式城镇化过程导致城镇建设用地面积的大幅增长(陆大道,2007)。1996～2008年,城镇户籍人口和城镇常住人口分别增加了50.90%和62.63%,而城市用地、建制镇用地及独立工矿分别增加了53.51%、52.46%、49.94%,建设用地增长的速度总体高于城镇户籍人口的增长速度(见图1-7)(韩霁昌,2014)。与此同时,在农村人口进入快速减少阶段的情况下,农村居民点用地仍处于增长阶段(李裕瑞,2010)。2003年我国城镇化率达到40%,2003～2008年,我国城镇化率增加了5.15个百分点,而城镇用地、建制镇用地和独立工矿增加了15 773 km²,粗略计算,该时段城镇化水平每增加1个百分点,需要新增建设用地3 067 km²。

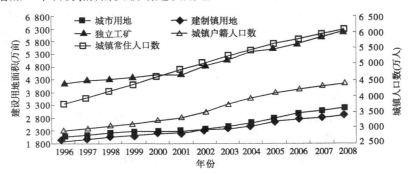

图1-7　我国城镇人口数量和城镇建设用地面积变化

　　21世纪的前20年是我国经济社会发展的重要战略机遇期,也是资源环境约束加剧的矛盾凸显期。随着工业化、信息化、城镇化、市场化、国际化的深入发展,人地关系仍将呈现紧张态势,土地资源的利用和管理面临严峻的形势,粮食安全和生态安全问题日益严重,吃饭与建设、土地开发利用与保护两大矛盾加剧。

　　其一,粮食安全问题长期存在。过去30年的经济建设造成大量耕地非农占用,耕地面积快速减少,已经接近18亿亩的耕地红线(见图1-8)。到2020年,我国人口总量预期将达到 14.5 亿,2033 年前后达到高峰值 15 亿左右,为保障国家粮食安全、保障国家生态安全,必须保有一定数量的耕地;同时,城镇化、工业化的推进,现代农业发展和生态建设将不可避免地占用和调整部分耕地,而且占用和调整幅度增长很快。但是,耕地后备资源少,生态环境约束大,制约了我国耕地资源补充的能力,农用地特别是耕地保护面临更加严峻的形势。因此,亟待转变土地利用模式和方式,优化土地利用结构,协调各行各业用地,协调好"吃饭"与"建设"的关系,保障粮食安全。

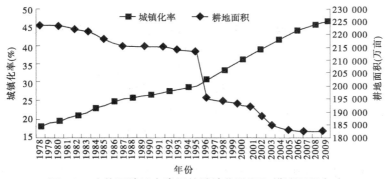

图 1-8 改革开放以来我国的城镇化进程和耕地面积变动

其二,生态安全问题日益凸显。我国以占世界 9% 的耕地养活着占世界 22% 的人口,人地矛盾突出,局部地区土地退化和破坏严重,特别是在我国的生态脆弱区,问题更加严重。经过多年的治理保护,生态脆弱区的生态环境在局部上得到改善,但是总体上仍然存在一些突出问题:一是草地退化、土地沙化面积巨大,沙漠化仍未有效遏止,2005 年我国共有各类沙漠化土地 174 万 km^2,约占国土面积的 18.1%,而且一些区域沙化面积还在继续扩大;二是土壤侵蚀、水土流失严重,自然灾害频发、地区贫困,气候干旱、水资源短缺,湿地退化、生物多样性严重破坏等问题仍然十分突出。

1.3.1.2 区域层面

在省区和地带性层面,集中表现为东部沿海地区、东北地区、中部地区、西部地区的问题。在东部沿海地区,改革开放以来的快速工业化、城镇化过程既推动了整个国家的社会经济发展进程,也给该区域带来系列资源环境问题,集中表现为大量耕地非农占用和环境污染问题凸显,其人地紧张状态较之中西部地区的要明显得多和严峻得多(张雷,2004)。在东北地区,老工业基地在新时期的振兴难度较大,粮食主产区的后备耕地资源过度开发及耕地和水资源可持续利用问题日益严峻。在中部地区,城乡二元结构及城市偏向的发展战略背景下,以传统农业为主的农区正面临着农业劳动力大量外出随之带来农村空心化和内生发展能力的进一步丧失,并由此进一步拉大了城乡差距(刘彦随,2009)。在西部地区,集生态脆弱、资源富集、贫困集中等于一体,农村劳动力大量外出务工,如何充分发挥资源禀赋优势、切实助推区域城乡一体化和可持续发展仍需在实践中进一步摸索。随着西部大开发的逐步推进,经济发展步伐明显加快,工业化、城镇化的加速发展对西部地区现已突出的人地矛盾尤其是环境退化产生了进一步的胁迫作用。

以陕西省为例,关中地区人口密度高、城镇密集,用地矛盾最为突出,而陕南、陕北人口密度低,城镇分布稀疏,土地利用率低,总体呈现出土地利用布局不尽合理、区域统筹不够协调的问题。全省 80% 的耕地和 70% 的人口分布于水土流失区,陕北长城沿线土地沙化面积仍在继续扩大,水土流失严重,生态环境脆弱,耕地后备资源不足,多分布在水土流失、沙漠化严重的地区,土地开发利用与生态环境保护矛盾突出。

1.3.2 荒石滩开发整治的意义

1.3.2.1 缓解人地矛盾,扩大食物来源,增强食物安全保障

我国人口数量众多,同时还在不断增加,2014 年末,中国大陆总人口(包括 31 个省、自治区、直辖市和中国人民解放军现役军人,不包括香港、澳门特别行政区和台湾省以及海外华侨人数)136 782 万人,比上年末增加 710 万人。2014 年全年出生人口 1 687 万人,人口出生率为 12.37‰,人口自然增长率为 5.21‰,比上年提高 0.29 个千分点。相对人口数量的增多,耕地资源变得相对匮乏,同时还在不断减少。截至 2009 年 12 月 31 日,全国耕地面积为 18.21 亿亩,人均 1.37 亩,仅为世界人均耕地面积的 1/3。同时,我国正处在经济快速发展时期,各项经济建设不可避免要占用耕地,造成耕地面积急剧减少。据国土资源部统计数据显示,1998 年至 2005 年的 7 年间,全国耕地面积由 19.45 亿亩减少到 18.31 亿亩,相当于每年减少一个县的国土面积。陕西省现有耕地面积 6 075 万亩,自 2001 年至 2008 年,耕地锐减 1 033 万亩,几乎等于每年减少一个 50 万人口县的耕地面积。随着城镇化、工业化的发展和西部大开发战略的实施,建设用地需求逐年增加,经济发展和耕地保护的矛盾十分突出。

人口的增长无疑对粮食的需求量越来越大,也意味着对耕地的需求量会越来越大,使得人口与土地的矛盾日益严重。提高国土综合生产能力,开发后备资源,扩大土地面积是必需的,是缓解人地矛盾、增强粮食安全保障的唯一途径。耕地减少,非农用地扩大,是世界性问题。土地合理转用应该是一种历史进步,但国情必须考虑吃饭穿衣问题,必须把耕地减少控制在尽可能小的范围内。从全国来看,虽然土地后备资源有很多种类型,但其所具有的开发难度也制约着土地开发整治,特别是对荒石滩这一特殊类型的耕地后备资源来说。由于缺乏系统的科学研究,特别是关于荒石滩客土厚度、耕作层稳定性等方面的研究一直滞后,导致其尚未引起足够的重视。不过随着科学技术的发展及耕地的严重缺少,荒石滩逐渐引起了部分研究者的关注,通过开发荒石滩增加耕地面积,无疑是现实可行的,其必将为实现中国人能够养活养好自己的战略目标做出应有贡献。

1.3.2.2 为我国经济建设提供必需的建设用地

荒石滩是一种具有多种利用价值的土地后备资源,它不仅能为我国的经济建设提供大量的农业用地,而且只要整治条件符合要求,整治方法正确,还能提供必需的建设用地。

随着全国乃至全球经济建设的发展,都市化发展是一个必然的趋势。目前我国正经历着大规模的工业化和城市化时期,经济持续高速增长,产业结构迅速演进升级,建设规模不断扩大,对建设用地的需求在增加,土地资源紧张,改造后备土地资源是一条出路,开发荒石滩可以直接用于城镇、交通、工业等建设事业,有效控制耕地占用规模,使建设与保护同步进行。

1.3.2.3 有利于改善生态环境

随着生产的发展及其对生态环境的影响,人类活动的因素日益显著。后备土地资源

荒石滩的开发利用和综合整治,能有效防止土地沙漠化,增加耕地面积,确保农田高产稳产,改善周围居民生活水平,提高生活质量。有计划地、科学合理地开发利用荒石滩资源,通过工程建设有效提高荒石滩资源利用效率,通过生物措施加强可利用耕地的建设,这些都能有效地改善荒石滩及其周边的生态环境,创造良好的环境,使原来的不毛之地变得郁郁葱葱、果实累累,塑造更多的土地资源。

1.3.2.4　提高土地承载力,促进我国经济持续快速发展

对荒石滩的整治不仅可以增加耕地面积,缓解人地矛盾,扩大食物来源,改善环境,还能促进当地的经济发展,特别是沿海地区的荒石滩地区。

沿海滩涂的荒石滩地区不断开发利用可以使沿海地区经济迅猛发展,提供更多就业机会,增加农民的收入,增加物质财富总量,大大提高土地综合生产力水平,促使单位土地上能够容纳更多的人口。沿海地区(不含台湾和香港、澳门)土地面积占全国的 13.2%,1997 年养育了 4.85 亿人口,占全国人口的 40.3%;其中沿海县市的土地面积占全国土地面积的 2.65%,却养育了占全国 13% 的人口,同时创造出了占全国 30% 的国内生产总值(朱明君,2000)。预计到 21 世纪中叶,沿海地区可养育 7 亿～8 亿人,并赶上世界中等发达国家的生活水平。

1.3.3　荒石滩开发整治的前景

荒石滩区域由于砾石裸露,土壤稀少,地力贫瘠,植被覆盖率不足 5%,农作物无法生长,开发治理难度大,长期处于荒芜状态。要开发整治荒石滩,提高土地利用效率,促进土地可持续利用和生态文明建设,就需要促进土地的利用转型。

土地利用转型是指土地利用形态(一个区域在特定时期内由主要土地利用类型构成的结构,或指单一土地利用类型在高一级类型中所占的份额)在时间序列上的变化,是土地利用形式变化的表现形式之一(Grainger,1995)。当前,在自然禀赋条件、市场供需特征、制度等因素的综合作用下,我国土地利用导向明显转变,土地利用转型加快,集中表现为土地利用结构的转变(龙花楼,2006)、土地利用集约度的转变(刘成武,2006;陈瑜琦,2009)、土地利用管理体制的逐渐转变,土地利用转型的内涵变得更加丰富。"保障经济发展,保护耕地红线"的"双保"战略指出,既要保障扩大内需项目的用地需求,又要坚持最严格的耕地保护制度和最严格的节约用地制度,这意味着对土地资源的需求急速增长与土地资源日益短缺形成突出矛盾。另外,这种空前的压力也势必将转化为内在的动力,转变粗放的土地利用方式,推动土地资源的节约集约利用,加强土地资源的合理开发利用与保护,促进新时期土地开发利用的转型与调整。

基于荒石滩的分布、环境、社会等条件,荒石滩土地开发整治前景主要体现在以下几方面。

1.3.3.1　发展地域优势农业

(1)农牧交错区是指以农业经营为主和以牧业经营为主的生产单位交错分布的地区,是我国北方半湿润农区与干旱、半干旱牧区接壤的过渡地带。石漠化地区气候干燥、降雨量偏少,土壤水分长期处于亏缺状态,只能满足抗旱牧草和抗旱灌木的生长。自然生境脆弱,水土流失严重;土地资源丰富,但质量较差;水资源短缺,农业"靠天吃饭"(刘彦

随,2006)。在传统的自给自足的小农经济下,农牧交错区是生态脆弱、产业单一、广种薄收、乡村贫困的特殊问题区域。但是,农牧交错区独特的气候特征、资源禀赋和零污染优势,为发展现代特色优质农业提供了重要条件。

随着社会经济发展水平的提高,社会消费者对农产品的需求逐渐转型,对高品质特色杂粮、果蔬的消费需求明显增多,这为农牧交错区的农业和农村发展带来了新的机遇。农牧交错区若能依据区域地形地貌特点与水土流失规律,重视旱作农业与节水灌溉技术、示范推广造林实用技术、水保型生态农业技术的创新与应用,大力发展防护林产业化、水保型立体农业、生态资源开发增效等典型农村特色生态经济模式(刘彦随,2006),适当推进种植业与养殖业相互适应与协调的农牧一体化发展,通过标准化生产、产业化运营,注重品牌创建,可带来较好的社会经济和生态效益。并且,近年来政府对促进农牧交错区现代特色农业发展的扶持力度逐渐加大。若能结合土地开发整理、特色产业发展的相关政策,可进一步强化荒石滩地区农业生产地域优势。因此,该地区的土地资源开发利用宜以农业经济发展为重点,通过优化产业结构,发展多种经营,提高产品价值,增加农民收入;以人地关系地域系统的总协调为目标,通过覆盖客土、提高植被覆盖率、减少水土流失等影响,来改善区域生态环境状况,促进生态保护体系、人地耦合体系和生产经营体系的和谐统一。

(2)建设大规模机械化农场,发展现代化农业。在水分、日照充足的荒石滩地区,如沙荒河滩地、冲积扇地区,可将整治好的大面积耕地建设成大规模机械化的农场,发展现代化农业,改善生态环境,促进周边经济发展。农业机械作业能实现农作物种植的精耕细作,有利于提高农作物的单位面积产量;可确保农作物种植、护理和收获等生产环节不误农时,有利于减少农作物损失和增产增收;大面积使用农业机械化作业,可节省大量的劳动力,有利于降低农作物生产成本。总之,大面积机械化种植,可以用最少的劳动力与物质消耗获取最大的收益,极大地提高农业劳动生产率和经济效益。

发展现代化农业是实现中国走向现代化的前提,农业机械化是农业现代化的重要内容和主要标志之一。将荒石滩整治后的大面积集中耕地逐步建设成机械化农场,实现农业生产企业化、规模化,可使农场的运作方式更加先进,农业与工商业、农民与产业工人的边界越来越模糊。所以,建立机械化农场是现代化农业发展的大趋势,应该高度重视(吴冠军,2009)。

(3)浅海滩涂地区可以建设自然保护区,在保护湿地的同时也为当地居民提供环境优美的休憩地,并形成一大旅游景观,发展滩涂、荒石滩旅游业,增加经济收入。

(4)在治理好的荒石滩地区,进行城镇社区建设,能直接增加建设用地面积,间接减缓耕地面积的减少,保护优质的耕地。

1.3.3.2 农地集约利用

人多水少、水资源时空分布不均是我国的基本国情、水情。我国目前人均水资源量不足世界人均水平的1/3,正常年份全国年缺水量达500多亿 m^3,近2/3的城市不同程度缺水。受发展倾向和比较效益的影响,农业用水日益被其他部门挤占,尤其是与城市区域和工业部门相比,农村地区和农业部门的缺水状况更加严重。水资源短缺对农业发展已经产生了明显的胁迫作用,由此必须深刻认识水资源禀赋特征,积极调适农业生产结构,尤其是投入结构,力促农业的节水化、集约化发展。

从总体上来看,我国农业水资源利用效率不高,参考农业用水效率高的发达国家,仍具有较大的节水空间。水土资源的高效利用,是农业可持续发展所追求的一个目标。农业节水是一项系统工程,包括水资源时空调节、充分利用自然降水、高效利用灌溉水以及提高植物自身水分利用效率等多个方面。其目标为提高水资源的利用效率和生产效益。农牧交错区的水资源高效利用,不能单纯谈单位水的生产效率,更不能离开农民的收入单纯谈节水。在关注农业水资源高效利用目标实现的同时,还必须关注农民收入水平的提高。

发展集约化、节水型农业是解决供水危机、保证生态脆弱的农牧交错区农业稳定发展的途径,同时也是建设现代农业本身的需要。在农牧交错区水资源严重短缺条件下,农业结构调整是提高灌溉水的利用率和水分生产率的重要手段。结构调整不是简单地以“种植比例”为标志,而是着眼于提高质量、效益和转变增长方式的根本性调整,统筹考虑农业可持续发展与水资源可持续开发利用。农业生产要根据当地自然气候、水资源,因地制宜,发展节水技术,提高单位水量的利用率和最大效益,实现水资源的合理开发、高效利用、优化配置和有效保护。

1.3.3.3 占补平衡政策与荒石滩整治

在近20年来的快速工业化、城镇化进程中,建设用地需求不断增加,保增长与保耕地的压力急剧增大。为此,我国于20世纪90年代末期提出了耕地占补平衡政策,要求建设占用耕地与开发复垦耕地相平衡。该政策为后备耕地资源的开发整治工作提出了新要求。从近年来的实施情况看,该项政策对于防止耕地过快减少起到了积极作用。2009年,国土资源部《关于全面实行耕地先补后占有关问题的通知》(国土资发〔2009〕31号)和《关于印发〈保增长保红线行动工作方案〉的通知》(国土资发〔2009〕39号)等文件下发,进一步强化了土地开发整治在保障经济发展与保护耕地红线方面的重要性。

从陕西省的情况来看,随着快速工业化、城镇化的发展,特别是西咸经济区建设和关中地区的跨越式发展,势将进一步占用渭河流域的优质耕地。而在先补后占、确保占补平衡的政策驱动下,增加耕地的任务将由具有丰富后备土地资源的陕北地区和秦岭一线各大支流周边的荒石滩来实现。伴随着耕地开发复垦的空间重心北移,由此进一步强化了陕北地区在陕西省占补平衡中的突出作用。与此同时,随着耕地面积的快速减少、人地矛盾的突出和农业科学技术的发展,荒石滩这一尚未被重视的后备土地资源出现在人们的视线之内。

耕地保护与占补平衡的压力在不断增大,迫切需要进一步探索和充分发挥自然资源优势、空间区位优势,科学挖掘后备资源潜力,切实实现耕地占补平衡的目标要求,而占补平衡政策的不断推进也为土地综合整治与高效利用提供了资金和动力。可以认为,占补平衡政策为秦岭各大支流周边荒石滩地区的土地综合整治与土地利用转型提供了坚实的政策基础,同时也为提升山区农地价值带来了新机遇、拓展了新空间。

荒石滩成为重要的后备土地资源,后备资源潜力大小对土地开发利用具有根本性影响。随着过去多年来的大量开发,宜垦后备资源日益减少,挖掘潜力的难度日益增大,集中表现为经济成本和生态风险增加。通过荒石滩土地整治,利用客土覆盖技术,实现荒石滩的资源化利用,将其改造成为可利用的、具有良好保水保肥性质的土地,提供了大量可开发后备土地资源。

过去数十年,我国的耕地后备资源整治在增加耕地面积、促进占补平衡、提高耕地产能等方面起到了重要作用。但是,现阶段的耕地后备资源整治也面临着一系列现实问题:一是耕地后备资源整治体系尚不全面,规划的宏观调控和指导作用尚未得到充分发挥;二是项目和资金管理工作还不完全到位,重项目申报、轻实施管理的现象还比较普遍;三是部门配合需要进一步加强,工作效率有待进一步提高;四是后备资源的数量越来越少,开发难度越来越大,需要的技术含量越来越高;五是"重开发、轻利用、弱保护"的传统开发模式已经影响到了生态脆弱区的生态环境保护和土地资源可持续利用,成为需要深入研究并尽快解决的重要课题。

第 2 章　荒石滩整治及理论基础

2.1　研究内容

本书在广泛查阅有关文献和工程实践的基础上,以土地工程及土地资源可持续利用为背景,对陕西省内荒石滩开发整治的情况开展调查,分析荒石滩形成的原因及整治前景,结合荒石滩整治过程中所利用的耕作层构建技术、耕作层稳定性技术,对荒石滩整治评价体系以及荒石滩整治绿色施工等方面进行研究,并用华阴白龙涧荒石滩地工程实践及示范应用实例对相关内容加以阐述。主要研究内容如下:

(1)研究总论。在阐述荒石滩基本概念、主要特点、成因及分布的基础上,总体介绍荒石滩现行治理技术现状、存在问题及治理趋势,并提出荒石滩开发整治的意义及前景。

(2)理论基础。荒石滩综合整治是一项系统性很强的工作,需要多种理论基础提供支撑,本书中针对荒石滩整治过程中涉及的生态学理论、水土优化配置理论、农业工程规划设计理论和可持续发展理论进行展开,从而综合指导荒石滩整治工程实践。

(3)试验研究。针对荒石滩整治现行的相关技术即耕作层构建技术和耕作层稳定性技术,开展相关试验研究。主要包括:①客土层厚度研究;②耕作层结构研究;③土壤物理性质动态变化;④表层侵蚀分析;⑤提高稳定性的技术措施。通过在荒石滩上进行客土改良、试种作物、优化土壤覆盖厚度,提高耕作层稳定性,并经过项目示范论证后,大面积推广,为河道荒石滩地的治理提出切实可行的模式和实践经验。

(4)评价体系。结合荒石滩评价指标的筛选及体系与模型的构建,对整治后荒石滩生态体系的社会效益和生态效益进行综合评价。

(5)工程优化。在节能、低碳施工的同时,注重地质灾害的防治,并尽可能地使材料能循环利用,力求荒石滩整治实现绿色施工。

(6)应用推广。结合华阴白龙涧荒石滩地工程实践、区域开发利用现状、工程总体规划及工程优化设计与技术应用,分析其取得的综合效益,为更好地推广示范打好基础。

2.2　荒石滩整治的理论基础

旧河道荒石滩是一种难利用的土地资源,属于裸岩石砾地,多数为冲刷型砾石滩,由石砾、沙、土组成。由于土层浅薄、砾石外露,以及严重的采沙采土,使得河滩坑坑洼洼,不利于植被生长,更不利于耕作。这些旧河道荒石滩的共性是河槽浅宽、河床宽广、占地面积大、砾石裸露、土层瘠薄、蓄水能力差。汛期河滩内会出现少量明水,非汛期则完全干涸,整个河道处于闲置状态,且占用了大面积土地资源。

旧河道荒石滩具有多种功能,是河流生态系统的重要组成部分。荒石滩作为宝贵的资源,合理开发荒石滩可产生显著的社会、经济和生态效益(李应中,1995)。一方面,荒石滩开发可以缓解人口与资源、能源、粮食等方面的矛盾,促进荒石滩区经济发展和社会安定。我国传统的以农为主的滩地开发在我国粮食供给及农副产品生产中占有举足轻重的地位(姜文来,1997);另一方面,荒石滩开发能够稳定荒石滩环境,改善生态环境质量,保障滩区生产和生活安全(宋绪忠,2005)。荒石滩资源的开发应当在确保调蓄、行洪、排涝、综合利用的前提下,充分发挥滩地资源优势,重点发展林业生产、生态旅游,同时贯彻多种经营、全面发展的方针。通过项目建设,还可以构筑一个多业结合、全面发展的现代生态农业框架,既有农、林、牧、副、渔五业间的相互协调、相互促进,又有农、工、商、科技等多部门的密切联系,通过合理配置资源,优化农业产业结构。旧河道荒石滩治理模式重整治,轻开发,重社会效益,轻经济效益,整治内容单一。现今,因地制宜、统筹兼顾、合理布局,综合建立和完善开发性综合治理河道的新模式是时代的要求,是实现中国特色现代化农业的有效途径(李德贤,2003)。

荒石滩整治作为适时补充耕地、盘活存量土地、强化集约用地、提升土地产能的重要途径,具有全局性、系统性和基础性。它不仅是一项系统的技术工程,而且是一项复杂的社会工程。除要考虑到周边自然生态系统的规律,充分利用结构和空间布局的技术性调整外,还必须考虑到经济和社会等系统的影响。然而,由于缺乏系统科学的研究,荒石滩整治的相关基础理论,如生态学理论、水土优化配置理论、农业工程规划设计理论、可持续发展理论等尚不完善,使得当前荒石滩综合整治仍面临诸多现实问题、科学问题和政策问题,这对深入开展荒石滩整治基础理论的研究和规划实践提出了迫切要求。

2.2.1 生态学理论

生态学理论在荒石滩整治建设中有重要的指导意义,其作为研究生物与其环境之间相互关系的科学,目前已发展成为有自己研究对象、任务和方法的比较完整和独立的学科。系统论、控制论、信息论的概念和方法的引入,促进了生态学理论的发展。土地工程建设工作作为耕地等资源利用方式的重组与优化过程,其经济效益、生态效益、社会效益非常明显。但是,在土地工程项目建设的过程中,对地表生态系统的改变,会直接或间接影响到生态环境的稳定性。因此,只有在合理分析土地工程项目对生态环境影响的基础上,才能够更好地开展和实施土地工程各项工作,才能够在充分认识这些影响的基础上,构建完善可持续的土地工程生态环境建设项目。本书中与荒石滩整治相关的 7 个生态学理论,分别是土地生态学、农业生态学、景观生态学、生态工程学、生态水力学、生态经济学及生态评价与补偿机制。

2.2.1.1 土地生态学

土地生态学是运用生态学的一般原理,研究不同空间尺度下土地生态系统的空间格局、组成与特征、结构与功能、发展与演替以及能量流、物质流和价值流等的相互作用和转化,开展土地工程优化与调控的结合学科。从土地生态学视角分析,土地工程活动会影响到原有土地生态环境的稳定性,从而对项目区域内的水环境、土壤、植被、生物等产生一些直接或间接的影响。荒石滩综合治理技术是一种综合性的土地工程区域开发建设活动,这种区域开发活动会很大程度地改变原有生态系统的组成与格局,建立起新的地域生态系统。近年来,土地工程建设已越来越向综合土地工程发展,其中土地生态景观和环境的保护改善等生态效应越来越受到重视。土地生态建设与环境保护已逐步纳入土地工程的目标之中,荒石滩综合治理技术的综合化、生态化趋势明显,河道景观的恢复和重建也越来越受到重视。生态土地工程、景观土地工程是未来土地工程的主要形式。按照荒石滩自身结构特点及健康运转需求,对荒石滩生态系统的原有结构和功能进行恢复、保护和改造,创造自然、协调的土地利用方式和人类生存环境(许巍,2004)。荒石滩综合治理技术对生态效应具有显著影响,生态保育型土地治理模式有利于提高其治理的正效应。在进行相关河道规划时,要以全局的眼光对整个滩地流域进行整体规划。根据河段的功能需求不同,有针对性地采取治理措施,全方位综合整治,恢复和提高滩地的综合功能(朱灵峰,2009)。在今后的荒石滩治理中融入景观设计和生态保育已是势在必行。随着城镇化、工业化和农业现代化的不断推进,需要集成创新一批综合土地工程的关键治理技术,为荒石滩综合治理发展提供技术支撑,对土地工程实现从传统技术向现代技术转变、从数量向质量和生态方向转变具有重大推动作用。

2.2.1.2　农业生态学

农业生态学是运用生态学的原理及其系统论的方法,研究农业生物与自然和社会环境之间相互关系的一种应用型学科。随着生态学理论与方法的不断成熟和完善,农业生态学理论在土地工程领域的运用更加普遍与深入。农业生态学主要研究的对象是农业生态系统,就是研究农业生物之间、环境之间以及生物与环境之间的相互关系与调控途径,这对包括旧河道荒石滩整治在内的土地整治项目完工后,新增耕地的后期管护与示范有重要的指导意义。就组分而言,它包括了农业生物组分、环境组分;从结构上看,包括农业生态系统的层次结构、空间结构、时间结构以及营养结构(李世楠,2013)。农业生态系统的服务功能包括两个方面:一是农业生态系统直接产品服务及农业旅游等间接服务的经济服务功能;二是农业生态系统维持土壤肥力、营养循环、净化空气等生态服务功能(柯克斯,1987)。

随着现代生态学、信息学及工程理论与方法的不断创新和发展,农业生态学的理论和技术将得到不断充实和提高,各研究领域的内容将不断扩展和深入,在荒石滩综合治理中农业生态管理与环境资源利用方面发挥的作用日益显著。在研究方法上,其结合现代生物学科和现代信息学科的先进理论、技术和研究手段,在模型构建、"3S"空间分析、定位监测、工程规划设计等方面得到快速发展,进一步推进农业生态研究从定性向定量、从宏观向微观、从模式化向工程化方向发展,显著提高了荒石滩综合整治中的农业生态学整体研究能力和水平(叶笃正,2002)。通过"农、林、牧、水、渔"综合开发沙荒滩涂、石漠化、沙荒戈壁等资源,将荒石滩改造利用为良田、生态园、果园等。通过最优化客土整治荒石滩的方法,打造好土壤剖面,以保障耕地面积,保护生态环境,实现耕地占补平衡,使此类土地得到有效利用。

2.2.1.3　景观生态学

景观生态学是一门综合性的学科,注重研究景观结构和功能、景观动态变化以及相互作用机理,研究景观的美化格局、优化结构、合理利用和保护(Zavala,1995;傅伯杰,2001)。它将人类活动、生物圈、土地圈综合成一个有机联系的整体进行研究。其基本理论包括景观异质性理论、空间格局理论、多样性理论、干扰理论等。景观生态学中的丰富度、均匀度、镶嵌度、连接度、边缘、异质性、尺度、空间格局、多样性等概念在土地工程中具有很大的实践应用价值,同时景观生态学所阐述的景观功能也是土地工程不可忽视的目的之一。土地工程以景观生态学的格局—过程原理(肖笃宁,1997)作为景观生态规划设计的理论基础,可以帮助评价和预测规划与设计可能带来的生态学效果。

荒石滩作为宝贵的资源,其生态过程受到了人类经济驱动以及社会兴趣的影响,而生态学的研究很难区分自然的影响和人为的影响(肖笃宁,2003)。从这个角度来看,景观生态学为城市河流提供了一种多尺度、多学科的综合研究场所,可以解决河流景观复杂的科学和社会问题,从而为实施城市河流的综合规划和管理提供科学支持。此外,景观生态学的一个主要目标是认识空间格局与生态过程之间的关系,强调景观的时空变化(岳隽,2005)。土地工程中景观生态学理论的应用主要体现在:利用景观生态学的原理研究土地工程建设项目空间格局,分析生态状况和空间变异特征,研究环境、生态因子对土地利用布局的影响;通过模拟系统和规划设计,建立区域景观优化利用空间结构;评价和预测土地工程项目规划和设计可能带来的生态学后果。荒石滩综合整治工程是一项实现土地资源可持续利用的战略性基础工程,治理时必须有一个整体观念、全局观念和系统观念;要充分考虑到系统内部和外部的各种相互关系,不能只考虑增加耕地面积,而忽视系统内其他要素的改变对周围生态景观的不利影响,也不能只考虑局部地区的土地资源的充分利用,而忽视整个地区和区域土地资源的合理利用。通过土地工程,要尽可能在原有的农业生态系统中进一步引进新的负反馈机制,以增加系统的稳定性,从而大大提高滩地系统中各组分的综合生产力,取得社会效益、经济效益与生态效益的同步增长。

荒石滩综合整治工程是一项复杂的系统工程,涉及区域社会、经济、生态等诸多因素与多方利益。整治过程中的景观生态规划与设计从可持续发展、环境伦理学、景观生态学、生态经济学角度探讨土地工程的环境生态问题。在荒石滩综合整治建设过程中,不能片面追求农业的发展和耕地面积的增加,而忽略土地工程对区域环境产生的不利影响。应依据一定的理论,采取一定的措施,进行生态规划与设计,使项目区实现田成方、林成网、渠相通、路相连、涝能排、旱能灌的新农田景观;使项目区基础设施配套完善,全面实现机械化操作,实现生产方式从粗放传统型向集约型的根本改变;使项目区生态环境得到改善,促进农业和农村的现代化。

景观主要体现于土地生态系统中,可以认为每一块土地就是一个景观单元。为了保证土地资源的可持续利用,改善土地工程项目区生态系统结构简单的状况,土地工程建设中不能仅仅立足于短期的单纯的地块合并、调整改造,必须在规划设计阶段就融入景观生态设计思想,将景观生态规划理念和设计方法引入到土地工程中,提高项目区的景观多样性和生态系统的稳定性,在战略层面上落实好土地工程。把生态、景观作为一个整体来考虑,重视自然界已有自然生态系统,最大限度地利用滩地原生地貌、使用乡土植被,仿效自然原型进行综合规划设计。

在土地整治工程的过程中推广应用生态景观技术。在不同的地区,根据土地现状及社会、经济发展状况,因地制宜地使用不同的生态景观技术,在增加土地利用面积的同时达到美化环境的目的。在将旧河道荒石滩改造为农田的过程中,要进行合理规划,充分利用田间、地头、滩边的土地，营造良好的生态景观，在美化环境的同时打造稳定的生态系统。在荒石滩景观治理实践中，要从实际出发，因地制宜，多采用当地的乡土和特色树种进行美化和绿化，在彰显地域和文化特色的同时吸引观光客。

2.2.1.4　生态工程学

生态工程学是以生态学原理为基础，结合系统工程的最优化方法，设计分层多级利用物质的生产工艺系统，以现代化科技手段恢复和促进生态系统最优化的科学（俞孔坚，2005）。荒石滩通过综合整治，要想恢复其原生生态环境是不现实的，而通过相关生态工程学原理来进行生态环境改善是切实可行的方法。运用滩地生态工程学建设全新功能的滩地；运用农业生态工程学建设优质、高产、低消耗、无污染的现代农业；运用现代林业工程技术建设复合林业；运用水利生态工程技术获得优质的水源和保持优美的水景；运用景观生态工程满足公众亲水、亲自然的需求，同时又尽量降低对环境造成的影响和干扰。最终，通过多元化的生态工程建设生态良好的可持续发展的滩地生态系统（张毅川，2008）。

生态农业是一种多层次、多内涵的农业工程，因此农业生态工程是基于系统论，以环境科学为基础，遵循生态学、经济学原理，采取系统工程的方法，运用现代科技成果和现代管理手段，以期获得较高的经济、社会、生态效益且具有生态和经济良性循环的多层次、多结构和多功能的综合农业工程系统。构建功能完备的综合农业工程系统必须考虑以下原则：农业生产必须因地制宜，根据不同地区的实践情况来确定本地区的主导农业生态工程模式；农业是一个开放的系统，在农业生态工程建设中必须扩大对农业系统的物质、能量、信息的输入，加强与外部环境的物质交换，提高农业生态工程的有序化，以增加农业系统的产出。基于农业生态工程原理，在农村土地综合整治实践中需要将生态学原理与经济建设以及生产实际结合起来，实现生态学、经济学原理和现代工程技术的系统配套，其目标是使农业具有强大的自然再生、生态再生和社会再生的能力。在农田整治过程中，种植防护林以改善农田小气候以及秸秆还田、种植绿肥以增加土壤肥力与改善土壤结构；建设以种植、养殖、加工、经营业为主的农业庭院生态工程，通过生物链，形成集农户生产、生活和生态要素于一体的复合网络体系（张勇，2013）。生态型荒石滩治理是时代要求，必须融入生态景观理念，增强自然生态环保意识，注意保留其自然性。在荒石滩综合整治的过程中，如何有效合理地应用农业生态工程原理，将荒石滩资源整治为能高效利用的土地，需要进一步去探索实践。

2.2.1.5　生态水力学

生态水力学是从减轻水利工程对河流生态系统的负面影响出发，探讨水利工程新的工程理念、技术和方法的一门学科，也称生态水工学（吴哲仁，2004）。生态水工学以生态学和工程力学为基础，立足于水利工程学，汲取了生态学理论知识，用以改善传统水利工程规划设计中存在的问题，创造出人与自然和谐的河流生态景观。生态水工学包括生态水工学基本原理和生态水工技术两个部分。生态水工学基本原理遵循生态系统自我修复、自我组织、自我净化、自我设计等规律，研究包括不同区域的水文和水质因子与生物群落的关系、水域生态系统与水利工程的交互作用、生态水利工程对生态系统的补偿机制和原理。生态水工技术主要是指水利工程在满足防洪、供水、发电等需求的同时，使用工程技术手段保持或提高河流生态系统的生物多样性，为生物群落提供良好的生境，其研究内容包括河道治理、人工湿地、生态景观等(魏景沙,2011)。

2.2.1.6 生态经济学

生态经济学是一门研究和解决生态经济问题、探究生态经济系统运行规律的经济科学,旨在实现经济生态化、生态经济化和生态系统与经济系统之间的协调发展并使生态经济效益最大化,同时也是土地工程建设中不可或缺的理论学科。生态经济学以生态经济系统、生态经济产业、生态经济消费、生态经济价值和生态经济制度5个基本范畴为框架,在深入系统的理论分析的基础上,总结归纳出了生态经济协调发展规律、生态产业链规律、生态需求递增规律和生态价值增值规律等生态经济学基本规律,使得生态经济学研究从个别的理论层面上升到一般的规律层面。生态经济学理论认为:生态经济平衡以生态平衡为基础,是与经济平衡有机结合而成的一种平衡形式,它是生态平衡与经济平衡的矛盾统一体。从长远目标来看,生态目标和经济目标应该是统一的。生态经济平衡是经济社会最优化发展模式,是实现可持续发展的保障(程继承,2001)。经济发展与环境保护应当相互协调,经济发展与环境保护存在一定矛盾,若处理得好,可以保证经济发展和生态环境优化;反之,将会导致生态环境恶化。荒石滩综合整治工程不仅是自然技术问题和社会经济问题,也是一个资源合理利用和环境保护的生态经济问题,同时受到客观存在的自然、经济和生态规律的制约。荒石滩整治的景观生态规划与设计应以生态经济学为基础,调控项目区生态系统中各亚系统及组分间的生态关系,协调资源开发及其他人类活动与资源环境及资源性能的关系,实现区域社会经济的可持续发展。

2.2.1.7 生态评价与补偿机制

在进行土地工程的过程中,运用现代化的手段,不但能够减轻劳动强度,改善劳动环境,还能够创造良好的生态环境,实现土地资源的可持续发展。而土地工程活动对生态环境会产生各种影响,这种影响直接对生态平衡产生作用。鉴于土地利用改变对生态环境的影响及其在生态系统中的重要性,土地工程中需要建立生态环境评价体系,加强生态效益的评价。在构建土地工程的生态环境评价体系时,要把包括土地工程规划、项目选定、项目准备、项目评估、项目谈判、项目实施以及项目回顾整个流程都纳入评价体系中。根据不同层次,可以构筑区域土地利用总体规划评价、土地工程规划评价和土地工程项目评价3个层次的评价体系。通过建立土地工程生态环境评价公众参与机制,更好地提升土地工程生态环境评价的全面性、准确性和可接受性。横向上,建立土地工程生态环境评价的多元参与机制,可以扩大公众参与的广度;纵向上,让公众全程参与土地工程生态环境评价,能够提升公众参与的深度。

生态补偿机制是指以促进生态平衡和经济社会协调发展为目的,依据谁开发谁保护、谁受益谁补偿的原则以及外部性、公共物品等理论,综合运用法律、行政以及市场等各种手段,协调生态环境保护和经济社会发展相关各方之间的利益关系,有利于优化国土空间开发格局、促进资源节约、加强生态环境的恢复与保护、推进生态文明制度建设,是生态文明建设中重要的政策手段。土地工程生态补偿制度是一项系统性、长期性、复杂性的战略任务,应加大对土地工程生态补偿的科研攻关投入。

总之,荒石滩综合治理工程在对滩地进行整合、规划、垦复、利用的基础上,追求经济效益的同时注重生态效益,建立稳定的生态环境,改善土地工程治理区域的生态景观,最终达到社会效益、经济效益、生态效益的有机结合。任何与生态过程相协调,尽量使其对环境的破坏影响达到最小的设计形式都称为生态设计(王绍斌,2005)。这种协调尊重物种多样性,减少对资源的剥夺,保持营养和水循环,维持植物生存环境和动物栖息地的质量,有助于改善人居环境及生态系统的健康(赵欣,2007)。

2.2.2　水土优化配置理论

水土资源作为人类生产生活的基本资料,不仅是人类赖以生存和发展的物质基础,还是生态环境可持续发展不可缺少的自然支持因子。水土资源的数量、质量和组合状态对一个国家和地区的经济、政治实力及发展前景有着深刻的影响(陈来卿,2002)。随着人口的不断增加和经济的快速发展,人类对水土资源利用的广度和强度不断增加。由于水土资源供给的有限性,以及长期以来不合理的开发利用,生态环境问题日益突出,如水土流失、水土污染、荒漠化以及干旱、洪涝等自然灾害频繁发生,严重威胁国家和地区经济、社会、人口、资源、环境的可持续发展。滩地内地下水的流向是由东南向西北。虽然滩地下部含水层透水性较好,但由于地形平坦、地势低洼、水力坡度平缓,滩地地下水主要补给来源为地表水体的入渗和降水入渗、侧向入渗等,补给量因水利工程的发展和灌溉管理、灌水技术的提高而变化,补给与入渗之间相互补偿。虽然河道因引水量增大而入渗量减少,但渠系引水量增加,入渗量也相应增大,所以总的资源量无较大的变化,相对较稳定(董力民,1999)。

水土资源空间优化配置旨在通过了解水土资源利用变化情况,分析水土资源利用现状和存在的问题,进而以防沙治沙和发展经济、实现区域可持续发展为目标,通过模型方法获得最优的水土资源优化配置方案,并利用 GIS 软件将优选的配置方案落实到图斑上,可使区域水土资源得到比较合理、有效的利用,是水土资源的合理开发利用与实施可持续发展战略的基础。由于水资源的数量和时空分布决定着一个区域土地利用的类型,因而水土资源的优化配置是在确定不同用地类型单位面积需水量,并考虑适当的节水率及总量补给的基础上,以它们作为约束条件,进行土地资源和水资源的优化配置(姚华荣,2002)。荒石滩治理过程在一定程度上加剧了工程建设区的水土流失程度,如不及时进行有效防护、治理,则会对当地的水土资源及生态环境带来不利影响(杨英,2010)。

2.2.2.1　水土资源承载力

水土资源是人类一切活动的载体,荒石滩综合整治工程的可持续发展就取决于水土资源的可持续承载力。水资源是土地资源合理利用及承载力研究的重要因子和制约条件,其合理利用及承载力研究必须针对特定区域的土地利用结构和土地利用方式才有意义。因此,水资源的承载力研究只有和与之关系密切的土地资源结合起来,才更加科学合理。在区域可持续发展支持能力研究中,只有将水土资源视为一个整体,才能够更为清晰地揭示水土资源与可持续发展的关系。通过对水土资源的可持续承载力评价及优化配置研究,可以从定性、定量的角度了解研究区域的水土资源开发利用特征,为水土资源的有效利用提供借鉴,使水土资源的有效组合产生更大效益。在荒石滩综合整治过程中,尤其要从保护水土资源、为经济社会的可持续发展提供保障的战略高度出发,突出水土资源的高效利用、有效保护和优化配置,为土地可持续发展和荒石滩全面综合治理提供支撑。

水土资源承载力是资源承载力研究的重要组成部分。水土资源承载力指某一地区的水土资源在一定的时期、一定的生活水平和一定的生产技术条件下,以可持续发展为准则,以维护生态环境良性循环为前提,通过水土资源合理配置后所能承载的人口数量以及对该地区社会经济发展的最大支撑能力。水土资源的可持续承载力,即在一定区域,在可以预见的时期和一定的技术条件下,水土因子的生态、环境及资源属性所能支持的经济社会规模和具有一定生活水平的人口数量。水土资源的可持续承载力包括四层含义:水土作为生态因子、资源因子、环境因子及在此基础上具有一定发展能力的社会经济子系统,是水土资源可持续承载力的压力条件。

(1)水土作为生态因子,对水土资源可持续承载力的支持条件主要体现在水土的生态弹性力上。依据高吉喜(2002)的观点,生态弹性力包括两个方面:一是弹性强度,弹性强度是指系统的弹性力高低,取决于系统自身的状态,弹性强度变化是系统从一种状态转向另一种状态,变化是间断的且不可逆转的;二是弹性限度,弹性限度是指系统的弹性范围,主要反映特定生态系统缓冲与调节能力的大小,弹性限度的变化可看作是在同一状态或同一层次间的波动。弹性强度和弹性限度是两个不同的概念,弹性强度高,不一定弹性限度大,反之亦然,水土生态弹性力同样体现在这两个方面。一定区域长期以来形成的地形地貌、气候条件、土壤、水分、植被等因素基本决定了该区域的生态系统类型,也决定了水土生态弹性强度的大小。反过来,通过生态弹性强度的大小可以衡量一个区域实际或潜在的承载能力。弹性限度的提高,关键在于人的能动作用以及各种配置技术的应用。例如,对于土地而言,相同区域的土地在长期发育而成的环境中具有相似的土壤性质与类型,即生态弹性强度基本相似,但通过改造、耕作后会产生不同的生产能力,最终体现在产出的作物的数量及质量不同。而大规模毁林开荒甚至撂荒以及不适宜的土地利用方式,例如坡耕地种植、污水灌溉等,破坏了土地的生态弹性限度,造成生态破坏问题。类似地,针对特定区域的水来说,我们无法改变水的数量,但我们可以采取工程措施并规范我们自身的开发利用行为增加其弹性限度,使同样的水养活更多的人,获得更多的利益。

(2)水土作为资源因子,对水土资源可持续承载力的基础条件主要体现在水土资源的供给能力上。研究表明,资源承载力的大小除取决于资源的存量、人类的需求外,主要取决于对资源的利用方式,利用方式不同,产生的后果不同。水土资源可持续承载力,要求水土资源的开发利用强度不超过其更新再生的能力,既能够满足人类生存发展的需要,又不破坏生态环境的可持续发展。

(3)水土作为环境因子,对水土资源可持续承载力的约束条件主要表现在水土环境的容纳能力上。水土资源的可持续承载力,要求重视水土因子的环境功能及环境效应,将水土资源开发利用行为限制在环境承载力阈值内。

(4)分析水土资源生态可持续承载力、资源可持续承载力和环境可持续承载力的最终目的是评价基于水土资源可持续承载力的社会经济的可持续发展能力。

(5)人类的行为方式、规模及其空间分布是影响水土资源可持续承载力的重要因素,研究水土资源的可持续承载力的目的在于协调人类行为与水土资源的关系。

(6)水土资源的可持续承载力是客观的、可变的,采取一定的措施可以在一定程度上提高水土资源的承载力,但提高的幅度不是无限的。

2.2.2.2　水土资源优化配置

资源配置亦称资源分配或布局,是指在一定的自然、经济和社会条件下,为了满足人类社会经济需要,对特定时期、特定地区和生产部门各种生产资源的种类、数量及其结构与布局的安排和组织。配置的首要问题就是配置客体的稀缺性和多宜性,水资源和土地资源都具备这二重特性。水土资源优化配置是在一定条件下,为了达到最优的生态经济效益,依据水土资源的特性和系统原理,对区域有限的水资源和土地资源在时空上进行安排、设计、组合和布局,以提高水土资源利用效益,维持土地生态系统的相对平衡,实现水土资源的可持续利用。水土资源配置最终要实现经济效益目标、社会效益目标和生态环境效益目标的协调和统一,但并不是几种目标之间的均衡或同时获得几种目标的最大化,而是选择一种主导性目标,具体的选择要视具体的地区层次和配置目的来确定。

1. 水土资源优化配置原则

水土资源优化配置主要原则是:

生态先行:在水土资源的优化配置中首先考虑生态环境效益,并通过林、草地的最低限量来实现。

统筹兼顾:在满足一定生态要求的基础上追求最佳的社会、经济效益,是保持已取得生态效益的基本保障,因此要在保证生态效益的基础上,坚持社会、经济效益最大的原则。

因地制宜:根据不同土地资源类型状况及水资源供给条件,确定水土资源的最佳利用方法,使"地尽其力,水尽其用"(姚华荣,2004)。

2. 水土资源优化配置步骤和方法

水土资源供需之间的矛盾日趋尖锐,而水资源作为土地农业利用的瓶颈因素,决定着区域的土地利用方向,因而有必要将水土资源结合起来进行优化配置研究。有必要在GIS 技术支持下,开展水土资源相结合的、能够配置到空间地块单元的水土资源优化利用研究。从 GIS 技术、遥感影像及其他资料上提取具有地理空间属性的数据作为水土资源优化配置的数据来源,不仅具有现势性强、能够客观反映资源状况的优点,而且在利用模型运算和决策获得配置方案后,很容易通过对基础图件属性表的修改,使方案落实到空间上,解决了以往在水土资源优化配置中只知道有多少某种类型的用地需要调整,而不知道哪里需要调整的问题。因而,这种研究方法可在今后的水土资源配置及农业结构调整中得到较为广泛的应用(姚华荣,2004)。

只有将水资源优化配置的数据指标落实到空间上,才能对当地的生态建设与水土资源调整提供可参照的依据。资源优化配置是指自然资源之间以及自然资源与其他经济要素之间的组合关系在时间结构、空间结构和产业结构等方面的具体体现及演变过程。其目标在于实现自然资源的最优化和可持续利用(龙花楼,2009)。土地具有资源、资产与资本(要素)的综合属性(刘彦随,1999)。利用 GIS 技术获取水土资源空间优化配置研究的基础资料;在区域生态环境建设效益和资源利用效益最佳的目标下,利用灰色线性规划模型对水土资源进行优化配置,获得水土资源优化配置方案簇;利用模糊综合评判法进行方案的筛选决策;利用 GIS 软件将优选方案落实到空间地块上,实现水土资源的空间优化配置(姚华荣,2004)。

对于一个区域来说,区域水土资源的承载力与可持续发展的关系,以及其优化配置是衡量区域可持续发展的必要条件。因此,水土资源的可持续承载力及优化配置问题已成为制约区域经济社会发展的关键因素。近几十年来,随着经济的高速发展和人口的增长,土地资源利用结构发生显著变化,主要表现为:随着经济技术的发展,土地开发利用率逐渐提高,农业内部结构调整以及非农业用地增加导致耕地比重逐年下降,农业用地和非农业用地矛盾加剧,耕地质量恶化以及耕地后备资源不足等严重制约经济社会的进一步发展以及粮食安全。水土资源匹配的不协调及水土资源对区域经济社会发展的"不承载",已经影响到关中地区经济社会的可持续发展。今后,随着社会经济的发展,水土资源对经济社会可持续发展的"瓶颈"制约将愈加严重。

水土资源承载力理论是水土资源可持续发展的支撑理论,通过对水土资源—生态经济系统的水土资源承载力及其与可持续发展的关系研究及评价,从一定程度上深化了可持续发展是以人为本的思想精髓,有利于实施可持续发展,并为可持续发展理论的完善与发展奠定基础。在土地工程工作的过程中,以促进农业生态环境的优化、农业生产效率的提升为目标,借助各项土地工程的工程举措,能够有效地改变区域的水文结构、水环境的质量。

3. 水土资源优化配置模式

水土资源利用的一个基本原则就是因地制宜。因此,在进行水土资源优化配置之前,首先应该确定水土资源优化配置的范围,即确定研究对象。从宏观上讲,水土资源优化配置的范围包括两个方面:一是不同行政区域或流域之间的优化配置;二是同一行政区域或流域内不同用水占地部门之间的优化配置。具体来讲,水土资源优化配置的模式及构建方法有以下 3 种。

1)水土资源优化配置的层次性模式及构建方法

水土资源的配置过程实质上是从宏观到微观的过程,区域水土资源配置的层次性模式表现为宏观、中观、微观三个尺度。宏观尺度是根据区域的自然和经济发展的差异性确定其水土资源利用的宏观方向;中观尺度是进行各类用地指标及用水指标的分解和用水结构的综合平衡;微观尺度是对具体的水土资源利用进行的优化配置。

2)水土资源优化配置的区域差异性模式及构建方法

区域差异性是地理学研究的基础。自然条件的区域性差异决定着区域社会、经济、人文、生态的分异,因此产生了不同的土地利用类型及水资源利用格局。例如我国西北干旱地区,水分是主要制约因素,土地利用主要是考虑水资源的合理利用,水土资源优化配置的实质是引导和促使水土资源的配置与生态环境治理相协调,这种模式称为生态经济型模式。再如我国的东南沿海发达地区,水土的自然功能受经济发展影响强烈,人多地少,各种用地类型矛盾尖锐,水污染严重,水土优化配置模式设计主要体现在经济效益的提高和各部门的综合平衡上,力求通过水土资源的合理利用促进区域经济可持续发展。

3)水土资源优化配置效益最大化的结构优化模式及构建方法

该模式主要是从水土资源利用系统的结构出发,在不同的约束条件下,采用各种模型,计算出各种用地用水的结构模式。在模式的研究中,数量结构模式的研究是水土资源优化配置模式研究的核心所在。

以上三种水土资源优化配置模式之间相互联系、相互包含。对于一个具体的行政区域或流域来说,往往区域差异性的识别是必要的,是优化配置的基础;在研究过程中,决策者往往会针对宏观、中观、微观三个层次水平进行把握;在具体每一个层次中,会使用各种优化配置模型来操作。因此,在具体应用中,三种模式互为融合,共同达到我们所期望的研究目标。

2.2.3 农业工程规划设计理论

当前我国大规模地进行着农业现代化建设,为农业工程提供了广阔的用武之地,这就必须做好农业工程规划。农业工程规划要根据当地经济发展的需要,提出阶段性农业工程措施。首先要明确本地区农业经济发展目标和具备的某种条件,可利用的资源、论证拟采取的工程措施的必要性和可行性,然后对各项具体工程项目的实施作出时间上的安排,对其前景进行分析,对投资效益作出概略的估算。农业工程规划可分为区域经济发展战略—农业工程规划—农业工程项目三个层次。

农业工程是为农业生产和农村生活服务的综合性工程,它以土壤、肥料、农业气象、育种、栽培、饲养、农业经济等学科为依据,综合应用各种工程技术,为农业生产提供各种工具、设施和能源,以求创造最适于农业生产的环境,改善农业劳动者的工作、生活条件。

农业工程的内容,在20世纪60年代前,主要包括农业动力和机械、农业建筑、农田排灌和水土保持、农业电气化等四大分支;60年代后,又增加了食品工程、农村能源工程、土地利用工程和农业生产环境工程等内容。中国的农业结构自古以种植业为主,因此在农业工程中优先发展与此有关的农业机具、土地规划和土地治理、农田水利和水土保持、农产品加工及储藏,其目的是保证种植业的发展和农产品的利用。

2.2.3.1 农业工程类别

一个地区应当采取的农业工程措施,从经济发展的需要出发大致可以分为以下几类:

(1)土地利用工程。合理利用和开发本地区的土地、水利及其他农业资源,主要是土地的整治,综合开发高标准农田建设。通过提高土地利用率和单位面积耕地的经济效益,达到农业增效、农民增收、农村经济实力增强的目的。

(2)农、林、牧、渔业生产工程。在充分利用水资源和土地治理的基础上进行种植业、林业、养殖业初级产品生产的工程建设,以及生产过程中机械化、自动化、设备维修、产品储藏设施等的建设。

(3)生态设施工程。对动物、植物进行生长发育的控制,克服外界自然条件对动、植物生长的不利影响,达到无污染、速生、优质、低成本、高效益为目的的工程。

(4)农村能源工程。电力、水、太阳能、秸秆、沼气以及农村生物质能可再生能源的开发与利用,可以缓解农村缺能状况,减少对森林和植被的破坏,改善生态环境,促进生态良性循环。

(5)农产品加工工程。培植农产品加工龙头企业,对农副产品进行深加工,提高产品质量和价值,开发新种类满足市场需求。

(6)农贸市场工程。建设农贸市场批发、销售集散地的场地、仓库、冷藏库、运输、包装等设施。

(7)现代农业园区工程。建设包括现代农业科技生态园区、示范农业区、景观农业区、设施农业等园区工程。

（8）新农村及公用设施的建设工程。

以上各种工程措施联系起来，体现了为农业进行产前、产中、产后的服务，包括了从初级农产品生产直到销售的各个重要环节。农业工程措施，根据其性质的不同，又可大致分为两大部分：一部分是农业工程设施的建设，如灌排系统、种子仓库、禽畜饲养场、乳品加工厂等需要按照基本建设程序进行施工建设。这一部分一般技术结构比较复杂，具有很明显的综合性，如农产品加工工程项目，包括建筑物、工艺设备、辅助设备、仪器仪表等各种建设内容，才能形成一个完整的工程体系。另一部分是以推广某种技术或以某种产品或商品的形式，通过集体或个人的购置来实现的，如排水洗盐、保墒耕作、地膜覆盖、太阳能热水器的推广等。这类措施引用的技术比较单纯，或要与土壤改良、作物栽培等其他措施配套，才能发挥作用，不需要列入基本建设计划（如需建立制造耕作机械、地膜、热水器等的工厂，则应列入基本建设计划），但由于覆盖面广，对生产的影响大，同样应列入农业工程规划。根据以上分析，一个地区的农业工程建设也可以分为三个层次，不同层次都反映出多元性和综合性的特点，这是由农业本身的特点所决定的。农业是一个庞大而十分复杂的产业，需要多种工程技术为之服务，农业工程是这些工程技术的总的概括，概括为农业工程，就可以使它们在为农业服务的前提下，得到更加协调的发展，能够更好地发挥作用。

在农业工程众多分类中，土地利用工程即对土地的整治工程是目前许多国家解决经济发展中土地利用问题的一项重要措施。我国荒石滩分布广泛，特别是陕西省的荒石滩面积有 35 万亩，这些荒石滩大多数长期处于荒芜状态，占用了大量的土地资源。如果把这些土地利用起来，对其进行整治改良，将为我国农业未来的发展奠定良好的基础。

2.2.3.2　农业工程特点

列入规划的农业工程措施应具有以下特点：

（1）符合当地经济发展的需要。首先要考虑到水土保持、地力、农田整治可持续发展，农业生态环境的改善，这是种植业发展的基础，也是整个农业的基础，因此水土综合整治工程应当有突出的地位。农业生态综合发展，农、林、牧、渔齐头并进，也是农业发展的长远方向，在不同的区域内应有不同的侧重。如在种植业已高度发展的地区应全面发展饲养业和农副产品加工业，加强牧场、畜禽舍、农牧产品加工厂的建设，充分利用秸秆作为饲料和初级农牧产品的资源。在城市郊区要把温室、大棚、花卉基地、农贸市场作为建设重点；在多旱少雨的地区应加强设施农业的建设；在沿海一带可以建鱼、虾、贝类养殖及加工基地。总之，各地资源不同，经济发展水平不等，哪些农业工程措施需要列入规划，都要认真研究加以选择，符合当地的实际情况。

（2）工程技术的适用性、工艺的先进性。列入工程规划的技术必须是娴熟的，符合当地的生产要求和使用条件，还要吸取当地群众的实践经验和科研成果。在工程可靠、能用的基础上，技术工艺必须是先进的。先进的技术工艺能有效提高工作效率和作业质量，在同等劳动强度下能获取更大的效益。做规划时，要认真收集研究国内外先进经验，分析论证能源采用的可能性，必要时在规划中列入相应的试验和工艺培训的项目，使新的技术能在当地推广。

（3）取得综合效益。作为工程项目，目的就是要取得效益，既要充分利用秸秆作为饲料和初级农牧产品，考虑经济效益，又要注重社会效益和生态效益。项目要有一定的规模，并能预测出投入产出值和发展前景。

（4）农业工程的建设期限。一般农业工程项目的建设期限为3~5年，甚至再短一些。建设期限太长不利于工程检查验收和效益发挥，太短不利于经验总结。

（5）明确承担执行农业工程建设项目的部门或单位。可由政府部门或法人单位来承担，如国土开发、山林治理，可以由政府部门负责，养殖业、加工业项目可以由个人、集体经过适当的组织形式来承担。技术推广项目可由技术部门承担，组织对农民的技术培训和生产资料的供应，完善组织机构，加强组织领导，确保工程建设项目的完成。

农业工程的类别不同，所需要的规划及设计也是不同的，本书着重以土地利用工程中荒石滩开发整治所涉及的规划设计为例来阐述农业规程规划设计的理论内容。

2.2.3.3 土地整治规划设计

1. 规划设计的原则与目标

1）规划设计原则

土地利用工程规划设计应该遵循以下基本原则：①十分珍惜、合理利用土地和切实保护耕地；②坚持社会效益、经济效益和生态效益相统一；③坚持土地资源的可持续利用；④坚持因地制宜。

2）规划设计目标

（1）农用地规划设计目标。

农用地项目规划设计的目标是：①提高农田集约化、机械化、水利化水平；②提高农村人口聚居程度；③完善给排水、通电、通路等配套设施；④提高土地质量；⑤增加有效耕地面积；⑥增加耕地收益，提高土地利用率；⑦改善生态环境。

（2）建设用地规划设计目标。

城市建设用地开发整理项目规划目标：①完善城市土地功能分区和布局；②提高城市土地利用效率，充分发挥土地资产效益；③增加绿地面积，改善生态环境。

2. 土地整治规划设计内容

土地整治规划设计是实施土地整治的关键环节，直接影响着整治的投资及其效益，是落实整治任务与目标，实现土地合理利用的决定性内容。根据经验和理论要求，规划设计包括田块规划设计、农田水利规划设计、田间道路设计和农田防护林设计等四个方面。

1）田块规划设计

（1）田块方向。

耕地田块方向一般是指田块的长边方向。田块方向应利于作物采光、机械化作业、水土保持、地下水位降低、防风和运输，一般以南北向为宜。

（2）田块大小。

田块大小直接影响农田生产效率大小，制约着农田能量和物质循环。从生态的角度看，大型田块比小型田块内有更多的物种，更有能力维持和保护基因的多样性。小型田块占地小，可提高景观多样性，起到临时栖息地的作用。集中分布田块可提高农田生产效率。农田田块的长度主要考虑机械作业效率、灌溉效率、地形坡度等，一般平原区为400~

800 m;田块宽度取决于机械作业宽度的倍数、末级沟渠间距、农田防护林间距等,一般平原区为 200~400 m。

（3）田块形状。

耕作田块形状影响规划后项目区的生态环境、机械作业的效率及田间生产管理。为了给机械作业和田间管理创造良好条件,田块的形状力求规整,还应结合现有沟、渠、路、林及其他自然界线,不能机械划分。田块形状以长方形、方形为佳,其次是直角梯形、平行四边形,最劣为不规则三角形和任意多边形。

（4）田块高程。

田块高程设计的合理与否直接影响着田间平整工程量的大小以及灌排渠沟的布局,其设计应该本着节约成本、有利灌排的原则。不同地区田块平整高程的设计应该因地制宜。如地形起伏较小、土层深厚的旱涝保收田,田块设计高程应重点依据填挖土方量的要求来确定;地形起伏大、土层浅薄的坡耕地,田块设计高程在考虑平整工程量的同时,应根据地形特点,尽量满足灌排设施布置的要求;地势较低的低洼地,田面设计高程还应考虑到水位要求,平整后的高程应高于常年涝水位 0.2 m 以上;地下水位较高的农田,田块设计高程应高于常年地下水位 0.8 m 以上。

2）农田水利规划设计

农田水利设施种类很多,按其设计及施工的相似性可分为水库、渠道、抽水站、堤坝、机井、闸涵以及水土保持工程等,按其主要功能大致可分为灌溉工程、洪水工程、防洪工程、防涝防渍工程、水利发电工程和水土保持工程。由于农田水利设施规划设计涉及水资源开发利用、设备配套等,较为复杂,本书仅对农田灌排渠道规划设计进行探讨。

（1）灌溉排水系统的组成。

要建成高产稳产的农田,必须建立一个能及时供水、排水的系统工程。一个完整的灌排系统主要包括以下几项内容:

①取水枢纽。取水枢纽是指位于渠道上方,将灌溉用水引入干渠的设施。在平原地区取水和排水主要是排灌站,在丘陵地区取水枢纽主要是塘坝。

②输水配水系统。输水配水系统是指将灌溉用水从水源输送和分配到田间的各级渠道。输水配水系统一般包括干、支、斗、农四级渠道。干渠从水源引水输入支渠,支渠从干渠引水输入斗渠,斗渠引水输入农渠,农渠是最末一级固定渠道,送水至田间毛渠。

③临时渠道。临时渠道包括毛渠、输水沟、灌水格田等,它们的功能是将来自农渠的水分送到田间,并且把田间多余的水排出去。

④排水泄水沟道。主要包括干、支、斗、农四级排水泄水沟道,其任务是将田间多余的水分排至容泄区。

⑤灌溉排水系统上的建筑物。即为了保证渠道顺利通过各种天然地物和人工建筑物障碍而在各级渠道上修建的各种渠系建筑物,其主要包括倒虹吸管、渡槽、隧洞、涵洞和跌水等。

（2）主干渠道规划的原则。

①在水源和容泄区水位既定的条件下,应使灌溉排水渠道获得最大的自流灌溉和排水面积。

②渠道布置应保证工程费用少、渠道输水损失小。

③渠道选线应尽量少占或不占耕地。

④要正确处理上、下级渠道之间以及与其他项目之间的关系。

（3）计算灌溉渠道的流量以及排水沟设计的流量。

①灌溉渠道设计流量的计算。

灌溉渠道设计流量是确定渠道横断面面积和渠系建筑物尺寸的主要依据,取决于渠道所控制的灌溉面积、作物组成和灌溉制度。其常用计算方法有以下两种:

方法一:灌水天数法。其计算见式(2-1):

$$Q_{设} = MW/(86\ 400Tn) \tag{2-1}$$

式中　$Q_{设}$——渠道的设计流量,m^3/s;

　　　M——灌水定额,$m^3/$亩;

　　　W——渠道控制的灌溉面积,亩;

　　　T——灌水延续天数,d;

　　　n——渠道水有效利用系数,%;

　　　86 400——一天内的秒数。

式(2-1)中的灌水定额 M 是每亩地灌一次水所需要的水量,常以每亩地平均水深 9~10 cm 来计算。渠道水有效利用系数 n 的大小,与渠道长度、土质条件、防渗措施和管理水平等有关。一般来说,渠道水有效利用系数为 70%~90%,水稻区比旱作区高,下一级渠道比上一级渠道高,黏壤土的渠道比砂壤土的渠道高。

方法二:灌水模数法。灌水模数是灌区单位面积上每次灌水的流量。其计算见式(2-2):

$$Q_{毛} = q_{毛}W \tag{2-2}$$

式中　$Q_{毛}$——渠道设计流量,m^3/s;

　　　$q_{毛}$——毛灌水模数,$m^3/(s \cdot 万亩)$;

　　　W——渠道控制的灌溉面积,万亩。

由于各地气候、土壤和农作物的不同,灌溉模数也不一样。以旱作为主的灌区,毛灌水模数为 0.35~0.5 $m^3/(s \cdot 万亩)$;以水稻为主的灌区,毛灌水模数为 0.7~1.2 $m^3/(s \cdot 万亩)$。

②排水沟设计流量计算。

排水沟设计流量是排水沟断面设计的依据。常用平均排水法计算控制面积在 50 km^2 以内的排水沟设计排水流量,其计算见式(2-3):

$$Q = CPF/(86.4T) \tag{2-3}$$

式中　Q——设计排水流量,m^3/s;

　　　C——排水地区的径流系数;

　　　F——排水沟控制的排水面积,km^2;

　　　T——规定的除涝天数,d;

　　　P——设计频率的降雨量,mm;

　　　86.4——单位换算系数。

（4）渠道断面设计。

渠道断面设计包括横断面设计和纵断面设计。

①渠道横断面设计。

渠道的横断面有时也简称为断面。渠道横断面设计主要就是确定过水断面的尺寸。灌溉渠道的横断面通常采用梯形断面形式，它由底宽、水深、边坡、超高和堤顶等几部分组成。

渠道的过水断面和输水流量之间的关系见式（2-4）：

$$Q = Av = AC(Ri)^{1/2} \tag{2-4}$$

式中　Q——渠道设计流量，m^3/s；

　　　A——渠道过水断面，m^2；

　　　v——水流流速，m/s；

　　　R——水力半径，m；

　　　i——渠道比降；

　　　C——流速系数，其值与水力半径 R 及渠道粗糙率 n 有关。

从式（2-4）可以看出，横断面大小与流量成正比，与水流流速成反比，同时还与渠道坡降有关。一般土质渠道的流速大致为 $0.4 \sim 0.6 \ m/s$，黏土取大值，砂壤土取小值，最小流速不小于 $0.3 \ m/s$。

②渠道纵断面设计。

渠道纵断面设计主要是确定渠道比降、沿渠线地面高程、渠道水位、渠道高程和堤顶高程以及渠道纵断面设计图的绘制。

渠道设计要有足够的输水能力、稳定的河床，以及一定的水位。为了保证渠道所控制的灌溉面积都能进行自流灌溉，一般是从灌区内距渠道最远且最高处的地面高程，根据渠道及渠系建筑物的水头损失，自下而上地推算各级渠道分水口的设计高程。其计算见式（2-5）：

$$H_{设} = H_0 + \Delta h + \sum li + \sum \phi \tag{2-5}$$

式中　$H_{设}$——推算末端（渠首或分水闸）的高程，m；

　　　H_0——渠道控制灌溉面积内参考点高程，m；

　　　Δh——灌水深度，一般为 $0.05 \sim 0.1 \ m$；

　　　l——各级渠道的长度，m；

　　　i——各级渠道的比降；

　　　ϕ——水流通过渠系建筑物的水头损失，m，一般进水闸的水头损失为 $0.1 \sim 0.15$
　　　　　m，节制闸为 $0.07 \ m$，渡槽为 $0.07 \ m$，公路桥为 $0.03 \ m$，倒虹吸为 $0.30 \ m$。

如果推算的渠首水流低于水源的水位，就可以采用自流灌溉。如果由于水源吸水高程的限制，或为了避免渠道过大的土方工程量，则可以考虑抽水灌溉。

（5）田间灌排渠系的布置。

田间灌排渠系又称为田间工程，包括布置田块边界的末级固定渠道农渠和农沟，以及布置在田块间内部的临时渠道毛渠、毛沟与输水垄沟等两部分。为了提高田间灌排的效率和质量，建设旱涝保收的高产稳产农田，就需要搞好田间灌排渠道的规划。由于各地的自然经济条件不同,田间灌排渠系的组成和布置有很大差异,在规划时要因地制宜,合理布局。

①平原区的田间灌排渠系布置。

A. 斗、农渠系的布置。在平原地区依据沟渠的作用和相对位置可分为如下三种布置形式:

a. 灌排相邻布置。即灌溉渠道和排水相邻布置,这种布置形式适用于有单一坡向的地形和排水方向一致的地区。

b. 灌排相间布置。灌溉相间布置就是由渠道向两侧灌水,排水沟承泄两侧排水,这种布置形式是把灌渠设在高处,排水沟设在低处,主要适用于地形平坦或者有一定起伏的地区。

以上两种布置是灌排分开的方式,其优点是灌排及时,便于管理,有利于降低地下水位。对于北方旱地而言,可以防止土地盐碱化;对于南方水田,则可以调节土地温度和改善土地的养分状况,有利于防渍防涝。

c. 灌排合渠。灌排合渠即灌溉和排水共用一条渠道,这种布置方式可以节约土地,在沿江和滨湖地区用地较多,但由于这种方式不利于控制地下水位,在广大旱作地区不宜采用。

B. 田间临时渠系的布置。田间临时渠系一般有如下两种布置形式:

a. 纵向布置。毛渠布置与灌水沟、畦的方向一致,灌溉水从毛渠通过垄沟进入灌水沟、畦。纵向布置在地形比较复杂和土地平整差的地区采用较多,为田间灌溉创造了有利条件。

b. 横向布置。这种布置形式省去了垄沟,毛渠布置与灌水沟、畦方向垂直,灌溉水直接从毛渠流入灌水沟、畦。横向布置是毛渠沿地面较小坡度方向布置,灌水沟、畦沿地面最大坡度方向布置,以利灌溉,在地形平坦和坡度较小的地区多采用这种布置形式。

②丘陵山区的田间灌排渠系布置。

南方丘陵山区的农田,按地形的不同,可分为岗、垮、冲、畈等类型。岗田是位于岗岭上的农田,位置最高。垮田是山冲两侧的坡上梯田,冲田在两岗之间地势最低处。冲沟下游和河流两岸,地形逐渐平坦,常为宽广的平畈区。

丘陵山区一般排水条件良好,干旱是农业生产的主要问题。但两山间的冲田,由于地势较低,在多雨季节容易造成洪涝灾害。同时,由于山岗地下水的渗出,形成了冷浸田和烂泥田,因此田间渠系的布置必须全面解决旱、洪、涝、渍的危害。

丘陵地区的斗渠,一般沿岗岭脊线在岗田中间布置,农渠则垂直于等高线沿垮田短边布置,也可采取灌排结合方式布设。固垮田是高差较大的层层梯田,农渠需用跌水衔接,并列为双向控制。

冲田的渠系布置依地形条件而异。如山冲狭长,宽度小于 100 m,可在山坡来水较大的一侧,沿山脚布置排水沟,以排泄山坡径流和田面地下水;在山坡来水较小、冲田地势较高的一侧,布置灌排两个渠,兼排山坡或垮田来水。在比较开阔的冲田地区(冲垄宽在 100 m 以上),除在两侧垮脚布设排水沟外,可在冲田的中间加开一条灌排两用中心渠,控制两侧冲田。沿垮脚的排水沟深度要大,沟底要低于田面 0.6 ~ 1.0 m,以利承接岗上来水和拦截地下水流,并降低冲田地区的地下水位。

在较大冲田地区,往往有老河道迂回弯曲,占地多而排水不畅,一般需重新规划加以改造,以利排水,并整修两岸冲田,使其便于机耕。

3)田间道路设计

(1)田间道路工程规划原则。

首先,田间道路规划应因地制宜,讲求实效。由于道路工程规划受到地形地势、地质、水文等自然条件与土地用途、耕作方式等社会经济条件的影响,不同地区道路系统的规划就必须根据当地的自然、社会和经济条件来确定其内容和重点。

其次,田间道路规划应有利生产、节约成本。道路工程的规划应该尽量使居民点、生产经营中心与各轮作区、轮作田区或田块之间保持便捷的交通联系,要求线路尽可能笔直且保持往返路程最短,确保人力、畜力或者农机具能够方便地到达每一个耕作田块,促进田间生产作业效率的提高。同时,道路系统的配置应该尽可能地节约建设与占地成本,在合理确定道路面积与密度情况下尽量少占耕地,尽量避免或者减少道路跨越沟渠等,以最大限度地减少桥涵闸等交叉工程的投资。

再次,田间道路规划应综合兼顾。在进行道路规划时,要结合当地的地貌特征、人文特征,使项目区内的各级道路构成一个层次分明、功能有别、运行高效的系统,以减少迂回运输、对流运输、过远运输等不合理运输。农村道路是为农业生产服务的,要从项目区农业大系统的高度来进行规划,田间道、生产路要服从田块规划,与渠道、排水沟、防护林结合布局,不能为了片面追求道路的短与直,而破坏田块的规整。

最后,田间道路规划应考虑长远,由于道路系统是与人们生产生活息息相关的重要设施,随着社会经济的发展,人们对道路的功能需求越来越高,道路等级档次也呈不断提升的趋势,因此道路系统的规划应该留有余地,为今后的发展留有空间。

(2)田间道和生产路布设方法。

田间道和生产路同农业生产作业过程直接相联系,一般在农地整理的田块规划后进行布设。田间道和生产路规划应根据有利于灌排、机耕、运输和田间管理,少占耕地,交叉建筑物少,保持沟渠边坡稳定等原则来确定。其最大纵坡宜取 6% ~8%,最小纵坡在多雨区取 0.4% ~0.5%,一般取 0.3% ~0.4%。

①田间道:田间道是由居民点通往田间作业的主要道路。除用于运输外,还起到田间作业供应线的作用,应能通行农业机械,一般设置路宽为 3~4 m,田间道又可分为主要田间道和横向田间道。

主要田间道是由农村居民点到各耕作田区的道路。它服务于一个或几个耕作田区,如有可能应尽量结合干、支道布置,在其旁设偏道或直接利用干、支道;如需另行配置时,应尽量设计成直线,并考虑使其能为大多数田区服务。当同其他田间道相交时,应采用正交,以方便畜力车转弯。横向田间道亦可称为下地拖拉机道,供拖拉机等农机直接下地作业之用,一般应沿田块的短边布设。在旱作地区,横向田间道也可布设在作业区的中间,沿田块的长边布设,使拖拉机从两边均可进入工作小区以减少空行。在有渠系的地区,要结合渠系布置。

②生产路:生产路的规划应根据生产与田间管理工作的实际需要确定。生产路一般

设在田块的长边,其主要作用是为下地生产与田间管理工作服务。

在旱地进行生产路规划时,考虑到平原区旱地田块宽度一般为 400 ~ 600 m。在这种情况下,每个田块可设一条生产路。如果田块宽度较小,为 200 ~ 300 m,可考虑每两个田块设一条生产路,以节约用地。

在灌溉区进行生产路规划时,可采用生产路设置在农沟的外侧与田块直接相连的方案。在这种情况下,农民下地生产、进行田间管理和运输都很方便。其一般适用于生长季节较长、田间管理工作较多,尤其以种植经济作物为主的地区。此外,也可采用生产路设置在农渠与农沟之间的方案,这样可以节省土地,因为农沟与农渠之间有一定间距,田块与农沟直接相连有利于排除地下水与地表径流,同时可以实现两面管理,各管理田块的一半,缩短了运输活动的距离。它一般适用于生产季节短、一年只有一季作物且以经营谷类为主的地区。

4)农田防护林设计

农田防护林是布置在农田四周,以降低风速、阻滞风沙、涵养水源以及改善农田生态小气候等为目的的林网或者林带。农田防护林规划的主要内容包括林带结构、林带方向、林带间距、林带宽度的确定以及树种的选择与搭配等。

(1)林带结构的确定。

林带结构是指田间防护林的类型、宽度、密度、层次和断面形状等的综合,一般采用林带的透风系数作为划分林带结构类型的标准。林带透风系数是指林带背风面林缘 1 m 处带高范围内平均风速与旷野的相应高度范围内平均风速之比。根据林带透风系数可以将林带结构划分为 3 种类型:紧密型(透风系数 ≤ 0.35)、疏透型(0.35 < 透风系数 < 0.60)和透风型(透风系数 ≥ 0.60)。

紧密型结构由乔木、亚乔木和灌木组成,是一种多行宽林带结构,一般由三层树冠组成,上下枝叶稠密,几乎不透风。该结构相对有效防风距离较短(仅为树高的 10 倍),且风积物易沉积于林带前和林带内,不适宜于田间防护林带。

疏透型结构由数行乔木及两侧各配置一行灌木所组成,在乔木和灌木的树干层间有不同程度的透风空隙,林带上下透风均匀,相对有效防风距离较长(为树高的 25 倍),防风效果较好,且不会在林带内和林缘造成风积物的沉积。因此,该结构适宜于风害较为严重地区的农田防护林带。

透风型结构是指由乔木组成不搭配灌木的窄林带结构,一般由单层或两层林冠所组成。林冠部分适度透风,而林干部分大量透风,风害较轻地区的农田防护林可以采用该种结构。

(2)林带方向的确定。

农田防护林的方向一般根据项目区的主要风害(5 级以上大风,风速不低于 8 m/s)方向和地形条件来决定。一般要求主林带的方向垂直于主害风方向并沿田块的长边布置,而副林带沿田块短边布置。

(3)林带间距的确定。

林带间距的确定主要取决于林带的有效防风距离,而林带的有效防风距离与树高成正比例关系,同时与林带结构密切相关。一般林带的防风距离为树高的 20 ~ 25 倍,最多不超过 30 倍。因此,林带间距通常以当地树种的成林高度为主要依据,结合林带结构综合确定。

（4）林带宽度的确定。

林带宽度一般应在节约用地的基础上,根据当地的环境条件和防风要求加以综合分析确定。林带的防风效果最终以综合防风效能值来表示,即以有效防风距离与平均防风效率的乘积来表示。综合效能值越大,林带宽度越合理,防风效果也越好,反之则越差。对于一般地区,田间防护林带以 5～9 行树木组成的林宽为宜。

（5）树种的选择与搭配。

树种的选择应该按照"适地适种"的原则,选择最适宜当地土壤、气候和地形条件且成林速度快、枝叶繁茂、不窜根、干形端直、不易使农作物感染病虫害的树种。树种搭配上要注意,同一林带树种只能选择单一的乔木树种,避免混交搭配。

2.2.4　可持续发展理论

可持续发展作为一种思想和发展战略,是随着人们对环境问题重要性的认识而提出的,20 世纪人类的发展实现了物质文明的高度发达,同时也带来了人口过度的增长与生态环境的严重损害。全球环境和发展所面临的挑战迫使各国寻求一种健康、合理的新兴发展思路。可持续发展作为一种新兴理论于 1980 年在《世界自然保护大纲》中首次出现,而后作为一种发展战略于 1992 年在联合国环境与发展大会上被写入《21 世纪议程》并开始实施。

要把握可持续发展理论丰富的科学内涵,首先要理解发展和可持续发展等基本概念的科学含义。只有明确了可持续发展的科学内涵,才能科学地把握可持续发展的理论内涵。

2.2.4.1　可持续发展的含义

"可持续发展"这一概念的形成经历了一个发展变化的历史过程。从 1962 年美国海洋生物学家 R·卡尔逊所著《寂静的春天》一书问世,到 1972 年 6 月联合国在瑞典斯德哥尔摩举行的人类环境会议发表《人类环境宣言》,标志着人们开始认识到环境问题与发展问题的密切关系。1987 年,世界发展委员会组织以挪威前首相布伦特兰夫人为首的 21 个国家的专家,经过对世界各地的考察,发表了长篇报告《我们共同的未来》。报告揭示了环境与发展的相互关系,传统意义上的发展会导致环境资源的破坏以致衰竭,反过来,环境的退化又限制了经济的发展。报告首次给出了可持续发展的定义,即"可持续发展是既满足当代人的需求,又不危及后代人满足其需求的能力的发展",这一定义后来被广泛接受。1992 年 6 月,在巴西里约热内卢召开了联合国环境与发展大会,来自 183 个国家的代表团和联合国及其下属机构等 70 个国际组织的代表出席了会议,102 个国家元首到会,会议通过和签署了《里约环境与发展宣言》《21 世纪议程》等多个重要文件。这次会议彻底否定了工业革命以来那种"三高"（高生产、高消费、高污染）的传统发展模式和"先污染后治理"的发展道路。会议提出了环境与发展不可分割的观点,主张为保护地球生态环境,实现可持续发展而建立起一种"新的全球伙伴关系"。以这次环境与发展大会为标志,人类对环境与发展的认识提高到了新的阶段:环境与发展密不可分,两者相辅相成。这次大会是人类转变传统发展模式,走可持续发展道路的一个里程碑,同时,也是可持续发展思想得到广泛认同,达成实现可持续发展目标共识的一次重要会议。里约会议10年之后,即2002年9月联合国在南非约翰内斯堡举行了可持续发展世界首脑会议,包括104个国家元首和政府首脑在内的192个国家的1700多名代表济济一堂,共商全球未来发展大计。首脑会议全面审议了1992年以来联合国环境与发展大会所通过的《里约环境与发展宣言》《21世纪议程》等重要文件和其他一些主要环境公约的执行情况,并在此基础上通过谈判产生了面向今后具体行动的推进全球可持续发展的行动计划。此次会议形成了具有重要意义的《约翰内斯堡可持续发展承诺》和《可持续发展世界首脑会议执行计划》,这两个文件反映了各国超越意识形态分歧和社会制度的差异,在保护全球生态环境、坚持人类可持续发展上达成的共识,这在人类发展史上是史无前例的。这次首脑会议之后,以人地和谐为思想底蕴的可持续发展思想成为了时代的主流发展意识(牛文元,1999)。

从可持续发展概念的形成过程来看,我们可以在以下意义上理解可持续发展的本质含义。可持续发展是从环境与自然资源角度出发,提出关于人类长期发展的战略模式,它强调环境与自然资源的长期承载力对发展的重要性以及发展对改善生态质量的重要性。可持续发展的核心是强调社会、经济的发展与环境相协调,追求人与自然的和谐;可持续发展的目标是不仅满足人类的各种需求,而且还要关注各种经济活动的生态合理性,保护生态资源,不对后代人的生存和发展构成威胁;在发展指标上,可持续发展不再把GNP(国民生产总值)作为衡量发展的唯一指标,而是用社会、经济、文化、环境、生活等各个方面的指标来衡量发展。

2.2.4.2 可持续发展理论的内涵提取

可持续发展理论的"外部响应",表现在对于"人与自然"之间关系的认识:人的生存和发展离不开各类物质与能量的保证,离不开环境容量和生态服务的供给,离不开自然演化进程所带来的挑战和压力,如果没有人与自然之间的协同进化,人类社会就无法延续。

可持续发展理论的"内部响应",表现在对于"人与人"之间关系的认识:可持续发展作为人类文明进程的一个新阶段,其核心内容包括了对于社会的有序程度、组织水平、理性认知与社会和谐的推进能力,以及对于社会中各类关系的处理能力,诸如当代人与后代人的关系、本地区和其他地区乃至全球之间的关系,必须在和衷共济、和平发展的氛围中,才能求得整体的可持续进步。

总体上可以用下面的3段叙述来概括可持续发展的内涵认知:

(1)人类对自然的索取应与人类向自然的回馈相平衡。

(2)人类在当代的努力应与对后代的贡献相平衡。

(3)人类思考本区域的发展应同时考虑到其他区域乃至全球的利益。

以上三者的共同交集才使得可持续发展理论具备坚实的基础。

相对于传统发展而言,在可持续发展的突破性贡献中,提取出以下5个最基本的内涵(牛文元,1989,1994,2002):①可持续发展内蕴了"整体、内生、综合"的系统本质;②可持续发展揭示了"发展、协调、持续"的运行基础;③可持续发展反映了"动力、质量、公平"的有机统一;④可持续发展规定了"和谐、有序、理性"的人文环境;⑤可持续发展体现了"速度、数量、质量"的绿色标准。

可持续发展基础理论确立了可持续发展理论的立足点,揭示了可持续发展理论的本质特征,体现了可持续发展理论的丰富内涵,概括起来主要体现在以下四个方面:

第一,可持续发展理论的核心是发展。可持续发展是针对传统发展模式的弊端而提出的一种新的发展观,这种新的发展观是为了促进人类社会更好的发展而不是限制其发展。从现实情况来看,要提高一个国家的综合国力,就要靠发展;要进一步提高人民的物质文化水平,要靠发展;要解决人们在社会实践过程中产生的思想认识问题,最终也要靠发展。经济发展是一切社会实践的物质基础,落后和贫穷不可能实现可持续发展的目标,也不可能保证人口、资源、环境与经济协调发展。

第二,可持续发展理论的目标是使经济与社会发展形成良性循环。20世纪80年代以前,尤其是发展中国家,为了保障人民的生活,不得不把经济的发展建立在对自然资源的过度开发和消耗上,造成资源的过度消耗和环境污染。随着工业化和城市化进程的加快,环境污染和生态破坏问题越来越严重,人口对资源环境的压力越来越大;技术进步缓慢,生产工艺设备落后,管理水平低下,致使能源、原材料消耗大,经济效益差,资源浪费和环境污染更严重。正因为这些,自然、经济和社会的发展呈现出一种恶性循环。可持续发展理论的目标是不仅满足人类的各种需要,使人尽其才、物尽其用、地尽其利,而且还要关注各种经济活动的生态合理性,保护生态资源,不对后代人的生存和发展构成威胁。也就是说,既要考虑当前发展的需要,又要考虑未来发展的需要,不以牺牲后代人的利益为代价来谋求当代人利益,使经济与社会发展步入良性循环。

第三,可持续发展理论的道路是走绿色发展之路。传统经济发展走的是"先污染,后治理"的黑色发展道路。人们通常把环境问题看作外部不经济的一种表现形式,在"谁污染谁治理或谁污染谁付费"的原则下,强调末端治理的解决方式,其结果不能解决环境问题。可持续发展理论要求经济发展必须有利于资源的持续利用,有利于生态系统的良性循环,要保护好人类赖以生存与发展的大气、淡水、海洋、土地和森林等自然环境和自然资源,防止环境污染和生态破坏,走绿色发展道路。

第四,可持续发展理论的前提是转变观念。在可持续发展观形成之前,人们有两种很普遍的观念:一种是认为环境作为一种资源是取之不尽、用之不竭的。殊不知,自然的再生速度和环境的自净能力客观上是有限的。20世纪60年代末,各种环境问题逐步暴露出来,就是因为人类夺取自然资源的速度逐渐超过了自然资源及其替代品的再生速度,向环境排放废弃物的数量超过了环境的自净能力。另一种是只注重人与人的关系文明化,而忽视人与自然的关系文明化,好像这样看待是天经地义的。这两种观念都是不可取的。树立可持续发展观必须转变思想观念和行为模式,在处理人与自然的关系上,要用可持续发展的新思想、新观念、新知识改变旧的生产方式、消费方式、思维方式,从整体上转变人们的传统观念和行为模式。可持续发展理论除有丰富的内涵外,还具有自身的基本特征:首先,可持续发展理论具有思维综合性。这是因为研究可持续发展问题涉及生态学、环境学、经济学、社会学和哲学等学科和领域,因而可持续发展理论是自然科学、社会科学和人文科学的大综合。可持续发展理论把人类、社会、自然作为整体统一考虑,注重协调约束各自的行为限度,达到一个动态的平衡发展。其次,可持续发展理论具有社会历史性。从可持续发展问题和理论的产生来看,它是人类社会发展到一定阶段的产物;从研究的具体内容和形式来看,可持续发展理论在具体的历史时期有所不同;从可持续发展问题的解决方式来看,可持续发展问题的最终解决和理论完备本身也具有社会历史性。最后,可持续发展理论具有实践性。可持续发展理论研究的对象和内容来自于社会实践,研究的成果也需要在实践中经受检验,需要不断丰富和完备,并且最终为实践服务。

2.2.4.3　可持续发展的理论方向

全球可持续发展理论的建立与完善,一直沿着四个主要的方向去揭示其实质,力图把当代与后代、区域与全球、空间与时间、环境与发展、效率与公平等有机地统一起来(牛文元,1999~2004)。

可持续发展的经济学方向,一直把"科技进步贡献率抵消或克服投资边际效益递减率",作为衡量可持续发展的重要指标和基本手段。可持续发展的社会学方向,一直把"经济效率与社会公平取得合理的平衡",作为可持续发展的重要判据和基本诉求。可持续发展的生态学方向,一直把"环境承载力与经济发展之间取得合理的平衡",作为可持续发展的重要指标和基本原则。

中国在可持续发展方面的理论体系,有着自己独特的思考方式,即在吸取上述三个主要研究方向的基础上,开创了可持续发展的第四个方向——系统学方向:它是将可持续发展作为"自然、经济、社会"复杂巨系统的运行轨迹,以综合协同的观点,探索可持续发展的本源和演化规律,将其"发展度、协调度、持续度在系统内的逻辑自洽"作为可持续发展理论的中心思考,有序地演绎了可持续发展的时空耦合规则并揭示出各要素之间互相制约、互相作用的关系,建立了"人与自然"关系、"人与人"关系的统一解释基础(牛文元,2007)。

遵从一般系统学的原理,我们对决定"可持续发展系统"的本质要素进行了长期的遴选和研究,确认可持续发展系统是由其内部具有严格逻辑次序的"五大支持系统"所构成的,它们依序是:

(1)生存支持系统——实施可持续发展的临界阈值;

(2)发展支持系统——实施可持续发展的动力牵引;

(3)环境支持系统——实施可持续发展的约束上限;

(4)社会支持系统——实施可持续发展的组织度识别;

(5)智力支持系统——实施可持续发展的调控能力与选择能力。

一个国家或地区"可持续发展能力"的形成,必须"同时地"取决于上述五大支持系统的共同贡献。但是,只要其中的任何一个产生非合作性制约,都将损坏整体的可持续能力,直至导致可持续发展系统的崩溃。20多年以来,中国一直坚持可持续发展的系统学方向,获得了广泛的认同和反响。

2.2.4.4　中国可持续发展战略

随着中国面对人口压力、能源挑战、资源短缺、生态退化和环境污染等瓶颈约束的增大,如何寻找一条符合中国特色的科学发展之路,如何积极转换增长方式,如何进一步提高国家创新能力,如何构建资源节约型社会,如何实现社会主义和谐社会,如何避免"增长停滞""拉美陷阱"的发展怪圈,成为当前和未来中国发展必须思考的核心问题。

中国在未来不到10年的时间内,要全面实现建成小康社会的战略目标,达到经济更加发展、民主更加健全、科教更加发达、文化更加繁荣、生态更加良好、社会更加进步、精神更加富足,全民的生活质量得到很大提高,这就必然要求我们实现全面发展、协调发展、可持续发展,充分体现以人为本,促进人的自身完善,努力走出一条生产发展、生活富裕、生态良好的文明发展道路。

中国可持续发展战略的整体构想,既从经济增长、社会进步和环境安全的功利性目标出发,也从哲学观念更新和人类文明进步的理性化目标出发,几乎是全方位地涵盖了"自然、经济、社会"复杂巨系统的运行规则和"人口、资源、环境、发展"四位一体的辩证关系,并将此类规则与关系在不同时段或不同区域的差异表达包含在整个时代演化的共性趋势之中。在可持续发展理论和实践指导下的国家战略,具有坚实的理论基础和丰富的哲学内涵。面对实现其战略目标所规定的内容,根据国情和具体条件,规定了实施的方案和规划,从而组成一个完善的战略体系,在理论上和实证上寻求战略实施过程中的"满意解"。据此提出中国可持续发展战略的八大主题:

(1)始终保持经济的理性增长。在这里特别强调一种"效益内涵"下的经济增长。它既不同意限制财富积累的"零增长",也反对不顾一切条件提倡过分增长。所谓注重效益内涵的健康增长,一般指在相应的发展阶段内,以"财富"扩大的方式和经济规模增长的度量,去满足人们在自控、自律、自觉等理性约束下的需求。著名经济学家索罗认为:可持续发展就是在人口、资源、环境各个参数的约束下,人均财富可以实现非负增长的总目标(UNDP,2001~2010)。

(2)全力提高国民财富的质量。它意味着新增财富的内在质量,应不断地、连续地加以改善和提高。除在结构上要不断合理与优化外,新增财富在资源消耗和能源消耗上要越来越低,对生态环境的干扰强度要越来越小,在知识的含量上要越来越高,在总体效益的获取上要越来越好。罗默理论认为:"经济收益递增型模式,是以知识创新和专业化人力资本为核心的经济增长,它不仅可能形成资本收益的内部递增,而且能使传统的生产力要素也随之产生递增效益,从而牵动整个经济的规模效益递增,突破传统意义上的增长极限。"(牛文元,2006;Niu,1996;UNDP,2001~2010;WCED,1987)

(3)满足"以人为本"的基本需求。可持续发展的核心是围绕人的全面发展,人的基本生存需求和生存空间的不断被满足,是一切发展的基石。因此,一定要把全球、国家、区域的生存支持系统维持在规定水平的范围之内。通过基本资源的开发提供充分的生存保障,通过就业的比例和调配,达到收入、分配、储蓄等在结构上的合理性,进而共同维护全社会成员的身心健康。

(4)调控人口的数量增长,大力提升人口素质。人口数量的年平均增长率首先应稳定地低于GDP的年平均增长率,始终要把人口素质的提升纳入到政策的首要考虑之中。其实质就是把人口自身再生产同物质的再生产"同等"地保持在可持续发展的水平上。根据联合国开发计划署(UNDP)在其年度报告《人类发展报告》中的研究,人口资源向人力资本的转变,首先要把人体的"体能、技能、智能"三者的合理组合,置于可接受的状态之下,达到人口与发展之间的理想均衡。

(5)维持、扩大和保护自然的资源基础。地球的资源基础在可以预期的将来,仍然是供养世界人口生存与发展的唯一来源。可持续发展既然规定了必须保持财富的增长并满足人类的理性需求,它的实物基础就主要地依赖于地球资源的维持、地球资源的深度发现、地球资源的合理利用乃至于废弃物的资源化(World Bank,2000~2011)。

(6)集中关注科技创新对于发展瓶颈的突破。可持续发展始终强调"人口、资源、生态环境与经济发展"的强力协调,科技进步在可持续发展战略实施过程中,能够迅速把研究成果积极地转化为经济增长的推动力,并克服发展过程中的瓶颈,以此达到可持续发展的总体要求。科学技术的发展、经济社会的发展、管理体制的发展,这三个主要方面将作为一个互为联系的大系统,通过宏观的调适和寻优,达到突破发展瓶颈的目标要求。经济学家库兹涅茨在发表诺贝尔经济学奖获奖演说时曾表达了他的严肃思考:"先进技术是经济增长的一个巨大来源,但是它还只是一个潜在的、必要的条件,本身并不是充分条件。如果技术要得到高效而广泛的应用,必须作出制度的和意识形态的调整,以实现正确利用人类知识中先进部分所产生的创造力。"

(7)始终调适环境与发展的平衡。可持续发展不赞成单纯为了经济增长而牺牲环境的容量和能力,也不赞成单纯为了保持环境而不敢能动地、智慧地开发自然。二者之间的关系在协同进化的总要求下,可以通过不同类型的调节和控制,达到在经济发展水平不断提高时,也能相应地将环境能力保持在允许的水平上(World Bank,2000~2011)。

(8)重点优化效率与公平的匹配。效率与公平是社会经济发展过程中一对更深层次的交互矛盾。一般而论,偏重于效率的提高(财富总体有效地迅速积累)所带来的后果之一可能是牺牲了公平。从另一方面看,倘若过分地照顾公平,所带来的后果之一可能是抑制甚至窒息了经济发展的活力。依照可持续发展的实践需要,既要保持效率的强劲增长,又要保持公平的良好实现。因此,两者的有机结合和均衡协同,是一个健康的可持续社会必备的基础条件。

2.2.4.5 构建中国可持续发展的三条安全保障线

中国作为世界上人口最多的发展中大国,实现可持续发展的战略目标本身就是对整个世界的巨大贡献。目前,构建中国可持续发展的三条安全保障线如下:

(1)可持续发展的生存安全保障线。生存安全保障线是养活未来中国 15 亿人口的空间设置。中国未来的人口高峰约为 15 亿,所需粮食不可能完全依靠世界市场供应。按照国际标准,一个国家的粮食自给率达到 90%~95%,才能获得实施可持续发展的临界门槛,也才能获得国家的基本生存安全。因此,严格控制现有 18 亿亩耕地的规模,就必须成为国家控制的一个刚性指标。按每人每年平均消费 400 kg 粮食计算,中国在达到 15 亿人口时,每年需消耗粮食在 6 亿 t 以上。目前中国年产粮达到 5.5 亿 t,离此还有一定缺口,加之每年受自然条件变化的影响,18 亿亩中平均还需扣除 2 亿亩的自然灾害和中低产田的损失,这样就要求剩余的 16 亿亩耕地,每年每亩平均产出不低于 380 kg。荒石滩作为后备土地资源,通过整治能够增加耕地面积,维护可持续发展的生存保障线。

(2)可持续发展的发展安全保障线。发展安全保障线是保障中国人均财富到 2050年不低于世界中等发达国家的水平。这条保障线将以现有的三大经济区——珠三角、长三角、京津冀为面,以 10 个左右的经济发展走廊(沿交通、沿江、沿海)为线,以 50 个中心城市为点,共同组成高集聚度、高开发度、高生产能力的集聚国民财富空间。国家发展安全保障线为实施可持续发展提供了充分的动力,是国家财富积累的主战场。这个保障线的核心设计是由 30 万 km² 土地组成的高集约发展区和与之相配套的条件(如城市、交通、矿山、基础设施等),按 1:3 的比例来计算,整体上该保障线的总面积达 120 万 km²,约占国土总面积的 13%。在这 30 万 km² 的核心土地上,要求每平方千米年平均产出达到 5.5 亿元人民币(按 2011 年不变价),这意味着到 2050 年的预期产出达 160 万亿元人民币,是中国 2011 年 GDP 产出的 4 倍。如果实现了这个布局,也就是说在 13% 的国土面积上,产出当时 GDP 总量的 85%、工业总产值的 90%、进出口总额的 95%,真正避免了"村村点火,户户冒烟"遍地开花式的发展,突出比较优势,大大节约了发展成本。

(3)可持续发展的生态安全保障线。目前国家划定约 2 400 个自然保护区,总面积约占国土面积的 15%,这些需要严格保护的国土再加上集约发展后腾出的土地,将成为为中国可持续发展提供生态服务、生态屏障和生态平衡的基础。

荒石滩的开发利用和综合整治,能有效地防止沙漠化,改善荒石滩及周边的生态环境,创造良好的环境,对于维护可持续发展的生态安全保障线起到了重要作用。

2.2.4.6　荒石滩开发整治与可持续发展

正如前面所述,可持续发展是发展中国家和发达国家都可以争取实现和达到的目标,我国正在努力维护可持续发展的三条安全保障线,在荒石滩整治工程方面也坚持运用可持续发展的理论作为指导。可持续发展是对传统发展观反思的结果,它有两个鲜明的特征:一是在时间上的可持续性,二是在空间上的协调性。目前,人们对于可持续发展概念的较为一致的看法是:在不危及后代人需要的前提下,寻求满足我们当代人需要的发展途径,在支持生态系统的负担能力范围内,提高人类的生活质量。荒石滩开发整治作为保障土地资源可持续利用与区域可持续发展的重要战略工程,必须有一个整体观念、全局观念和系统观念。要充分考虑到系统内部和外部的各种相互关系,不能只考虑增加耕地面积,而忽视系统内其他要素的改变对周围生态景观的不利影响,不能只考虑局部地区的土地资源的充分利用,而忽视整个地区和区域土地资源的合理利用。

土地资源是社会经济发展的基础,其合理利用是可持续发展的最基本的核心内容。荒石滩通过开发整治,尽可能在原有的荒石滩生态系统中进一步引进新的负反馈机制,以增加系统的稳定性,从而大大提高系统中各组分的总体生产力,取得经济效益与生态效益的同步增长。按照荒石滩自身结构特点及健康运转需求,以全局的眼光,对整个流域采取针对性的治理措施,全方位综合整治,对其生态系统的原有结构和功能进行恢复和保护,提高荒石滩的综合功能,以实现其可持续发展。

1. 绿色施工与可持续发展

我国人口压力大,由于人均土地资源和水资源短缺,走可持续发展的农业生产道路是唯一的出路。荒石滩整治运用绿色施工技术,是可持续发展思想在工程施工中的应用体现。绿色施工技术是用"可持续"的眼光对传统施工技术的重新审视,是符合可持续发展战略的施工技术。在河道荒石滩整治施工中,应坚持可持续发展原则,保证足够的水面率和水体容量,保证水体循环流通,进而改善整个流域的自然生态环境,保证达到经济、社会和环境等全方位的协调。

2. 荒石滩整治实现土地占补平衡与可持续发展

荒石滩作为后备土地资源,通过荒石滩土地整治,实现荒石滩的可持续利用,对于我国增加耕地面积、促进占补平衡、提高耕地产能等将起到重要作用,同时还能促进当地的经济发展,是实现可持续发展的有效措施。荒石滩整治是一项实现土地资源可持续利用的战略性基础工程,是一种综合性的区域开发活动,这种区域开发活动会彻底改变原有生态系统的组成与格局,建立起新的地域生态系统。随着社会经济的发展,土地资源的生产能力和景观环境必须满足人类生活水平不断提高的要求,土地整理作为实现土地资源可持续利用的具体措施和手段,必须遵循可持续发展的基本原理,即立足于人类持续生存这个核心基础上,保证土地利用在生态阈限之内,坚持以不破坏土地生态经济系统为基本前提,在土地生态环境允许限度之内进行荒石滩的综合开发与整治。

总之,人多地少是我国的基本国情,农村建设占用土地过多、过滥,耕地资源不断减少,土地的生态环境问题严重,长期下去我国农村土地利用将进入不可持续发展的恶性循环。而增加耕地面积、合理利用土地资源、保护生态环境、改善农民居住生活质量是土地整理的基本出发点,即农村土地整理是以可持续发展理论为依据,以自然—社会—经济复合系统的协调发展为目标的工程、政策措施,这也是可持续发展理论在荒石滩土地整治实践中的意义所在。

第3章 耕作层构建技术研究

　　土壤是植物生长的基质和养分提供者,合理的土壤耕作层厚度能够保证根系正常发育,并维持耕作层结构的稳定性(张百平等,2010;石岩等,2011)。土壤厚度已经成为人工造地的关键因素,而大多数客土厚度都是农事经验的总结,缺少严格的生态学论证和试验数据支撑(吕贻忠等,2006;肖国举等,2007)。同时,从工程学角度来审视,厚度增加或减少几十厘米,直接影响到工程量和工程成本。维持耕作层稳定性,需要通过植物工程和土木工程相结合的方法对遭到破坏的生态平衡系统进行修复、重建及对遭到破坏的岩土力学平衡状态进行力学加固,使生态系统和岩土的力学状态达到新的平衡。目前,学者已经开始对生态边坡的稳定性进行研究。刘强等(2009)研究表明,客土越厚,边坡越容易失稳。王亮等(2008)研究了渗流对边坡稳定性的影响,得出随客土中渗流的产生,客土的稳定性逐渐开始下降,而且产生的渗流越深,客土的稳定性越小。土地整理后对耕作层的稳定性研究甚少,有待进一步加强。

　　荒石滩作为一种耕地后备资源,可供综合治理开发利用,采取相关优化工程措施将其整理为宜农耕地,不但具有巨大的防洪减灾效益,还具有巨大的农业产出效益。由于荒石滩高度落差较大,在其客土造田施工过程中,客土的结构力学稳定性便成为工程成功与否的关键,在相对较少的研究经验基础上,探索合理的客土层厚度和构建耕作层,对于保证耕作层根系生长和土层结构稳定性具有重要的指导意义,并能够为荒石滩造田工程施工提供有力的成本保障。本章主要分析、研究和筛选合理有效的客土厚度,在客土厚度研究基础上,进一步深入分析耕作层构建,以最大限度地保持耕作层的稳定性。

3.1 客土层厚度研究

　　土壤是满足作物生长的基础,土层厚度是土壤的一个重要基本特性,能直接反映土壤的发育程度,与土壤肥力密切相关,是野外土壤肥力鉴别的重要指标。它既是土壤养分的补源,又是土壤矿质元素的储存库,还是判定土壤侵蚀程度的主要指标。土壤厚度是许多地球表面过程的决定因素,影响植被生长和地表水文、山体滑坡、土壤侵蚀、净生产力、土壤有机质分布、土壤水分等重要土壤质量因素。针对荒石滩土地类型,通过合理地进行客土改造,使土层厚度满足作物生长需求,即可增加耕地面积。但我国目前关于荒石滩客土研究鲜有报道,研究主要集中在矿区复垦方面,且研究结果也不尽相同。有些学者通过对旱地小麦产量的研究得出,旱地小麦获得高产的土层厚度下限指标应在 160 cm 左右;冯全洲等(2009)和刘会平等(2010)通过对煤矿塌陷区和矸石山复垦的研究得出,适宜草本植物的客土厚度为 30 cm,灌木为 60 cm,乔木为 10 m。客土厚度低于 60 cm 会导致土壤容重增加和养分的流失(张本家等,1997;Letey,1985)。本节将通过分析客土层土壤物理性状、作物的化学性状和产量变化规律,筛选出合理的客土厚度,以使作物稳产高产,实现增加耕地面积和保护生态环境双赢。

3.1.1 试验设计

3.1.1.1 技术路线

在该项研究中,主要包括模型模拟试验、野外监测、室内试验以及数据统计分析四个方面,通过监测各个相关因素的表现指标,对其综合分析:

(1)模型模拟试验。通过模拟工程实际立地条件,修建模拟旧河道和裸岩石砾层,进行不同厚度的客土试验,从而筛选出最优的客土厚度。

(2)野外监测。对模型试验进行田间监测,包括试验地田间水分及种植作物各生育期的生长指标。

(3)室内试验。对试验地土壤养分的室内处理、指标测定以及作物产量进行计算。

(4)数据统计分析。对试验过程中采集的数据运用 Excel 2007 和 DPS 7.05 进行数据统计分析。

荒石滩客土层厚度研究技术路线如图 3-1 所示。

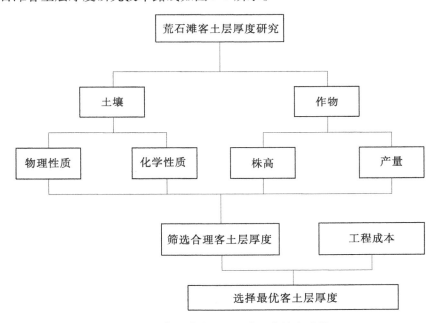

图 3-1　荒石滩客土层厚度研究技术路线

3.1.1.2 模型小区建设

在试验基地建立 1:100 的场地物理模型和试验装置。装置分为模拟河道、灌溉渠、试验田和观测通道 4 个部分,试验装置设计全长 24.84 m,宽 6.96 m。建立一个人工模拟河道,布设 6 块试验田,每块试验田面积为 2 m×4 m,共占地 48 m²。根据立地条件,考虑光照、微地形等因素的均一性,6 块田采取自东向西“一”字形布设。试验装置示意图和模型建设图如图 3-2 ~图 3-7 所示。

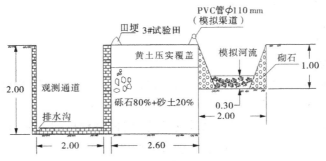

图 3-2　试验装置横断面图　（单位:m）

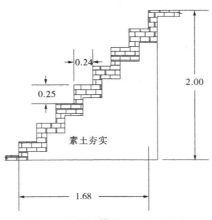

图 3-3　试验装置横断面图　（单位:m）

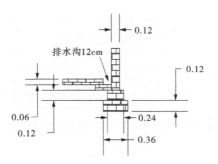

图 3-4　试验装置排水沟断面图　（单位:m）

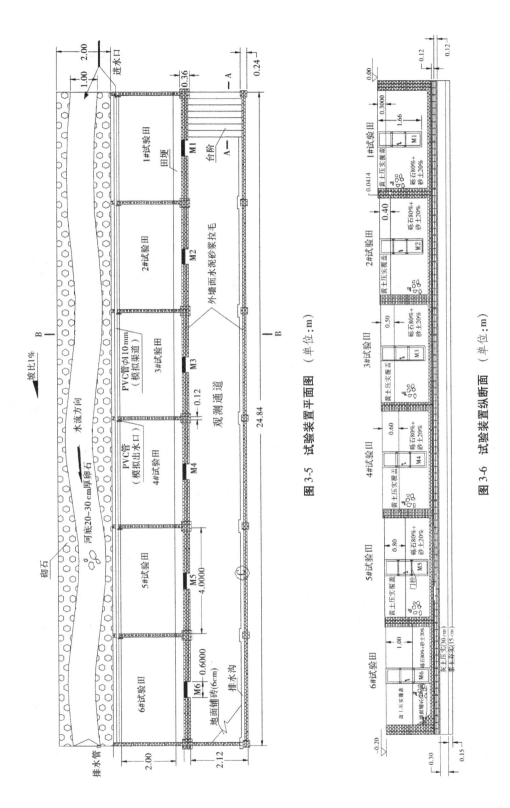

图 3-5 试验装置平面图 （单位：m）

图 3-6 试验装置纵断面 （单位：m）

图 3-7　模型试验建设过程

3.1.1.3　田间小区设计

田间小区采用以客土厚度为单一因素的试验设计,采用夏玉米冬小麦一年二熟制,在前茬作物收获后,采集土壤样品,对土地实施全面深翻,进行夏玉米和冬小麦轮作。试验田设置 6 种不同的客土厚度,分别为 30 cm、40 cm、50 cm、60 cm、80 cm 和 100 cm,即表示处理 1(C30)、处理 2(C40)、处理 3(C50)、处理 4(C60)、处理 5(C80)和处理 6(C100)模拟实地条件,客土以下分别用 170 cm、160 cm、150 cm、140 cm、120 cm、100 cm 砾石填装;在试验前期,下层填装大小均一的石块,上层土壤容重设定为 1.2 g/cm³。根据立地条件,考虑光照、微地形等因素的均一性,试验小区面积为 2 m×4 m = 8 m²,试验田采取自东向西"一"字形布设。装置中所填土壤均为黄绵土,在填土完成初期对 0~30 cm 土层土壤质地测定,土壤质地均为粉壤。

试验研究从 2010 年 10 月开始种植小麦,2011 年 6 月收获后种植玉米;从 2011 年 9 月到 2014 年 9 月共种植七季作物,由于第四季(2013 年 6 月)作物种植期间,对模型试验装置实施安全维修,因此第四季养分及产量数据缺失。

试验田研究示意图和作物种植图分别如图 3-8、图 3-9 所示。

3.1.1.4　田间试验管理

根据作物生长特性,确定出作物获得高产稳产的灌溉要求。由于小麦的生长时期分为出苗期、三叶期、分蘖期、越冬期、返青期、起身期(生物学拔节)、拔节期、孕穗期、抽穗期、开花期、灌浆期、成熟期等 12 个时期,根据各生长时期对水分的需求程度,小麦分别在播种后、越冬前、拔节期、抽穗期、成熟期各灌水 1 次,共进行 5 次漫灌。玉米在播种前、拔节期、大喇叭口期、灌浆期和成熟期各灌水 1 次,共进行 5 次漫灌。

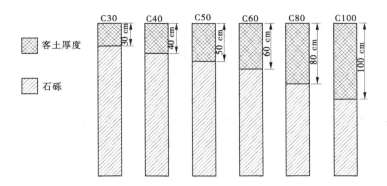

图 3-8　试验研究示意图

图 3-9　模型试验作物种植图

该试验中,根据陕西省农业厅对旱作玉米田平衡施肥推荐方案,试验田的施肥量如下:N 为 255 kg/hm^2,P$_2$O$_5$ 为 180 kg/hm^2,K$_2$O 为 90 kg/hm^2。在播种时,通过人工整地和对试验田深松,使地表平整和肥料充分混合,试验田全部采用人工播种。其中磷肥、氮肥、钾肥依次分别为磷酸二铵、尿素和氯化钾。

供试玉米品种为金诚 508,千粒重为 282.9 g,玉米发芽率为 89.9%,株距 33 cm,行距 60 cm。播种采用人工穴播,施肥方式采用按小区人工撒施基肥,在玉米大喇叭口期再追肥一次。

供试小麦品种为小偃 22,千粒重为 38 g,小麦发芽率为 90.1%,小麦播量为 150 kg/hm^2,行距为 20 cm。播种采用开沟条播,施肥方式采用按小区人工撒施基肥。小麦生长期不施肥。

此后每季小麦和玉米种植及田间管理情况如上所述。

3.1.2　研究内容

荒石滩客土厚度试验研究主要包括以下四方面内容。

3.1.2.1　研究不同的客土厚度对土壤的物理性状的影响

不同客土厚度下各土壤容重和紧实度测定方法参见《土壤农化分析》相关内容。通过对不同客土厚度下种植夏玉米和冬小麦土壤的物理性状的测定,了解掌握不同处理下土壤物理性状变化规律,为优化客土厚度提供依据。

3.1.2.2 研究不同的客土厚度对土壤养分变化的影响

通过对不同客土厚度种植夏玉米和冬小麦的土壤养分(有机质、全氮、速效磷、速效钾)进行测定(测定方法参见《土壤农化分析》),分析不同的客土厚度下试验田土壤养分变化的动态规律,为筛选裸岩石砾最佳客土厚度提供科学依据。

3.1.2.3 研究不同的客土厚度对夏玉米和冬小麦的农艺性状及产量的影响

作物农艺性状主要测定作物株高,选择标定作物,在其生长关键期,对其株高进行监测。通过对不同客土厚度种植夏玉米和冬小麦农艺性状及产量的分析比较,筛选出作物高产的客土厚度。

3.1.2.4 将客土工程成本与作物产量综合分析,验证优化客土厚度的经济性

分别对不同客土厚度下夏玉米和冬小麦产量与客土工程成本进行拟合,验证通过土壤性质变化和产量得出的客土厚度的经济性。

3.1.3 结果与分析

3.1.3.1 土壤沉降统计分析

在不同客土厚度下,土壤的自身重量不同,经过作物种植阶段的根系作用,不同的客土厚度下,土壤的沉降程度是不同的。通过试验发现,各处理的沉降深度(见表3-1)及沉降率(见表3-2)均随着客土厚度和试验年限的增加而增加。

2011年、2012年、2013年和2014年,各处理的沉降深度均表现为处理6最大,其次依次为处理5、处理4、处理3、处理2,处理1最小;处理1、处理2、处理3、处理4、处理5和处理6平均沉降深度分别为8.36 cm、8.65 cm、10.18 cm、15.03 cm、17.11 cm和21.38 cm。2011年、2012年、2013年和2014年,各处理的平均沉降率表现为处理1最大,之后依次为处理4、处理2、处理6、处理5,处理3最小,即客土50 cm的土壤沉降率较小。

表3-1　不同客土厚度下各处理0~40 cm土层土壤沉降深度　　　(单位:cm)

编号	年份				平均
	2011	2012	2013	2014	
处理1	7.33	8.57	8.62	8.91	8.36
处理2	8.00	8.63	8.73	9.22	8.65
处理3	8.37	10.43	9.69	12.21	10.18
处理4	14.35	14.87	15.43	15.48	15.03
处理5	14.91	17.47	16.79	19.26	17.11
处理6	19.17	21.03	21.82	23.51	21.38

表 3-2　不同客土厚度下各处理 0～40 cm 土层土壤沉降率　　　（单位:cm/a）

编号	年份				平均
	2011	2012	2013	2014	
处理 1	24.43	28.56	28.73	29.70	27.86
处理 2	20.00	21.58	21.83	23.05	21.61
处理 3	16.73	20.87	19.38	24.42	20.35
处理 4	23.92	24.78	25.72	25.80	25.05
处理 5	18.64	21.83	20.99	24.08	21.38
处理 6	19.17	21.03	21.82	23.51	21.38

土壤沉降深度与客土厚度拟合分析如图 3-10 所示。分析 4 年的数据可得出,客土厚度小,土壤的沉降深度则小;通过分析 4 年各处理下的土壤沉降深度,得出土壤沉降深度(y)与客土厚度(x)呈现良好的对数关系:$y = 11.37\ln x - 32.19$($R^2 = 0.917\ 7$),即土壤沉降深度随着客土厚度的增加而增加,这主要是因为随着土层厚度增加,土壤自身重量增加,在浇灌等措施下,会加快土壤下沉速度;在满足作物生长需要即耕作层厚度 30～40 cm 的条件下,客土厚度 50 cm 是最佳选择。

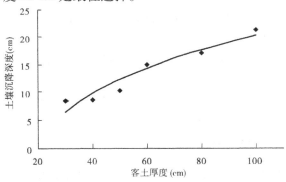

图 3-10　土壤沉降深度与客土厚度拟合分析

3.1.3.2　土壤紧实度统计分析

土壤紧实度是重要的土壤物理状态指标,影响着作物出苗和根系穿透阻力,是作物产量和作物品质的主要限制因素,也是水分和养分高效利用的限制因子。紧实化过程是土壤本身属性与耕作、管理以及环境因素共同作用的结果,也是土壤质量退化的主要标志。

2012 年 6 月小麦收获后,不同客土厚度下的 0～40 cm 土层土壤紧实度的变化如表 3-3 所示。随着土层深度的增加,土壤紧实度也增加。在 0～10 cm 土层,各处理下土壤紧实度大小表现为处理 1 最高,之后依次为处理 2、处理 5、处理 4、处理 6,处理 3 最低。处理 1 和处理 2 20～30 cm 土层土壤紧实度较大,主要因为该处理客土厚度小,外力作用会加大客土层与石砾层的接触及压实程度。土壤紧实度可直接影响土壤中水分的储存,当表层土壤紧实度较大时,水分不易保存易蒸发;作物的出苗率降低,而且根系生长速度减缓。在 10～20 cm 土层,处理 2 土壤紧实度最大,比处理 1、处理 3、处理 4、处理 5 和处理 6 分别高 6.94%、9.24%、2.55%、7.00% 和 0.19%。在 20~30 cm 土层,各处理土壤紧实度增加明显,较 10~20 cm 土层土壤紧实度增加幅度为 131.38~264.25 kPa。处理 1、处理 2、处理 3、处理 4、处理 5 和处理 6 在 0~40 cm 土层平均土壤紧实度分别为 263.21 kPa、323.03 kPa、264.21 kPa、329.48 kPa、265.21 kPa 和 350.75 kPa。

表 3-3　不同客土厚度下各处理 0~40 cm 土层土壤紧实度(2012 年 6 月)(单位:kPa)

编号	土层				平均
	0~10 cm	10~20 cm	20~30 cm	30~40 cm	
处理 1	149.12	201.75	438.75	—	263.21
处理 2	140.10	215.75	480.00	456.25	323.03
处理 3	112.47	197.50	328.88	495.50	264.21
处理 4	134.40	210.38	390.38	582.75	329.48
处理 5	134.56	201.64	421.13	634.13	265.21
处理 6	132.45	215.34	416.57	638.63	350.75

注:"—"表示该处理下土层深度未达到,下同。

2013 年 6 月小麦收获后,不同客土厚度下的 0~40 cm 土层土壤紧实度的变化如表 3-4 所示。该试验年下,各处理下的紧实度大小趋势与 2012 年不同,呈现 0~10 cm 土层较高,10~20 cm 土层减小,20~40 cm 增加的趋势。在 0~10 cm 土层,各处理下土壤紧实度大小次序为处理 5 最高,其后依次为处理 6、处理 4、处理 3,处理 2,处理 1 最低;在 10~20 cm 和 20~30 cm 土层,各处理下土壤紧实度大小次序为处理 6 最高,其后依次为处理 5、处理 4、处理 2、处理 3,处理 1 最低;在 30~40 cm 土层,土壤紧实度随着客土厚度的增加而增加;处理 2、处理 3、处理 4、处理 5 和处理 6 在 0~40 cm 土层平均土壤紧实度分别为 376.37 kPa、403.31 kPa、454.48 kPa、501.83 kPa 和 508.72 kPa,处理 2 下 0~40 cm 土层平均土壤紧实度最低,处理 6 最高。

表 3-4　不同客土厚度下各处理 0~40 cm 土层土壤紧实度(2013 年 6 月)(单位:kPa)

编号	土层				平均
	0~10 cm	10~20 cm	20~30 cm	30~40 cm	
处理 1	207.75	172.25	364.89	—	248.30
处理 2	362.06	236.83	392.58	514.00	376.37
处理 3	387.06	289.50	412.00	524.69	403.31
处理 4	431.22	339.33	511.17	536.21	454.48
处理 5	481.44	418.17	523.14	584.58	501.83
处理 6	466.17	441.58	524.16	602.98	508.72

2014 年 6 月小麦收获后不同客土厚度下各处理 0~40 cm 土层土壤紧实度如表 3-5 所示。该试验年土壤紧实度表现趋势与 2013 年相似。在 0~10 cm 和 20~30 cm 土层,

处理 5 土壤紧实度最高,分别为 603. 60 kPa 和 605. 25 kPa,在 10 ~ 20 cm 和 30 ~ 40 cm 土层,处理 6 土壤紧实度最高,分别为 412. 38 kPa 和 685. 25 kPa。在 0 ~ 40 cm 土层,各处理下土壤平均紧实度大小次序为处理 5 最高,其次依次为处理 6、处理 4、处理 3、处理 2,处理 1 最低。

表 3-5　不同客土厚度下各处理 0 ~ 40 cm 土层土壤紧实度(2014 年 6 月)(单位:kPa)

编号	土层				平均
	0 ~ 10 cm	10 ~ 20 cm	20 ~ 30 cm	30 ~ 40 cm	
处理 1	206. 25	144. 38	375. 50	—	259. 94
处理 2	267. 75	193. 00	359. 75	529. 90	360. 88
处理 3	307. 13	228. 13	364. 90	416. 63	336. 55
处理 4	361. 50	228. 25	539. 50	557. 13	421. 59
处理 5	603. 60	329. 13	605. 25	669. 63	551. 90
处理 6	543. 90	412. 38	508. 38	685. 25	537. 48

　　3 年的数据表明,处理 1 土壤紧实度最大值出现在 20 ~ 30 cm 土层,处理 2 土壤紧实度最大值多出现在 30 ~ 40 cm 土层。由于在客土厚度 30 cm 和 40 cm 下,随着种植年限的增加,部分土壤沉降,土层厚度降低,加上灌溉、翻耕等外力作用,土壤慢慢板结,在土壤与石块接触面上,形成致密紧实的土层,即在 20 ~ 40 cm 土层,处理 1 和处理 2 土壤紧实度较大;在 60 cm、80 cm 和 100 cm 厚度下,随着石块上面客土厚度的增加,土壤自身重量大,下沉压实的可能性较大,从而造成土壤紧实度增加。0 ~ 30 cm 土层土壤紧实度与客土厚度拟合分析如图 3-11 所示,可以看出,各处理在 0 ~ 30 cm 土层,3 年平均土壤紧实度(y)与客土厚度(x)呈现良好的对数关系:$y = 135. 26\ln x - 198. 27(R^2 = 0.940\,2)$,即考虑水土流失和土壤自然沉降影响,为了满足作物生长条件,可选择客土厚度为 50 cm。

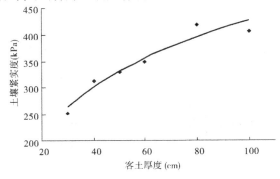

图 3-11　0 ~ 30 cm 土层土壤紧实度与客土厚度拟合分析

3.1.3.3　土壤容重统计分析

　　土壤容重是重要的土壤物理状态指标,是作物产量和作物品质的主要限制因素,也是水分和养分高效利用的限制因子。土壤容重增加也是土壤紧实化过程,是土壤本身属性与耕作、管理以及环境因素共同作用的结果,也是土壤质量退化的主要标志。

2012 年 6 月小麦收获后,不同客土厚度下土壤容重变化如图 3-12 所示。6 种不同处理下的土壤容重均随着土层厚度的增加而增加。在 0 ~ 20 cm 土层,处理 1、处理 2、处理 4、处理 5 和处理 6 的土壤容重分别比处理 3 的高 2.71%、2.53%、1.97%、1.03% 和 2.38%。在 20 ~ 40 cm 土层中,处理 2 的土壤容重最大,为 1.28 g/cm³,处理 1、处理 2、处理 3、处理 4、处理 5 和处理 6 的 0 ~ 40 cm 土层平均容重分别为 1.26 g/cm³、1.26 g/cm³、1.22 g/cm³、1.25 g/cm³、1.24 g/cm³ 和 1.25 g/cm³;处理 3 在 0 ~ 40 cm 土层土壤平均土壤容重最低,与其他处理之间差异显著($p < 0.05$)。

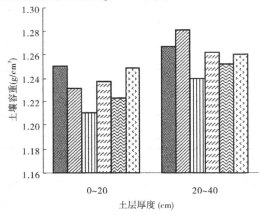

图 3-12　第二季作物收获后 0 ~ 40 cm 土层土壤容重统计结果(2012 年 6 月)

2013 年 6 月小麦收获后,不同客土厚度对土壤容重的影响如图 3-13 所示。在 0 ~ 40 cm 土层,各处理呈现随着客土厚度的增加而增加,且随着土层深度的增加而增加,2013 年 6 月各处理在 20 ~ 40 cm 土层土壤容重较 0 ~ 20 cm 土层增大幅度为 0.84% ~ 1.01%。

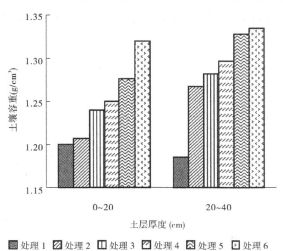

图 3-13　第四季作物收获后 0 ~ 40 cm 土层土壤容重统计结果(2013 年 6 月)

2014 年 6 月小麦收获后的土壤容重如图 3-14 所示,其与 2013 年土壤容重表现趋势一致,即各处理下的土壤容重均随着客土厚度和土层深度的增加而增加。2014 年各处理下两土层比较,土壤容重增加幅度为 0.22% ~5.36%。2013 年和 2014 年相比,在 0~20 cm 土层,各处理土壤容重随着年份的增加而增加,处理 4 增加幅度最大为 1.62%,在 20~40 cm 土层,各处理土壤容重增加幅度为 0.49% ~1.63%。

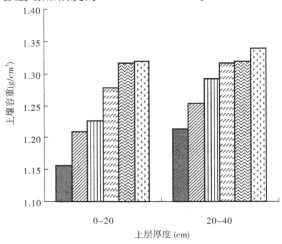

图 3-14 　第六季作物收获后 0~40 cm 土层土壤容重统计结果(2014 年 6 月)

容重是土壤的重要物理性质,土壤容重的增大,影响到土壤中的水、肥、气、热条件的变化及与作物根系在土壤中的穿插程度,进而影响作物的生长。在 0~40 cm 土层,3 年平均土壤容重(y)与客土厚度(x)之间存在较好对数关系(见图 3-15),呈现土壤容重随着客土厚度的增加而增,即 $y = 0.055\ 5\ln x + 1.033\ 5(R^2 = 0.936\ 0)$。处理 3 的客土厚度满足了作物对耕作层的要求,有利于作物对水分利用,每年种植作物时,施肥及播种增加了耕作层的疏松度,有效降低了土壤容重;处理 1 与处理 2 随着种植年限增加、作物种植作用及试验中水土流失,耕作层厚度会降低;虽然翻耕能够在一定程度上疏松土壤,但是由于土层厚度小,灌溉漏水现象严重,土壤也出现板结,会增加土壤容重;处理 4、处理 5 和处理 6 中,客土厚度加大,随着浇灌等,土壤自身重量加大,土壤加剧下沉,改变了土壤自身结构,导致土壤容重变大。因此,相对于其他处理,处理 3 能有效控制土壤容重,使 0~40 cm 土层土壤容重维持较低的水平。

3.1.3.4 　土壤养分统计分析

土壤养分是作物生长发育过程中重要的监测指标,也反映土壤性质的优良程度。在作物不同的生长时期,作物对土壤养分的需求也不同,不同作物对养分的利用效率也不同。

1. 第一季作物收获后土壤养分分析

2011 年 9 月,夏玉米收获后不同客土厚度对 0~20 cm 土层的土壤有机质、全氮、速效磷和速效钾的含量的影响如表 3-6 所示。在 0~20 cm 土层,处理 4 的有机质含量最高,比处理 1、处理 2、处理 3、处理 5 和处理 6 分别高 2.16%、0.51%、0.25%、2.87% 和

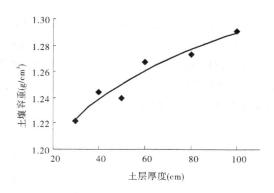

图 3-15 0~40 cm 土层土壤容重与客土厚度拟合分析

4.04%。全氮含量以处理 4 最高,处理 3 次之。速效磷含量则表现为处理 6 最高,为 17.31 mg/kg,处理 3 和处理 4 次之,为 17.24 mg/kg。速效钾含量则以处理 3 为最高。结果表明,处理 1 和处理 2 有机质、全氮和速效钾含量较低,这是由于客土厚度较薄、养分流失严重所造成的,而处理 6 部分养分含量较低,主要是客土厚度较大,使表层养分下渗,即 0~20 cm 土层养分含量减少;客土厚度为 50 cm 时有利于土壤表层养分的积累,而且客土厚度 50 cm 下的土壤物理性状表现较好,所以该客土厚度有利于提高表层土壤养分含量,不会使土壤养分下渗而导致流失,也提高了作物对养分的利用率。

表 3-6 第一季作物收获后 0~20 cm 土层土壤养分统计结果 (2011 年 9 月)

编号	有机质(g/kg)	全氮(g/kg)	速效磷(mg/kg)	速效钾(mg/kg)
处理 1	11.59	2.71	16.89	153.24
处理 2	11.78	2.84	17.04	152.16
处理 3	11.81	3.08	17.24	154.57
处理 4	11.84	3.11	17.24	151.88
处理 5	11.51	2.99	16.98	151.79
处理 6	11.38	2.83	17.31	152.66

2. 第二季作物收获后土壤养分分析

2012 年 6 月,在冬小麦收获后测定 0~50 cm 土层土壤有机质、全氮、速效磷和速效钾含量,测定结果如表 3-7 所示。土壤有机质、全氮、速效磷和速效钾含量均随着土层深度的增加而减小。在 0~10 cm 土层,各处理下有机质含量的大小次序为处理 5 最高,之后依次为处理 4、处理 6、处理 3、处理 1,处理 2 最低;处理 5 与其他处理之间差异显著。在 10~30 cm 土层,处理 4 的有机质含量最高,为 9.39 g/kg,比处理 1、处理 2、处理 3、处理 5 和处理 6 分别高 12.18%、6.34%、3.76%、2.62% 和 14.65%。在 0~50 cm 土层,处理 3、处理 4、处理 5 和处理 6 的平均有机质含量分别为 9.37 g/kg、9.66 g/kg、9.60 g/kg 和 8.61 g/kg。

在 0~10 cm 土层,处理 4 全氮含量最高,处理 2 次之,处理 1 最低。在 10~30 cm 土层,处理 5 下全氮含量最高,为 3.34 g/kg,在 30~50 cm 土层,处理 3、处理 4、处理 5 和处理 6 均随客土厚度的增加而减少。由于客土厚度的增加,土壤自身重量增加,土壤加剧下沉,养分下渗加快。在 0~50 cm 土层中,处理 5 的平均全氮含量最高,为 3.27 g/kg,分别比处理3、处理4和处理6高1.97%、1.56%和2.51%。

　　不同处理下,在0～10 cm土层,速效磷含量大小次序为处理3最高,其后依次为处理6、处理1、处理5、处理2、处理4最低;在10～30 cm土层,处理2较其他处理高8.34%～13.32%;在0～50 cm土层,处理3、处理4、处理5和处理6速效磷含量的平均值分别为11.82 g/kg、10.43 g/kg、10.59 g/kg和10.94 g/kg。在0～50 cm土层,处理3土壤的速效磷含量明显高于其他处理。

　　不同处理对各土层土壤的速效钾含量的影响不同,其变化趋势与速效磷相似,在0～10 cm土层,处理3速效钾含量比其他处理高4.56～11.52 g/kg。在10～30 cm土层,处理2速效钾含量最高,为121.93 g/kg,速效钾含量大小次序为处理2最高,之后依次为处理3、处理1、处理4、处理6、处理5最低;在30～50 cm土层,处理3、处理4、处理5和处理6速效钾含量随客土厚度的增加而减少,这与全氮含量变化一致。

　　通过分析得出,处理3能有效提高0～10 cm土层的土壤速效钾含量;虽然处理2对增加表层土壤速效磷含量的效果并不明显,但能有效提高10～30 cm土壤的速效磷含量。

表3-7　第二季作物收获后0～50 cm土层土壤养分统计结果(2012年6月)

土层深度	编号	有机质(g/kg)	全氮(g/kg)	速效磷(mg/kg)	速效钾(mg/kg)
0～10 cm	处理1	10.75	3.27	17.45	156.89
	处理2	10.17	3.51	16.29	162.03
	处理3	11.18	3.49	18.92	168.41
	处理4	11.40	3.55	15.96	163.85
	处理5	11.52	3.41	17.01	157.59
	处理6	11.34	3.37	17.77	161.29
10～30 cm	处理1	8.37	2.89	8.22	109.02
	处理2	8.83	3.03	9.94	121.93
	处理3	9.05	3.29	9.5	118.23
	处理4	9.39	3.14	9.12	108.59
	处理5	9.15	3.34	8.59	80.50
	处理6	8.19	3.19	8.43	94.15
30～50 cm	处理1	—	—	—	—
	处理2	—	—	—	—
	处理3	7.89	2.84	7.06	84.62
	处理4	8.20	2.97	6.22	80.59
	处理5	8.12	3.05	6.18	77.13
	处理6	6.31	3.01	6.63	68.29

注:表中"—"表示没有数据,土层深度未达到50 cm。

3. 第三季作物收获后土壤养分分析

2012 年 9 月,在夏玉米收获期测定 0～50 cm 土层土壤有机质、全氮、速效磷和速效钾含量,测定结果如表 3-8 所示。土壤有机质、全氮、速效磷和速效钾含量均随着土层深度的增加而减小,这与 2012 年 6 月冬小麦收获时 0～50 cm 土层土壤有机质、全氮、速效磷和速效钾含量表现趋势相似。在 0～10 cm 土层,各处理土壤有机质含量大小趋势为处理 5 最高,之后依次为处理 4、处理 3、处理 6、处理 1,处理 2 最低,处理 5 较其他处理有机质增加量为 0.08～0.42 g/kg;在 10～30 cm 土层,处理 4 有机质含量较其他处理高出 6.25～12.68 个百分点;在 0～50 cm 土层,各处理平均有机质含量大小趋势为处理 4 最高,处理 3、处理 6 次之,处理 5 最低。

在 0～10 cm 土层,处理 4 全氮含量最高,之后依次为处理 1、处理 2、处理 3、处理 5 和处理 6。处理 5 在 10～30 cm 土层土壤全氮平均含量最高,为 3.03 g/kg,处理 1 最低,为 2.47 g/kg。在 30～50 cm 土层,各处理下土壤全氮含量大小表现为处理 6 最高,处理 5、处理 4 次之,处理 3 最低。

在 0～10 cm 土层,土壤速效磷含量的大小顺序为处理 3 最高,之后依次为处理 4、处理 5、处理 2、处理 6,处理 1 最低。在 0～30 cm 土层,处理 3 的土壤的平均速效磷含量比处理 1、处理 2、处理 4、处理 5 和处理 6 的分别高 14.57%、9.57%、2.31%、4.14% 和 4.91%。在 30～50 cm 土层,处理 4 土壤的速效磷含量最高,为 6.18 mg。

表 3-8 中的数据显示,不同客土厚度对 0～50 cm 土壤速效钾影响明显。在 0～30 cm 土层,土壤平均速效钾含量的大小顺序为处理 3 最高,之后依次为处理 2、处理 4、处理 6、处理 1,处理 5 最低。在 0～50 cm 土层,处理 3 土壤的平均速效钾含量最大,为 112.51 mg/kg。综合分析,客土厚度 50 cm 优于其他处理养分含量,应选择客土厚度 50 cm。

表 3-8　第三季作物收获后 0～50 cm 土层土壤养分统计结果(2012 年 9 月)

土层深度	编号	有机质(g/kg)	全氮(g/kg)	速效磷(mg/kg)	速效钾(mg/kg)
0～10 cm	处理 1	11.15	3.32	14.26	142.71
	处理 2	11.12	3.13	15.82	144.74
	处理 3	11.32	3.25	16.61	158.56
	处理 4	11.46	3.45	16.08	150.66
	处理 5	11.54	3.01	15.95	138.95
	处理 6	11.31	3.14	15.53	142.76
10～30 cm	处理 1	9.11	2.47	8.12	86.76
	处理 2	8.59	2.87	8.38	95.39
	处理 3	9.48	2.67	9.03	99.34
	处理 4	9.68	2.71	8.98	81.57
	处理 5	8.98	3.03	8.67	85.52
	处理 6	8.97	2.70	8.91	91.44

土层深度	编号	有机质（g/kg）	全氮（g/kg）	速效磷（mg/kg）	速效钾（mg/kg）
30 ~ 50 cm	处理 1	—	—	—	—
	处理 2	—	—	—	—
	处理 3	6.42	1.98	6.07	78.54
	处理 4	6.59	2.01	6.18	79.83
	处理 5	6.37	2.11	6.11	78.28
	处理 6	6.67	2.13	5.82	79.61

4. 第五季作物收获后土壤养分分析

2013 年 9 月,在夏玉米收获期测定 0 ~ 50 cm 土层土壤有机质、全氮、速效磷和速效钾含量,测定结果如表 3-9 所示。土壤有机质、全氮、速效磷和速效钾含量趋势表现不明显。

表 3-9　第五季作物收获后 0 ~ 50 cm 土层土壤养分统计结果（2013 年 9 月）

土层深度	编号	有机质（g/kg）	全氮（g/kg）	速效磷（mg/kg）	速效钾（mg/kg）
0 ~ 10 cm	处理 1	7.60	0.70	49.45	268.00
	处理 2	10.30	0.56	109.03	257.00
	处理 3	10.30	0.76	55.55	249.00
	处理 4	12.60	1.20	23.13	132.00
	处理 5	12.50	0.49	53.61	139.00
	处理 6	12.10	0.95	42.11	143.00
10 ~ 30 cm	处理 1	8.20	0.61	66.36	247.50
	处理 2	6.90	0.74	58.88	241.50
	处理 3	7.20	0.86	8.24	205.50
	处理 4	8.70	0.66	94.07	91.50
	处理 5	10.40	0.87	23.06	114.50
	处理 6	12.00	0.80	20.63	101.00
30 ~ 50 cm	处理 1	—	—	—	—
	处理 2	4.70	0.71	63.58	115.00
	处理 3	6.50	0.84	68.05	75.00
	处理 4	8.10	0.69	19.53	94.00
	处理 5	7.90	1.17	13.01	94.00
	处理 6	9.60	0.70	23.89	105.00

在 0 ~ 10 cm 土层,各处理土壤有机质含量表现为处理 4 最高,处理 5 次之,处理 1 最

低,处理 4 较其他处理有机质增加量为 0. 10 ~ 5. 00 g/kg;在 10 ~ 30 cm 土层,处理 2、处理 3、处理 4、处理 5 和处理 6 有机质含量呈现随着客土厚度的增加而增加的趋势,处理 6 最高,为 12. 00 g/kg,较其 0 ~ 10 cm 略微减少。在 0 ~ 50 cm 土层,各处理平均有机质含量随客土厚度的增加而增加,处理 6 有机质平均含量最高,为 11. 23 g/kg。

在 0 ~ 10 cm 土层,土壤全氮含量的大小顺序为处理 4 最高,之后依次为处理 6、处理 3、处理 1、处理 2,处理 5 最低。处理 5 在 10 ~ 30 cm 土层土壤全氮平均含量最高,为 0. 87 g/kg,处理 1 最低,为 0. 61 g/kg。在 30 ~ 50 cm 土层,各处理下土壤全氮含量大小表现为处理 5 最高,其次依次为处理 3、处理 2、处理 6,处理 4 最低。

在 0 ~ 10 cm 土层,从土壤速效磷含量分析:处理 2 含量最高,其次为处理 3、处理 5;在 10 ~ 30 cm 土层,处理 4 和处理 1 较高,处理 3 最低;在 30 ~ 50 cm 土层,处理 3 最高,为 68. 05 mg/kg。

在 0 ~ 10 cm 土层,从土壤速效钾含量分析:处理 1 含量最高,在客土厚度为 30 ~ 50 cm 时速效钾含量随着客土厚度的增加而增加;在 10 ~ 30 cm 土层,处理 1 含量最高,其次为处理 2、处理 3、处理 5、处理 6,处理 4 最低;在 30 ~ 50 cm 土层,处理 2 含量最高,较其他处理高 10. 00 ~ 40. 00 mg/kg,即综合分析,客土厚度 50 cm 为最优客土厚度。

5. 第六季作物收获后土壤养分分析

2014 年 6 月,在冬小麦收获期测定 0 ~ 50 cm 土层土壤有机质、全氮、速效磷和速效钾含量,测定结果如表 3-10 所示。在 0 ~ 10 cm 土层,从土壤有机质含量分析:各处理含量大小顺序为处理 6 最高,其次为处理 4、处理 3、处理 1、处理 5,处理 2 最低;在 10 ~ 30 cm 土层,处理 4 最高,其次为处理 6、处理 3;在 30 ~ 50 cm 土层,处理 4、处理 5 和处理 6 有机质含量高于其他处理。

表 3-10　第六季作物收获后 0 ~ 50 cm 土层土壤养分统计结果(2014 年 6 月)

土层深度	编号	有机质(g/kg)	全氮(g/kg)	速效磷(mg/kg)	速效钾(mg/kg)
0 ~ 10 cm	处理 1	22. 23	2. 37	169. 87	267. 62
	处理 2	12. 13	2. 63	47. 64	197. 26
	处理 3	33. 44	2. 80	305. 53	392. 10
	处理 4	35. 41	6. 56	241. 11	429. 99
	处理 5	13. 85	1. 82	24. 10	213. 50
	处理 6	45. 32	2. 70	332. 79	624. 82
10 ~ 30 cm	处理 1	10. 42	3. 74	45. 78	164. 79
	处理 2	10. 63	3. 80	51. 15	132. 32
	处理 3	16. 32	5. 06	21. 62	94. 43
	处理 4	27. 68	5. 69	253. 09	392. 10
	处理 5	11. 78	3. 52	23. 06	137. 73
	处理 6	19. 44	4. 10	112. 06	224. 32

土层深度	编号	有机质(g/kg)	全氮(g/kg)	速效磷(mg/kg)	速效钾(mg/kg)
30～50 cm	处理1	—	—	—	—
	处理2	6.68	3.18	7.78	94.43
	处理3	5.35	3.22	7.99	72.78
	处理4	8.53	0.86	17.70	94.43
	处理5	9.73	2.01	11.50	89.02
	处理6	10.99	2.79	32.36	126.91

处理 3 和处理 4 在 0～50 cm 土层,土壤全氮含量均高于其他处理。从土壤速效磷含量分析:在 0～10 cm 和 30～50 cm 土层,处理 6 含量最高,0～10 cm 土层处理 3 和 30～50 cm 土层处理 4 含量次之;在 10～30 cm 土层,处理 4 含量最高,处理 6 含量次之。从土壤速效钾含量分析:在 0～10 cm 土层,处理 6 最高,处理 4、处理 3、处理 1、处理 5 其次,处理 2 最低;在 10～50 cm 土层,处理 4 和处理 6 含量优于其他处理。第六季土壤养分表现趋势不明显,即综合分析,客土厚度可选择 50 cm、60 cm 和 100 cm。

6. 第七季作物收获后土壤养分分析

2014 年 9 月,在夏玉米收获期测定 0～50 cm 土层土壤有机质、全氮、速效磷和速效钾含量,测定结果如表 3-11 所示。在 0～50 cm 土层,处理 5、处理 3 和处理 4 有机质含量优于其他处理,在 0～10 cm 土层,处理 2 和处理 3 土壤全氮含量优于其他处理,在 10～30 cm 土层,处理 4 土壤全氮含量最高,其次为处理 1、处理 3、处理 2、处理 5,处理 6 最低;在 30～50 cm 土层,处理 5 和处理 3 土壤全氮含量较高。在 0～10 cm 土层,处理 3 和处理 2 速效磷含量较高;在 10～50 cm 土层,处理 6 速效磷含量最高。在 0～10 cm、10～30 cm 和 30～50 cm 土层,处理 3、处理 4 和处理 6 速效钾含量较高。第七季与第六季养分表现相似,即客土厚度可选择 50 cm、60 cm 和 100 cm。

表 3-11　第七季作物收获后 0～50 cm 土层土壤养分统计结果(2014 年 9 月)

土层深度	编号	有机质(g/kg)	全氮(g/kg)	速效磷(mg/kg)	速效钾(mg/kg)
0～10 cm	处理1	11.28	2.47	35.04	148.55
	处理2	6.21	5.21	38.96	240.56
	处理3	13.46	5.88	38.31	386.69
	处理4	13.40	0.12	36.90	143.14
	处理5	13.51	0.27	37.93	170.20
	处理6	11.96	0.24	32.77	94.43

土层深度	编号	有机质（g/kg）	全氮（g/kg）	速效磷（mg/kg）	速效钾（mg/kg）
10～30 cm	处理 1	6.32	2.79	5.72	83.61
	处理 2	7.02	2.29	11.29	105.26
	处理 3	7.68	2.63	21.38	78.20
	处理 4	13.09	3.41	34.83	164.79
	处理 5	8.52	1.50	12.12	89.02
	处理 6	12.94	1.05	31.12	143.14
30～50 cm	处理 1	—	—	—	—
	处理 2	6.62	1.40	6.55	78.20
	处理 3	6.23	4.34	6.13	67.37
	处理 4	9.27	0.69	6.75	83.61
	处理 5	7.72	4.47	16.87	89.02
	处理 6	11.63	0.74	24.92	137.73

3.1.3.5 作物株高统计分析

1. 第一季作物株高分析

作物生长的关键生育期对土壤水、肥、气等因素的需求不同，由于不同客土厚度下土壤容重、水分、养分及主要生育期水分的差异，从而导致作物生长的差异性，主要表现为各处理下作物的生长速度不同。

不同客土厚度下，第一季作物（夏玉米）主要生育期的株高变化如表 3-12 所示。在拔节期，各处理下玉米的株高顺序为处理 3 最高，其后依次为处理 4、处理 6、处理 5、处理 2、处理 1 最低；在大喇叭口期，处理 6 的玉米株高较其他处理低，为 119.14 cm；在灌浆期，处理 6 则增长幅度最大，较大喇叭口期增加 64.86 cm。在处理 1、处理 2、处理 3、处理 4、处理 5 和处理 6 条件下，玉米整体平均株高分别为 113.32 cm、116.71 cm、120.61 cm、119.48 cm、113.43 cm、115.79 cm，从作物生长情况分析，客土厚度 50 cm 有利于作物的生长。

表 3-12　第一季作物生长株高统计结果（2011 年 9 月）

编号	拔节期（cm）	大喇叭口期（cm）	灌浆期（cm）
处理 1	41.50	126.15	172.30
处理 2	42.30	131.34	176.50
处理 3	47.12	134.60	180.10
处理 4	46.90	132.54	179.00
处理 5	43.20	121.10	176.00
处理 6	44.23	119.14	184.00

2. 第二季作物株高分析

不同客土厚度下,第二季作物(冬小麦)主要生育期的株高变化如表 3-13 所示。在冬小麦拔节期,各处理下小麦株高表现为处理 4 最高,之后依次为处理 5、处理 6、处理 3、处理 2,处理 1 最低。拔节期到抽穗期,小麦整体生长速度较快,处理 1、处理 2、处理 3、处理 4、处理 5 和处理 6 条件下,冬小麦抽穗期株高较拔节期分别增加 19.75 cm、19.33 cm、17.35 cm、17.02 cm、16.58 cm 和 16.37 cm。冬小麦的生长速度随着客土厚度的增加而减小。在冬小麦灌浆期,各处理下冬小麦生长趋于稳定,株高增加不明显。各处理下作物平均株高差异不明显,考虑土壤容重及土壤耕作层厚度,客土厚度 50 cm 优于其他处理。

表 3-13 第二季作物生长株高统计结果 (2012 年 6 月)

编号	拔节期(cm)	抽穗期(cm)	灌浆期(cm)
处理 1	40.12	59.87	61.02
处理 2	41.21	60.54	62.14
处理 3	43.21	60.56	61.75
处理 4	44.32	61.34	62.78
处理 5	43.89	60.47	63.05
处理 6	43.75	60.12	61.45

3. 第三季作物株高分析

不同客土厚度下,第三季作物(夏玉米)主要生育期的株高变化如表 3-14 所示。由于不同客土厚度下土壤水分及养分的差异,夏玉米的株高增加幅度表现不同。在拔节期,各处理下夏玉米株高间差异不明显,在客土厚度为 30~60 cm 时,株高随着客土厚度的增加而增加,当客土厚度达到 80 cm 和 100 cm 时,玉米生长缓慢,株高呈现下降趋势。在大喇叭口期和灌浆期,处理 4、处理 5 和处理 6 条件下,夏玉米生长速度较处理 2 和处理 3 慢。处理 3 的夏玉米从拔节期到灌浆期的平均株高最高,为 150.00 cm。从作物生长情况分析,客土厚度 50 cm 有利于作物的生长。

表 3-14 第三季作物生长株高统计结果 (2012 年 9 月)

编号	拔节期(cm)	大喇叭口期(cm)	灌浆期(cm)
处理 1	61.00	163.00	204.00
处理 2	61.00	147.00	221.00
处理 3	65.00	159.00	226.00
处理 4	57.00	148.00	201.00
处理 5	62.00	137.00	197.00
处理 6	62.00	135.00	207.00

4. 第四季作物株高分析

不同客土厚度下,第四季作物(冬小麦)主要生育期的株高变化如表 3-15 所示。在拔节期,各处理下作物株高大小顺序为处理2最高,之后依次为处理4、处理1、处理3、处理5,处理6最低。作物株高在拔节期到抽穗期的增长幅度比抽穗期到灌浆期增长快,在拔节期到抽穗期,处理5作物株高增加最大,为16.84 cm,在抽穗期到灌浆期,处理3作物株高增加最大,为5.77 cm。各处理在整个玉米生育期平均株高分别为53.33 cm、53.10 cm、53.74 cm、53.29 cm、54.95 cm和54.38 cm。这与第二季作物平均株高表现相似,各处理间差异不明显,综合考虑土壤容重及土壤耕作层厚度,客土厚度50 cm优于其他处理。

表3-15 第四季作物生长株高统计结果(2013年6月)

编号	拔节期(cm)	抽穗期(cm)	灌浆期(cm)
处理1	43.69	56.31	59.98
处理2	45.81	55.24	58.25
处理3	43.21	56.12	61.89
处理4	43.54	55.98	60.35
处理5	43.00	59.84	62.00
处理6	42.53	58.62	62.00

5.第五季作物株高分析

不同客土厚度下,第五季作物(夏玉米)主要生育期的株高变化如表3-16所示。在拔节期,处理1作物株高较其他处理高,处理5最小;在大喇叭口期,各处理下作物株高增加速度为处理6最大,其次为处理1、处理3、处理5、处理2,处理4最低;在灌浆期,处理1和处理3株高最大,为226.00 cm。在整个生育期,各个处理下玉米平均株高表现为处理1最大,之后依次为处理2、处理3、处理6、处理4,处理5最低。处理1、处理2和处理3作物株高优于其他处理,考虑作物耕作层厚度要求,客土厚度50 cm优于30 cm和40 cm。

表3-16 第五季作物生长株高统计结果(2013年9月)

编号	拔节期(cm)	大喇叭口期(cm)	灌浆期(cm)
处理1	63.34	152.00	226.00
处理2	52.18	137.00	233.00
处理3	51.45	142.00	226.00
处理4	62.31	127.00	201.00
处理5	44.22	139.00	197.00
处理6	45.00	158.00	207.00

6.第六季作物株高分析

不同客土厚度下,第六季作物(冬小麦)主要生育期的株高变化如表3-17所示。在拔节期,处理1、处理2作物生长速度较其他处理快,株高增加明显,处理5、处理6较差;在抽穗期,处理3、处理6作物株高增加明显;在灌浆期,当客土厚度为30～60 cm 时,株高随客土厚度增加而增加趋势,当客土厚度达到80 cm 时,株高呈现出减小趋势。处理3作物整个生育期平均株高为67.68 cm,优于其他处理,客土厚度50 cm 为最优客土厚度。

表3-17　第六季作物生长株高统计结果（2014 年 6 月）

编号	拔节期(cm)	抽穗期(cm)	灌浆期(cm)
处理 1	49.20	76.21	75.67
处理 2	48.10	73.67	76.33
处理 3	44.70	76.67	81.67
处理 4	46.70	74.33	81.33
处理 5	43.60	73.37	77.67
处理 6	43.40	76.87	79.67

7. 第七季作物株高分析

不同客土厚度下,第七季作物(夏玉米)主要生育期的株高变化如表3-18 所示。在拔节期,作物株高在客土厚度30～80 cm 下表现为随着客土厚度的增加而减小,这可能是由水分渗漏、根系不发达、对水分利用困难造成的。在大喇叭口期,各处理株高表现为处理3 最高,之后依次为处理6、处理5、处理1、处理2,处理4 最低。在灌浆期,第七季作物株高趋势与第六季相似,在客土厚度为30～60 cm 时,株高随客土厚度增加而增加趋势。处理3 作物整个生育期平均株高为149.01 cm,优于其他处理,客土厚度50 cm 为最优客土厚度。

表3-18　第七季作物生长株高统计结果（2014 年 9 月）

编号	拔节期(cm)	大喇叭口期(cm)	灌浆期(cm)
处理 1	61.63	152.87	227.33
处理 2	61.30	149.67	232.33
处理 3	58.37	163.00	225.67
处理 4	55.13	147.10	215.00
处理 5	54.77	156.83	225.00
处理 6	58.47	161.00	218.67

通过对种植7 季作物的株高综合分析,处理1、处理2、处理3、处理4、处理5 和处理6 的4 个种植季玉米整体平均株高分别为137.59 cm、137.05 cm、139.86 cm、131.00 cm、129.43 cm 和133.29 cm;3 个种植季小麦整体平均株高分别为58.01 cm、57.92 cm、58.86 cm、58.96 cm、58.54 cm 和58.71 cm,综合考虑土壤耕作层厚度要求、容重和紧实度等因素,筛选客土厚度50 cm 为最佳客土厚度。

3.1.3.6 作物产量统计分析

1.试种作物产量及构成因素分析

模型试种季,不同客土厚度对试种冬小麦的产量构成和产量的影响如表 3-19 所示。不同客土厚度下,穗数表现为处理 1 最低,处理 2、处理 3、处理 4、处理 5 增大,处理 6 最大;穗粒数则表现为处理 6 最高,为 31 个,处理 1 最小,为 29 个;千粒重则表现为处理 3 最高,为 38.82 g,比其他处理最大增加幅度为 8.5%。不同的客土厚度下,土壤紧实度、水分和肥力都各不相同,所以作物生长完成后其物质的积累量也是不同的。处理 3 的籽粒产量最高,为 5 602.01 kg/hm²,比其他处理产量的提高幅度为 0.65%~13.59%。各处理下作物产量的大小次序为处理 3 最大,其次为处理 4、处理 5、处理 6、处理 2,处理 1 最低。

表 3-19　试种作物产量及其构成因素统计结果（2011 年 6 月）

编号	穗数（穗/m²）	穗粒数（个）	千粒重（g/1 000 粒）	产量（kg/hm²）
处理 1	464	29	36.65	4 931.87
处理 2	467	30	38.47	5 389.91
处理 3	481	30	38.82	5 602.01
处理 4	490	30	37.86	5 565.69
处理 5	479	30	38.71	5 562.90
处理 6	496	31	35.78	5 501.81

2.第一季作物产量及构成因素分析

不同客土厚度对第一季夏玉米产量及产量构成因素影响如表 3-20 所示。从产量情况来看,处理 5 单产最高,其次为处理 4、处理 3、处理 2、处理 6,处理 1 最低。从整体试验小区实际产量情况来看,处理 5 产量最高,其次为处理 4。从平均百粒重来看,处理 5 最高,其次为处理 1、处理 4、处理 3、处理 2,处理 6 最低。综合分析,处理 5、处理 4 和处理 3 产量较高,即客土厚度 50 cm、60 cm 和 80 cm 可考虑作为最佳选择。

表 3-20　第一季作物产量及其构成因素统计结果（2011 年 9 月）

编号	小区产量（kg）	平均百粒重（g/100 粒）	产量（kg/hm²）
处理 1	6.90	32.20	8 625.00
处理 2	7.49	30.23	9 362.50
处理 3	7.52	30.92	9 400.00
处理 4	8.00	31.02	10 000.00
处理 5	8.10	32.35	10 125.00
处理 6	7.45	30.02	9 317.16

3. 第二季作物产量及构成因素分析

不同客土厚度对第二季冬小麦产量及产量构成因素影响如表3-21所示。从产量构成看,平均单位面积穗数表现为处理2最大,其次为处理3、处理4、处理1、处理6,处理5最小;平均穗粒数表现为处理3最大,其次为处理1、处理2、处理6,处理4、处理5最低;处理4千粒重最大,为36.03 g/1 000粒,分别比处理1、处理2、处理3、处理5和处理6高1.69%、4.66%、0.98%、0.06%和0.39%;处理1、处理2、处理3、处理4和处理6产量分别比处理5高2.62%、1.27%、7.67%、1.03%和3.96%,以处理3产量为最高。

表3-21 第二季作物产量及其构成因素统计结果(2012年6月)

编号	穗数(穗/m²)	穗粒数(个)	千粒重(g/1 000粒)	产量(kg/hm²)
处理1	518	28	35.43	5 139.02
处理2	526	28	34.43	5 071.10
处理3	521	29	35.68	5 391.16
处理4	520	27	36.03	5 058.86
处理5	515	27	36.01	5 007.44
处理6	518	28	35.89	5 205.74

4. 第三季作物产量及构成因素分析

不同客土厚度对第三季夏玉米产量及产量构成因素影响如表3-22所示。从产量构成看,平均单位面积穗数表现为处理3最高,其次为处理2、处理5、处理1、处理6,处理4最低,各处理间差异显著($p < 0.05$);处理3平均穗粒数比处理1、处理2、处理4、处理5和处理6分别高1.82%、0.69%、5.81%、1.61%和4.96%;处理4夏玉米的平均百粒重最大,为33.38 g,处理4平均百粒重比其他处理增重0.11~2.17 g;处理3夏玉米的产量最高,为6 832.89 kg/hm²;各处理夏玉米的产量大小次序为处理3最大,其次为处理2、处理4、处理5、处理1,处理6最低,与其他处理相比增产幅度为0.92%~14.99%。处理3增产效果最佳,即客土厚度50 cm可作为最佳选择。

表3-22 第三季作物产量及其构成因素统计结果(2012年9月)

编号	穗数(穗/hm²)	穗粒数(个)	百粒重(g/100粒)	产量(kg/hm²)
处理1	47 798	384	32.37	5 942.25
处理2	48 333	421	33.27	6 770.86
处理3	48 667	438	32.05	6 832.89
处理4	45 995	435	33.38	6 679.61
处理5	47 900	392	33.07	6 209.49
处理6	46 367	408	31.21	5 903.27

5. 第五季作物产量及构成因素分析

不同客土厚度对第五季夏玉米产量及产量构成因素影响如表3-23所示。从产量情况来看,处理 4 单产最高,其次为处理 5、处理 3、处理 2、处理 6,处理 1 最低。从穗数来看,处理 3 最高,其次为处理 5、处理 1、处理 4、处理 6,处理 2 最低。从穗粒数来看,处理 5最高,其次为处理 4,处理 1 最低。从百粒重来看,处理 4 最高,处理 2 次之,处理 6 最低。综合分析,处理 3、处理 4 和处理 5 产量形成因素和产量表现最好,即客土厚度 50 cm、60 cm 和 80 cm 可考虑作为最佳选择。

表 3-23　第五季作物产量及其构成因素统计结果 (2013 年 9 月)

编号	穗数(穗/hm²)	穗粒数(个)	百粒重(g/100 粒)	产量(kg/hm²)
处理 1	39 308	343	27.49	3 708.23
处理 2	37 505	357	28.60	3 831.25
处理 3	39 843	352	27.51	3 860.13
处理 4	39 177	365	28.97	4 144.66
处理 5	39 410	369	28.41	4 133.53
处理 6	38 877	354	27.32	3 761.78

6. 第六季作物产量及构成因素分析

不同客土厚度对第六季冬小麦产量及产量构成因素影响如表 3-24 所示。从产量情况来看,处理 4 单产最高,其次为处理 3、处理 5、处理 6、处理 2,处理 1 最低。从穗数来看,处理 4 最高,其次为处理 5、处理 3、处理 6、处理 2,处理 1 最低。从穗粒数来看,处理 1最高,其次为处理 3,处理 5 最低。从千粒重来看,处理 2 最高,处理 1 次之,处理 6 最低。处理 1 和处理 2 有关产量因素优于其他处理,因土壤沉降即造成处理 1 和处理 2 无法满足耕作层厚度。综合分析,处理 3、处理 4 和处理 5 产量形成因素和产量表现较好,即客土厚度 50 cm、60 cm 和 80 cm 可考虑作为最佳选择。

表 3-24　第六季作物产量及其构成因素统计结果 (2014 年 6 月)

编号	穗数(穗/m²)	穗粒数(个)	千粒重(g/1 000 粒)	产量(kg/hm²)
处理 1	224	52	44	3 449.80
处理 2	232	50	45	3 471.42
处理 3	332	51	42	4 686.12
处理 4	372	46	42	4 803.22
处理 5	353	43	43	4 400.74
处理 6	311	45	41	4 237.34

7. 第七季作物产量及构成因素分析

不同客土厚度对第七季夏玉米产量及产量构成因素影响如表 3-25 所示。从产量情况来看与第六季作物产量趋势一致,即处理 4 单产最高,其次为处理 3、处理 5、处理 6、处理 2,处理 1 最低。从穗数来看,处理 3 和处理 4 最高,其次为处理 2、处理 5、处理 6,处理

1 最低。从穗粒数来看,处理 4 最高,其次为处理 3,处理 1 最低。从百粒重来看,处理 5 最高,处理 1 次之,处理 2 最低。综合分析,处理 3、处理 4 和处理 5 产量形成因素和产量表现较好,即客土厚度 50 cm、60 cm 和 80 cm 可考虑作为最佳选择。

表 3-25　第七季作物产量及其构成因素统计结果（2014 年 9 月）

编号	穗数（穗/hm^2）	穗粒数（个）	百粒重（g/100 粒）	产量（kg/hm^2）
处理 1	40 000	400	30.47	4 874.7
处理 2	43 750	463	27.28	5 527.65
处理 3	45 000	507	27.51	6 271.80
处理 4	45 000	553	27.63	6 869.85
处理 5	43 500	445	31.71	6 138.26
处理 6	42 500	475	29.37	5 926.51

3.2　耕作层结构研究

耕作层结构稳定与否主要取决于土壤自身构型,即指土体内不同物理性质土层的排列组合。土体构型的好坏对土壤水、肥、气、热诸肥力和水盐运行有着重要的制约和调解作用。良好的土体构型是土壤肥力的基础（王德彩等,2008;章明奎等,2002）。荒石滩土地整治过程中需要大量客土,由于雨水冲刷、渗流、重力等因素的影响,覆盖的客土存在渗漏失稳的问题,客土一旦发生破坏,不仅会造成作物生长受阻甚至死亡,而且会带来巨大的经济损失。通过压实可以提高客土层稳定性,减少客土量并节约大量工程成本,然而较高的土壤紧实度又会对作物生长产生胁迫,因此必须解决客土稳定性和作物生长之间的矛盾,既最大程度地维持耕作层稳定性,又使耕作层土壤的理化性质有利于根系生长,蓄水保墒。

本节为解决荒石滩客土层结构稳定性问题,设置模拟试验,研究不同土壤容重组合下客土层渗漏速率、渗漏量和蓄水量,揭示在不同灌水量、不同土壤容重组合和土层结构下土壤渗漏参数变化规律,得出既能确保耕作层客土稳定又能适宜作物生长的土层结构,提出旧河道荒石滩土地整治客土厚度及维持耕作层稳定性的设计方案,获得施工参数。

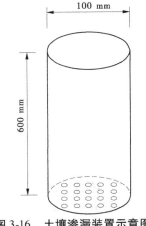

图 3-16　土壤渗漏装置示意图

3.2.1　试验设计

3.2.1.1　试验装置

土壤渗漏装置示意图如图 3-16 所示。采用内径为 100 mm、高 600 mm、厚 5 mm 的有机玻璃管作为试验容器,将有机玻璃管放置在孔径 8 mm 的有机玻璃板上,并在有机玻璃管内填充客土。土壤渗漏装置模型如图 3-17 所示。

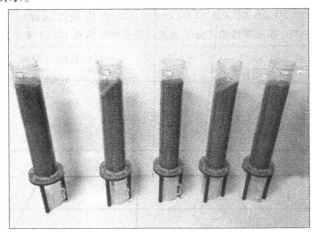

图 3-17　土壤渗漏装置模型

3.2.1.2　土柱制备

试验土壤采用陕北高原与关中平原交界带的褐土(或垆土),共设计 5 个处理,其中以直接客土 50 cm,水坠处理作为对照。

土壤渗漏试验:在有机玻璃管内铺两层纱布,覆盖第一层土,设置不同的容重梯度及土层厚度(见表 3-26);再覆第二层土,通过击实锤击实使土壤容重达到 1.3 g/cm³,且该土层厚度与第一层客土厚度相加为 30 cm;然后覆 20 cm 客土,控制土壤容重到 1.2 g/cm³,装填土柱时特别注意将土柱边缘的土壤压实,确保无贴壁水流入渗,尽量减小管壁效应,最后在土柱上面以少量石英砂覆盖以防加水时扰乱土层。

表 3-26　土柱制备土层参数

| 处理 | 第一层生土 | | 第二层生土 | | 熟土层 | |
	容重 (g/cm³)	厚度 (cm)	容重 (g/cm³)	厚度 (cm)	容重 (g/cm³)	厚度 (cm)
1	1.4	10	1.3	20	1.2	20
2	1.5	10	1.3	20	1.2	20
3	1.6	10	1.3	20	1.2	20
4	1.7	10	1.3	20	1.2	20
对照	直接客土 50 cm,水坠处理					

3.2.1.3　试验操作

采用间歇渗漏法,淋洗试验开始时,先给每个土柱加水至田间持水量,其中当水坠处理的湿润锋达到底端时,稳定 24 小时,以稳定土柱条件。加水至土壤饱和含水量,每小时监测渗漏液体积。随后用去离子水模拟灌溉量 20 mm(折合水量 157 mL),每四天灌溉一次,共灌溉四次,最后灌溉 40 mm（折合水量 315 mL）。渗漏液用塑料瓶承接,每次灌水 8 小时后,测量渗漏液体积,每天（24 小时）监测渗漏液总体积。

3.2.2 研究内容

(1)研究不同土壤容重组合、相同灌水条件下,土壤渗漏水流速的差异性,筛选最优土壤容重组合。

(2)研究不同土壤容重组合、相同灌水条件下,土壤渗漏水量的差异性,筛选最优土壤容重组合。

3.2.3 结果与分析

不同土壤容重组合下的土体构型,其物理性质存在差异性,在同一灌溉水量下,土壤饱和时间及水流渗漏速率都存在差异性,下面主要分析七次灌水量下,相同时间内土壤渗漏水流速的差异性,分析及筛选出有利于阻碍水流过快且对水分利用率较高的土体构型。

3.2.3.1 渗漏参数分析

1. 第一次灌水后渗漏参数分析

不同处理第一次灌水（100 mm）后,24 小时内渗漏参数统计分析如图 3-18 所示。从土柱整体水分饱和时间分析,对照处理在灌水后 3 小时饱和,处理 1 在灌水后 4 小时饱和,处理 2 在灌水后 5 小时饱和,处理 3 在灌水后 6 小时饱和,处理 4 在灌水后 11 小时饱和。从开始渗漏水时间分析可看出,对照处理最早发生渗漏,且渗漏速率高于其他处理,处理 4 则为最晚发生渗漏,为灌水后 12 小时开始。从渗漏水流速分析,对照、处理 1、处理 2 和处理 3 大致呈现逐步减小,最后趋于稳定的状态。24 小时内,对照、处理 1、处理 2、处理 3 和处理 4 的渗漏水流速分别为 6.84 mm/h、3.36 mm/h、1.55 mm/h、1.36 mm/h 和 0.22 mm/h。若渗漏水流速过快,将会带走客土层土壤及肥力,容易造成水、土和肥的流失,但若渗漏水流速太小,降雨太多后会造成土壤表层长时间淹没,阻碍土壤水、肥、气和热的交换,即可选择处理 2 和处理 3 作为土体构型的备选模式。

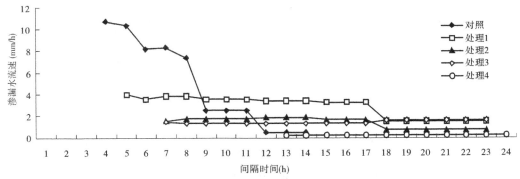

图 3-18　第一次灌水（100 mm）渗漏参数统计分析

2. 第二次灌水后渗漏参数分析

不同处理第二次灌水（20 mm）后,4 天内渗漏参数统计分析如图 3-19 所示。从第一天渗漏水量分析可看出,处理 2 和处理 3 渗漏量较高,分别为 35.80 mm 和 31.97 mm。从渗漏水流速分析,对照处理和处理1在灌水第一天发生渗漏,而后再无渗漏发生;处理2和处理3第一天渗漏水量最高,而后逐渐减下;处理4渗漏水流速变化不明显,基本稳定。对照、处理1、处理2、处理3和处理4的渗漏水流速分别为15.80 mm/d、16.82 mm/d、22.68 mm/d、16.05 mm/d 和4.52 mm/d。处理2和处理3在第二次灌水后土壤渗漏水量较大,分别为45.35 mm 和48.15 mm,与其他处理差别明显,即表明处理2和处理3土体结构水量饱和后,能有效地将多余的水排出,避免土壤长期被水浸泡,而发生土体破坏。

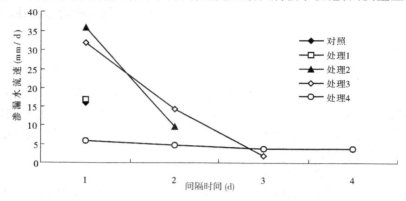

图 3-19　第二次灌水(20 mm)渗漏参数统计分析

3. 第三次灌水后渗漏参数分析

不同处理第三次灌水(20 mm)后,4天内渗漏参数统计分析如图3-20所示。从渗漏水量分析可看出,对照处理、处理1、处理2和处理3渗漏只发生在灌水第一天,处理1渗漏水量最高,其次为对照处理、处理2、处理3和处理4;处理4在灌水后前三天渗漏水量相同,在第四天略微减小,第五天不发生渗漏,共计渗漏水量12.55 mm。在三次灌水后,对照处理、处理1、处理2和处理3渗漏水参数差异不显著。

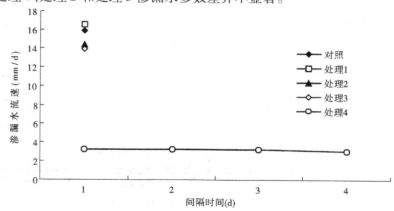

图 3-20　第三次灌水(20 mm)渗漏参数统计分析

4. 第四次灌水后渗漏参数分析

不同处理第四次灌水(20 mm)后,4天内渗漏参数统计分析如图3-21所示。从渗漏水量分析可看出,对照处理和处理1渗漏只发生在灌水第一天,对照处理下的渗漏水量略高于处理1,处理2和处理3渗漏发生在灌水后第一天和第二天,渗漏水流速分别为7.71

mm/d 和 7.42 mm/d,处理 4 渗漏水流速与第三次灌水相似,趋于平稳状态,共计渗漏水量 12.74 mm。在三次灌水后,对照处理、处理 1、处理 2 和处理 3 共计渗漏水量分别为 17.64 mm、17.58 mm、15.41 mm 和 14.84 mm。

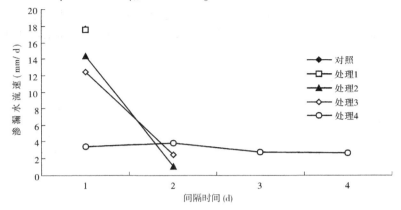

图 3-21　第四次灌水(20 mm)渗漏参数统计分析

5. 第五次灌水后渗漏参数分析

不同处理第五次灌水(20 mm)后,7 天内渗漏参数统计分析如图 3-22 所示。从渗漏时间分析可看出,对照处理和处理 1 渗漏时间与第四次灌水渗漏时间一致,处理 2 和处理 3 和处理 4 渗漏时间也与第四次灌水渗漏时间一致,处理 4 较前四次灌水渗漏时间延长,对照处理、处理 1、处理 2、处理 3 和处理 4 渗漏水流速为 17.58 mm/d、16.82 mm/d、8.15 mm/d、6.50 mm/d 和 2.08 mm/d;对照处理、处理 1、处理 2、处理 3 和处理 4 共计渗漏水量分别为 17.58 mm、16.82 mm、16.31 mm、12.99 mm 和 14.59 mm。对照处理和处理 1 渗漏水流速过快,将会带走客土层土壤及肥力,容易造成水、土和肥的流失,处理 4 渗漏水流速太小,容易造成水淹现象,即处理 2 和处理 3 土体结构优于处理 1 和处理 4。

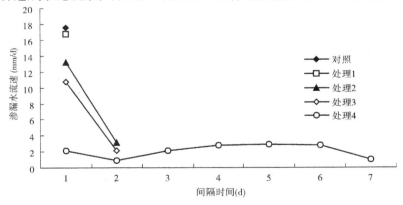

图 3-22　第五次灌水(20 mm)渗漏参数统计分析

6. 第六次灌水后渗漏参数分析

不同处理第六次灌水(40 mm)后,11 天内渗漏参数统计分析如图 3-23 所示。从渗漏时间分析可看出,对照处理、处理 1 和处理 2 渗漏时间延长至灌水后 2 天,处理 3 延长至灌水后 3 天,处理 4 延长至灌水后 11 天。从渗漏水流速分析,对照处理、处理 1、处理 2、处理 3 和处理 4 在灌水后前 2 天平均渗漏水流速为 17. 01 mm/d、16. 24 mm/d、15. 23 mm/d、14. 59 mm/d 和 14. 17 mm/d。从渗漏水量分析,对照处理、处理 1、处理 2、处理 3 和处理 4 渗漏水量分别为 34. 01 mm、32. 48 mm、29. 17 mm、29. 55 mm 和 26. 90 mm。对照处理和处理 1 渗漏水流速过快,将会带走客土层土壤及肥力,容易造成水、土和肥的流失,处理 4 渗漏水流速太小,容易造成水淹现象,即处理 2 和处理 3 土体结构优于处理 1 和处理 4。

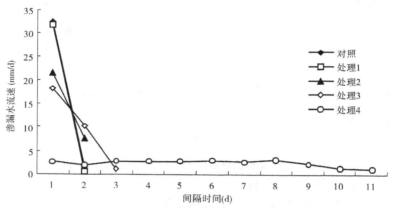

图 3-23 第六次灌水(40 mm)渗漏参数统计分析

7. 第七次灌水后渗漏参数分析

不同处理第七次灌水(80 mm)后,5 天内渗漏参数统计分析如图 3-24 所示。可以看出,各处理下渗漏水流速随着灌水量的增加而增加。从灌水后两天平均渗漏水流速分析可看出,处理 1 最高,其次为对照处理、处理 2、处理 3 和处理 4。从渗漏水量分析,处理 1 最高,其次为对照处理、处理 3、处理 2 和处理 4。对照处理和处理 1 渗漏水流速快,渗漏水量较大,将会带走客土层土壤及肥力,容易造成水、土和肥的流失,处理 4 渗漏水流速太小,容易造成水淹现象,即处理 2 和处理 3 土体结构优于处理 1 和处理 4。

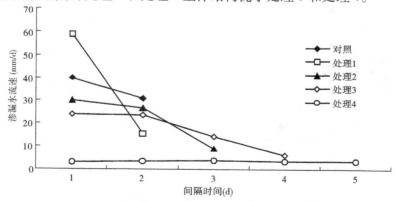

图 3-24 第七次灌水(80 mm)渗漏参数统计分析

3. 2. 3. 2 渗漏水量和储水量分析

不同处理七次渗漏水量及储水量统计分析如表 3-27 所示,七次灌水总量为 300 mm。第一次灌水后,处理 1 渗漏水量最高,其次为对照处理、处理 3、处理 2 和处理 4;第二次、第三次、第四次和第五次灌水量相同,随着灌水次数的增加,处理2和处理3渗漏水量高于其他处理,有效地将多余水排出;在第三次、第四次和第五次灌水20 mm后,处理4三次灌水平均渗漏水量最高,其次为处理3、处理2、处理1和对照处理,各处理间差异不明显。对照处理、处理3、处理2和处理4灌水300 mm后,渗漏水量分别为164.27 mm、241.91 mm、212.87 mm、199.68 mm和174.20 mm。对七次试验数据综合分析,处理1渗漏较严重,储水量最低,不能满足作物生长需求,处理4储水量较其他处理2和处理3高,但是经过对渗漏流速的分析,处理4在灌水量较高时无法及时排水,使土壤不能及时进行水、肥、气和热的交换,即处理4不适合作物生长。处理2和处理3土体构型优于处理1和处理4。

表3-27　不同处理七次渗漏水量及储水量统计分析　　　　　单位:(mm)

灌水次数	灌水量	对照	处理1	处理2	处理3	处理4
第一次	100.00	53.89	54.90	25.10	25.22	2.42
第二次	20.00	18.09	48.15	45.35	16.82	15.80
第三次	20.00	12.55	13.95	14.39	16.62	15.92
第四次	20.00	12.74	14.84	16.69	17.58	17.64
第五次	20.00	14.65	12.99	16.31	16.82	17.58
第六次	40.00	35.54	29.55	29.17	32.48	34.01
第七次	80.00	16.82	67.52	65.86	74.14	70.83
渗漏水量		164.27	241.91	212.87	199.68	174.20
储水量		135.73	58.09	87.13	100.32	125.80

通过对灌水试验后各处理渗漏速率和渗漏量的分析,认为处理2和处理3土体构型优于其他处理,综合考虑处理3土体构型中第一层为容重1.6 g/cm³,处理2中则为1.5 g/cm³。在工程项目实施中,增大土壤容重则会增加客土厚度,从而增加工程成本,考虑节能及节材,即选择第一层土壤厚度为10 cm、容重为1.5 g/cm³,第二层土壤厚度为20 cm、容重为1.3 g/cm³,第三层土壤厚度为10 cm、容重为1.2 g/cm³作为最佳客土耕作层结构。

本章就荒石滩客土厚度和耕作层结构做了模型研究,对试验数据进行全面统计分析,为荒石滩整治提供科学依据,对其客土层相关性质的动态变化及土壤侵蚀研究,如土壤、肥料等的流失问题将在第4章展开研究。

第4章 耕作层稳定性研究

耕作层构建后,经耕种熟化后的表土层最终形成耕作层,一般厚度为15~20 cm,养分含量比较丰富,作物根系最为密集,可呈现粒状、团粒状或碎块状结构。土地整治项目中新构建的耕作层,往往受雨水冲刷、渗流、重力等因素影响,存在力学稳定性问题。如何解决这一问题,成为土地整治项目的当务之急。

耕作层经常受到农事活动干扰和外界自然因素的影响,其物理性质和表层侵蚀状况的变化较大。要使作物高产,必须注重保护耕作层的稳定性。在荒石滩土地整治当中,覆土不当会造成耕作层稳定性差、作物生长困难等问题。本章主要基于耕作层的自然沉降性和水蚀性,从垂向和横向两个角度研究其稳定性,为增加荒石滩耕作层稳定性提出合理建议,探索增加荒石滩耕作层稳定性的合理措施。

土层发生沉降在自然界中是很平常的事,这是由于分散相和分散介质的密度不同,分散相粒子在力场(重力场或离心力场)作用下发生定向运动。对土壤而言,土层沉降一般是指土壤固相物质向下移动的现象,这种向下移动的深度和速度直接影响着土壤的稳定性,进而影响到作物的生长发育。所以,自然沉降是研究荒石滩耕作层稳定性的一个重要指标。

土壤侵蚀是指土壤及其母质在水力、风力、重力、冻融等外营力的作用下,被破坏、剥蚀、搬运、沉积的过程。荒石滩表面主要发生水力侵蚀(水蚀),水力侵蚀是在降水、地表径流、地下径流的作用下,土壤、土体或其他地面组成物质被破坏、剥蚀、搬运和沉积的全部过程。水力侵蚀是土壤侵蚀的重要类型,通常所说的水力侵蚀与水土流失的含义不同,水土流失包含水的损失与土壤侵蚀。土壤侵蚀的危害非常严重:一是破坏土地,吞食农田;二是降低土壤肥力,加剧干旱的程度;三是淤积抬高河床,加剧洪涝灾害;四是淤塞湖泊,影响开发利用。因此,表层侵蚀是研究荒石滩耕作层稳定性的另一个重要指标。

4.1 土壤物理性质动态变化研究

4.1.1 试验设计

本试验于2011年9月实施,以覆土厚度为单一因素,每年测定一次土壤沉降系数,种植作物为冬小麦,在作物收获后,对土地进行全面深松。一般土壤耕作层深度为30~40 cm,共设置六种不同的覆土厚度,分别为处理1:30 cm(C30),处理2:40 cm(C40),处理3:50 cm(C50),处理4:60 cm(C60),处理5:80 cm(C80),处理6:100 cm(C100),以此来模拟实地条件,客土以下分别用170 cm、160 cm、150 cm、140 cm、120 cm、100 cm厚的砾石(80%)和砂土(20%)填装,如图4-1所示。试验小区面积为:2 m × 4 m = 8 m²,共设三个试验小区。根据立地条件,考虑光照、微地形等因素的均一性,试验小区采取自东向西

"一"字形布设。

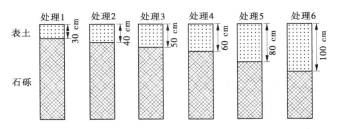

图 4-1 试验研究示意图

图 4-2 为试验小区实景图。试验田设有观测窗,以便观察。

处理 1

处理 2

处理 3

处理 4

图 4-2 荒石滩试验小区

处理 5   处理 6

续图 4-2

4.1.1.1　土壤沉降系数的测定

用卷尺测量不同小区的沉降情况。挖开剖面时应尽量垂直,以确保测量的准确性;采用对角线法,在每个小区设置 3 个点分别进行观测,如图 4-3 所示。

处理 1   处理 2

图 4-3　荒石滩试验小区土壤沉降量的测定

处理 3   处理 4

处理 5   处理 6

续图 4-3

4.1.1.2 土壤容重测定

采用环刀剖面取土法,在小区对角线上布置 5 个点,用一定体积(100 cm³)的环刀切割自然状态的土样,使土样充满其中,称量后计算单位体积的烘干土重;取土深度为 0 ~ 40 cm,每 20 cm 取一次,如果覆土厚度不够,可根据实际最大深度取土。

4.1.1.3 土壤孔隙度的测定

根据已测定的土壤容重按照式(4-1)计算各自的孔隙度。

$$土壤孔隙度 = 1 - \frac{容重}{密度} \tag{4-1}$$

4.1.1.4 土壤紧实度的测定

采用紧实度仪测定各试验小区的土壤紧实度状况。

4.1.1.5　技术路线

测定土壤物理性质动态变化的技术路线如图4-4所示。

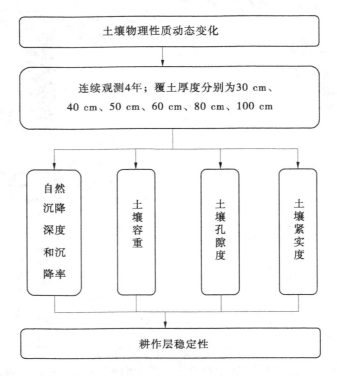

图4-4　测定土壤物理性质动态变化的技术路线

4.1.2　研究内容

研究内容包括土壤沉降量、土壤沉降系数、土壤容重、土壤孔隙度、土壤紧实度等。

4.1.3　结果与分析

4.1.3.1　自然沉降动态变化

在不同覆土厚度下,土壤的自身重力不同,经过作物种植阶段的根系作用,不同覆土厚度、年限下的土壤沉降程度是不同的。通过试验发现,处理1的沉降深度和沉降率均随试验年限的增加而增加,2011～2014年,沉降深度分别为7.33 cm、8.57 cm、8.62 cm和8.91 cm,沉降率分别为24.43%、28.56%、28.73%和29.70%,变化趋势如图4-5所示,沉降深度随年限的变化趋势符合多项式 $y = -0.236x^2 + 953.0x - 959\ 49$,$R^2 = 0.931$($y$ 为沉降深度,cm;x 为第几年),沉降率随年限的变化趋势符合多项式 $y = -0.788x^2 + 3\ 176.0x - 3 \times 10^6$,$R^2 = 0.931$($y$ 为沉降率,%;x 为第几年)。

处理2的沉降深度和沉降率均随试验年限的增加而增加,其中2012～2013年变化趋势相反,2011～2014年,沉降深度分别为8.00 cm、8.63 cm、8.73 cm和9.22 cm,沉降率分别为20.00%、21.58%、21.83%和23.05%,变化趋势如图4-6所示,沉降深度随年限的变

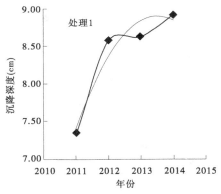
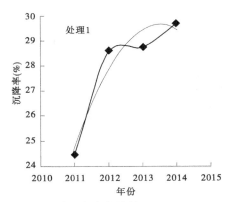

图 4-5　处理 1 的沉降深度和沉降率随时间的动态变化趋势

化趋势符合多项式 $y = -0.035x^2 + 144.6x - 14\ 587$，$R^2 = 0.942$（$y$ 为沉降深度，cm；x 为第几年），沉降率随年限的变化趋势符合多项式 $y = -0.089x^2 + 361.5x - 36\ 469$，$R^2 = 0.942$（$y$ 为沉降率，%；x 为第几年）。

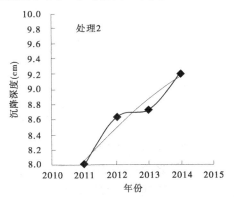
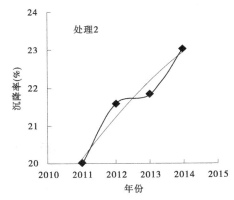

图 4-6　处理 2 的沉降深度和沉降率随时间的动态变化趋势

处理 3 的沉降深度和沉降率基本随试验年限的增加而增加，2011 ~ 2014 年，沉降深度分别为 8.37 cm、10.43 cm、9.69 cm 和 12.21 cm，沉降率分别为 16.73%、20.87%、19.38% 和 24.42%，变化趋势如图 4-7 所示，沉降深度随年限的变化趋势符合多项式 $y = 0.113x^2 + 455.0x + 45\ 685$，$R^2 = 0.760$（$y$ 为沉降深度，cm；x 为第几年），沉降率随年限的变化趋势符合多项式 $y = 0.226x^2 - 910.1x + 91\ 371$，$R^2 = 0.760$（$y$ 为沉降率，%；x 为第几年）。

处理 4 的沉降深度和沉降率基本随试验年限的增加而增加，其中 2012 ~ 2013 年变化趋势相反，2011 ~ 2014 年，沉降深度分别为 14.91 cm、17.47 cm、16.79 cm 和 19.26 cm，沉降率分别为 18.64%、21.83%、20.99% 和 24.08%，变化趋势如图 4-8 所示，沉降深度随年限的变化趋势符合多项式 $y = -0.116x^2 + 469.9x - 47\ 329$，$R^2 = 0.981$（$y$ 为沉降深度，cm；x 为第几年），沉降率随年限的变化趋势符合多项式 $y = -0.194x^2 + 783.3x - 78\ 883$，$R^2 = 0.981$（$y$ 为沉降率，%；x 为第几年）。

处理 5 的沉降深度和沉降率基本随试验年限的增加而增加，2011 ~ 2014 年，沉降深

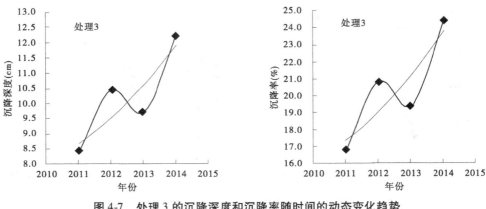

图 4-7　处理 3 的沉降深度和沉降率随时间的动态变化趋势

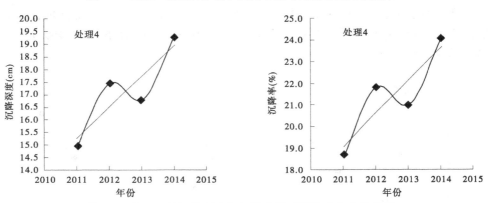

图 4-8　处理 4 的沉降深度和沉降率随时间的动态变化趋势

度分别为 14.35 cm、14.87 cm、15.43 cm 和 15.48 cm，沉降率分别为 23.92%、24.78%、25.72% 和 25.80%，变化趋势如图 4-9 所示，沉降深度随年限的变化趋势符合多项式 $y = -0.021x^2 + 88.44x - 90\ 226$，$R^2 = 0.79$（$y$ 为沉降深度，cm；x 为第几年），沉降率随年限的变化趋势符合多项式 $y = -0.027x^2 + 110.5x - 11\ 278$，$R^2 = 0.79$（$y$ 为沉降率，%；x 为第几年）。

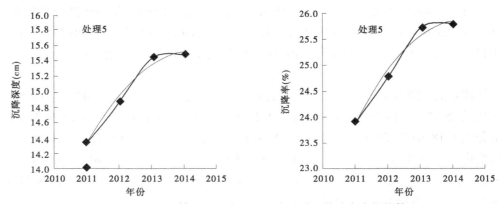

图 4-9　处理 5 的沉降深度和沉降率随时间的动态变化趋势

处理 6 的沉降深度和沉降率基本随试验年限的增加而增加,2011~2014 年变化趋势如图 4-10 所示,沉降深度随年限的变化趋势符合多项式 $y = -0.044x^2 + 179.1x - 18\,164$, $R^2 = 0.979$(y 为沉降深度,cm;x 为第几年),沉降率随年限的变化趋势符合多项式 $y = -0.044x^2 + 179.1x - 18\,164$,$R^2 = 0.979$($y$ 为沉降率,%;x 为第几年)。

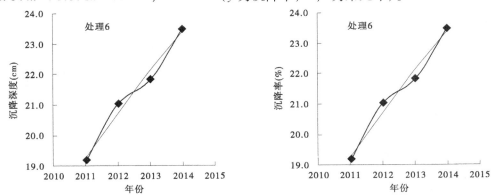

图 4-10 处理 6 的沉降深度和沉降率随时间的动态变化趋势

2011~2014 年各处理下的平均沉降深度和沉降率如表 4-1 所示。可以看出,沉降深度表现为处理 6 > 处理 5 > 处理 4 > 处理 3 > 处理 2 > 处理 1,沉降率表现为处理 1 > 处理 4 > 处理 2 > 处理 5 = 处理 6 > 处理 3。总体来看,处理 3 即覆土 50 cm 处理沉降深度和沉降率最低。

表 4-1 各处理下年平均沉降深度和沉降率

项目	处理 1	处理 2	处理 3	处理 4	处理 5	处理 6
沉降深度(cm)	8.36	8.65	10.18	15.03	17.11	21.38
沉降率(%)	27.86	21.61	20.35	25.05	21.38	21.38

图 4-11 为 2011 年各处理沉降深度和沉降率的动态变化情况。在试验的第一年中,沉降深度随覆土厚度的增加而增加,沉降深度随覆土厚度的变化趋势符合多项式 $y = 0.334x^2 + 0.115x + 6.548$,$R^2 = 0.941$($y$ 为沉降深度,cm;x 为覆土厚度,cm)。在覆土厚度不超过 50 cm 时,沉降随覆土厚度的变化缓慢,当覆土厚度超过 50 cm 时,沉降深度突然增大,之后一直到覆土厚度小于 100 cm,沉降深度均变化缓慢,当覆土厚度达到 100 cm 时,沉降深度再次突然增大。沉降率在覆土厚度为 30 cm 和 60 cm 时较大,分别为 24.43% 和 23.92%。

图 4-12 为 2012 年各处理沉降深度和沉降率的动态变化情况。可以看出,沉降深度随覆土厚度的增加而增加,沉降深度随覆土厚度的变化趋势符合多项式 $y = 0.369x^2 + 0.077x + 7.623$,$R^2 = 0.981$($y$ 为沉降深度,cm;x 为覆土厚度,cm)。在覆土厚度不超过 50 cm 时,沉降随覆土厚度的变化缓慢,当覆土厚度超过 50 cm 时,沉降深度突然增大。沉降率在覆土厚度为 30 cm 和 60 cm 时较大,分别为 28.56% 和 24.78%。

图 4-13 为 2013 年各处理沉降深度和沉降率的动态变化情况。可以看出,沉降深度随覆土厚度的增加而增加,沉降深度随覆土厚度的变化趋势符合多项式 $y = 0.467x^2 -$

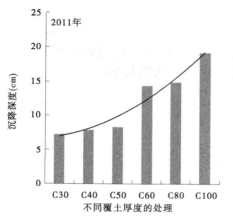
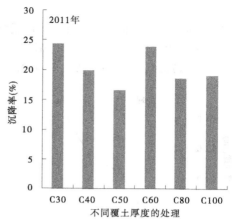

图 4-11　2011 年随覆土厚度变化的沉降深度和沉降率

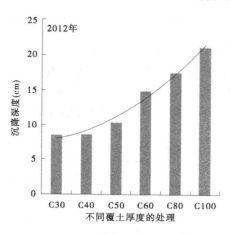
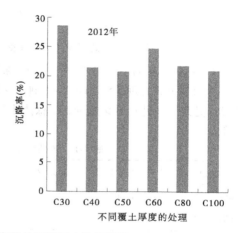

图 4-12　2012 年随覆土厚度变化的沉降深度和沉降率

$0.534x + 8.288, R^2 = 0.963$（$y$ 为沉降深度，cm；x 为覆土厚度，cm）。在覆土厚度不超过 50 cm 时，沉降随覆土厚度的变化缓慢，当覆土厚度超过 50 cm 时，沉降深度突然增大，之后一直到覆土厚度小于 100 cm，沉降深度都变化缓慢，当覆土厚度达到 100 cm 时，沉降深度再次突然增大。沉降率在覆土厚度为 30 cm 和 60 cm 时较大，分别为 28.73% 和 25.72%。

图 4-14 为 2014 年各处理沉降深度和沉降率的动态变化情况。可以看出，沉降深度随覆土厚度的增加而增加，沉降深度随覆土厚度的变化趋势符合多项式 $y = 0.408x^2 + 0.182x + 7.936, R^2 = 0.995$（$y$ 为沉降深度，cm；x 为覆土厚度，cm）。沉降率在覆土厚度为 30 cm 时达到最大值 29.70%。

综上所述，沉降深度随覆土厚度的变化趋势均符合多项式的增加规律，而沉降率都是在覆土厚度为 30 cm 和 60 cm 时较大。沉降深度均随覆土厚度的增加而增加，且覆土厚度为 30 cm 和 60 cm 处理的沉降率较高。各处理的沉降深度大都表现为 C100 > C80 > C60 > C50 > C40 > C30，沉降率基本表现为 C30 > C60 > C40 > C100 > C80 > C50。由数据分析可知，覆土厚度小，土壤的沉降深度则小，土壤的沉降深度随覆土厚度的减小而减小，

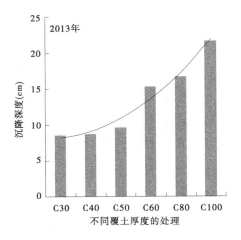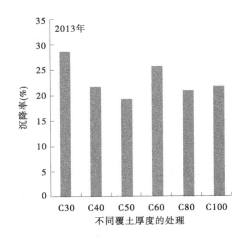

图 4-13　2013 年随覆土厚度变化下的沉降深度和沉降率

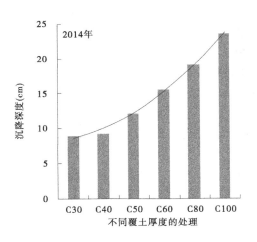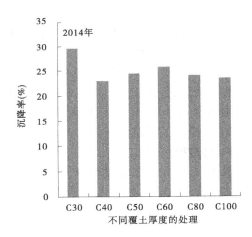

图 4-14　2014 年随覆土厚度变化下的沉降深度和沉降率

这主要是因为随着土层厚度的增加,土壤自身重量增加,浇灌等措施会加剧土壤下沉速度。耕作层厚度在 30～40 cm 能满足作物生长需求,结合工程实际情况,覆土厚度 50 cm 为最佳选择。

4.1.3.2　沉降速度动态变化

根据每年沉降深度的变化情况,按照式(4-2)计算出各处理下每年的沉降速度。各处理下每年的沉降速度如表 4-2 所示。

$$沉降速度 = \frac{d_{前} - d_{后}}{d_{前}} \times 100\% \qquad (4-2)$$

式中　$d_{前}$——前一年的沉降深度,cm;

　　　$d_{后}$——后一年的沉降深度,cm。

表 4-2　各处理下每年的沉降速度　　　　　　　　　　　　　　　（%）

年份	处理 1	处理 2	处理 3	处理 4	处理 5	处理 6
2012	16.87	7.92	24.70	3.60	17.15	9.74
2013	0.62	1.12	-7.12	3.79	-3.87	3.74
2014	3.36	5.61	26.01	0.32	14.71	7.75

沉降速度为正表示沉降发生,沉降速度为负表示沉降未发生。从表 4-2 可以清晰地看出,2013 年处理 3 和处理 5 未发生自然沉降,其余年限和处理下均发生了不同程度的自然沉降。

图 4-15 为各处理下每年的沉降速度随时间的变化趋势。可以看出,处理 1 下,沉降速度先从 16.87% 急剧下降到 0.62%,然后上升到 3.36%;处理 2 下,沉降速度先从 7.92% 急剧下降到 1.12%,然后上升到 5.61%;处理 3 下,2012 年和 2014 年的沉降速度均较快,分别为 24.70% 和 26.01%;处理 4 下,沉降速度先从 3.60% 缓慢上升到 3.79%,然后急剧下降到 0.32%;处理 5 下,2012 年和 2014 年的沉降速度均较快,分别为 17.15% 和 14.71%;处理 6 下,沉降速度先从 9.74% 下降到 3.74%,然后上升到 7.75%。

综上所述,处理 1、处理 2、处理 6 在 2013 年的沉降速度均较小,处理 3 和处理 5 在 2013 年并未发生沉降,处理 4 在 2013 年的沉降速度较 2012 年高出 0.19%。除处理 3、处理 4 外,其余各处理沉降速度均在 2012 年达最大值,说明在 2012 年荒石滩试验小区发生的自然沉降速度最快。

图 4-16 为 2012 年各处理下的沉降速度变化趋势。可以看出,覆土厚度为 50 cm 时,沉降速度最快,为 24.70%;覆土厚度为 60 cm 时,沉降速度最慢,为 3.60%。

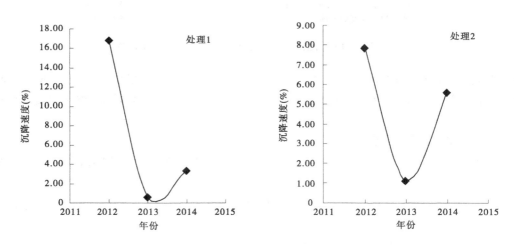

图 4-15　各处理下每年的沉降速度变化趋势

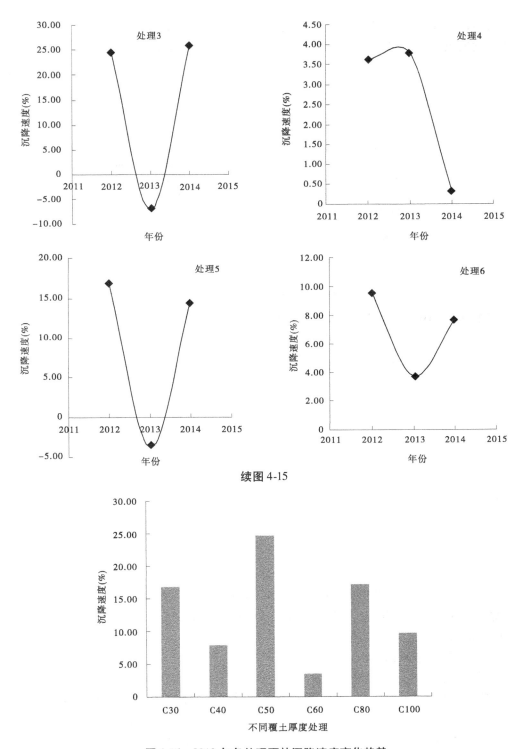

续图 4-15

图 4-16   2012 年各处理下的沉降速度变化趋势

图 4-17 为 2013 年各处理下的沉降速度变化趋势。可以看出,覆土厚度为 60 cm 时,沉降速度最快,为 3.79%;覆土厚度为 30 cm 时,沉降速度最慢,为 0.62%。

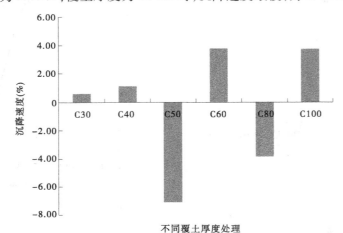

图 4-17　2013 年各处理下的沉降速度变化趋势

图 4-18 为 2014 年各处理下的沉降速度变化趋势。可以看出,覆土厚度为 50 cm 时,沉降速度最快,为 26.01%;覆土厚度为 60 cm 时,沉降速度最慢,为 0.32%。

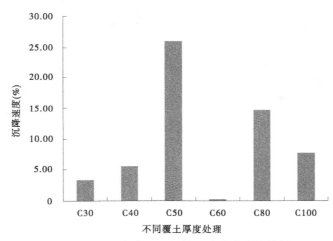

图 4-18　2014 年各处理下的沉降速度变化趋势

综上所述,除 2013 年外,其余两年沉降速度在覆土厚度为 50 cm 时最快,在覆土厚度为 60 cm 时最慢。

4.1.3.3　容重动态变化

容重大小能反映土壤的紧实状况,在一定程度上指示作物生长环境的好坏。试验小区从 2012 年开始测定容重,在各处理下容重随时间的变化趋势如图 4-19 所示。处理 1 下,表层 0~20 cm 土层容重均随时间的推移而减小,20~40 cm 土层容重均随时间的推移先下降后上升;处理 2 下,表层 0~20 cm 土层容重随时间的推移先减小后上升,20~40 cm 土层容重随时间的推移而减小,且底层土壤容重大于表层容重;处理 3 下,表层 0~20 cm 土层容重随时间的推移先增大后减小,20~40 cm 土层容重随时间的推移而增大,且底层土壤容重大于表层容重;处理 4 下,表层 0 ~ 20 cm 和 20 ~ 40 cm 土层容重均随时间的推移而增大,且底层土壤容重大于表层容重;处理 5 下,表层 0 ~ 20 cm 土层容重随时间的推移而增大,20 ~ 40 cm 土层容重随时间的推移先增大后减小,且底层土壤容重大于表层容重;处理 6 下,表层 0 ~ 20 cm 和 20 ~ 40 cm 土层容重随时间的推移而增大,2013 ~ 2014 年,容重变化趋势平缓且底层土壤容重大于表层容重。

综上所述,覆土厚度不小于 40 cm 时,底层(20 ~ 40 cm)土壤容重均大于表层(0 ~ 20 cm)容重,表层土壤稍微疏松,下层土壤紧实些,符合一般耕作的需要。

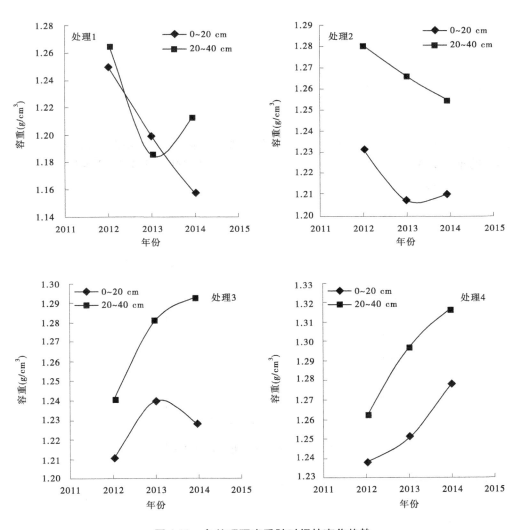

图 4-19 各处理下容重随时间的变化趋势

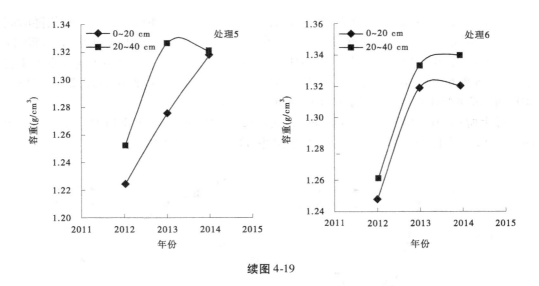

续图 4-19

图 4-20 为表层(0～20 cm)土壤容重随覆土厚度不同的变化规律。可以看出,随着覆土厚度的增加,容重增大,符合多项式 $y = 0.001x^2 + 0.009x + 1.190$,$R^2 = 0.991$($y$ 为容重,g/cm³;x 为覆土厚度,cm)。

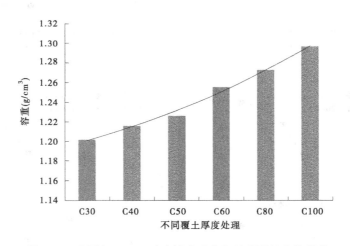

图 4-20　表层(0～20 cm)土壤容重在各处理下的变化趋势

图 4-21 为底层(20～40 cm)土壤容重随覆土厚度不同的变化规律。可以看出,随着覆土厚度的增加,容重增大,符合对数方程 $y = 0.047\ln x + 1.225$,$R^2 = 0.974$(y 为容重,g/cm³,x 为覆土厚度,cm)。

4.1.3.4　孔隙度动态变化

利用式(4-1)计算得到 2012～2014 年各处理下的孔隙度,见表 4-3。

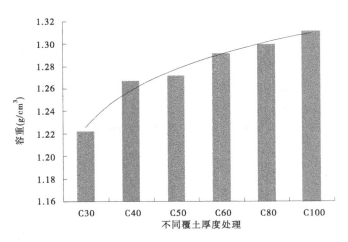

图 4-21　底层(20~40 cm)土壤容重在各处理下的变化趋势

表 4-3　试验年限中各处理下的孔隙度　　　　　　　　　　　　　　（%）

年份	C30		C40		C50		C60		C80		C100	
	0~20	20~40	0~20	20~40	0~20	20~40	0~20	20~40	0~20	20~40	0~20	20~40
2012	52.83	52.22	53.55	51.66	54.34	53.22	53.32	52.42	53.85	52.75	52.91	52.45
2013	54.75	55.27	54.45	52.22	53.22	51.66	52.83	51.06	51.86	49.96	50.23	49.68
2014	56.38	54.16	54.36	52.68	53.67	51.19	51.77	50.28	50.28	50.17	50.17	49.43

　　孔隙度大小能反映土壤的通气与水分运移状况,在一定程度上反映着土壤质量的好坏。根据表 4-3 绘制各处理下孔隙度随时间的变化趋势(见图 4-22)。处理 1 下,表层 0~20 cm 土层孔隙度随时间的推移而增大,20~40 cm 土层孔隙度随时间的推移先增大后减小;处理 2 下,表层 0~20 cm 土层孔隙度随时间的推移先增大后减小,20~40 cm 土层孔隙度随时间的推移而增大,且底层土壤孔隙度小于表层孔隙度;处理 3 下,表层 0~20 cm 土层孔隙度均随时间的推移先减小后增大,20~40 cm 土层孔隙度均随时间的推移而减小,且底层土壤孔隙度小于表层孔隙度;处理 4 下,表层 0~20 cm 和 20~40 cm 土层孔隙度均随时间的推移而减小,且底层土壤孔隙度小于表层孔隙度;处理 5 下,表层 0~20 cm 土层孔隙度随时间的推移而减小,20~40 cm 土层孔隙度随时间的推移先减小后增大,且底层土壤孔隙度小于表层孔隙度;处理 6 下,表层 0~20 cm 和 20~40 cm 土层孔隙度均随时间的推移而减小,2013~2014 年,孔隙度变化趋势平缓且底层土壤孔隙度小于表层孔隙度。

　　综上所述,覆土厚度不小于 40 cm 时底层(20~40 cm)土壤孔隙度均小于表层(0~20 cm)土壤的,表层土壤孔隙度大,便于根系向下延伸,底层土壤孔隙度小,便于保水保肥,利于根系生长。与图 4-14 对比可知,容重的动态变化趋势与孔隙度的动态变化趋势恰好相反。

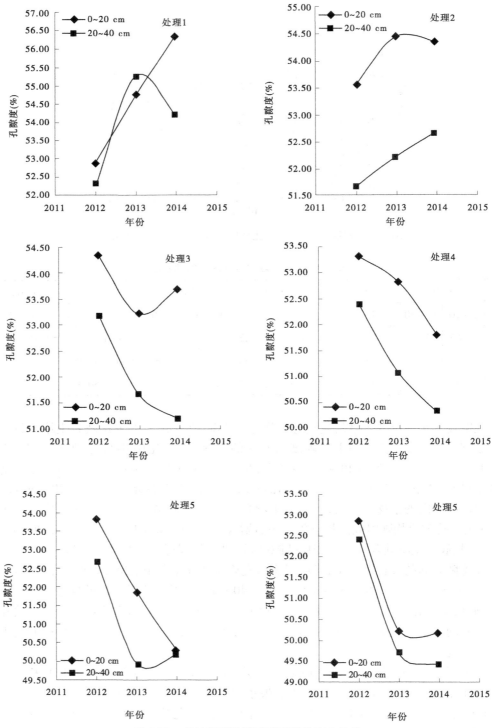

图 4-22　各处理下孔隙度随时间的变化趋势

图 4-23 为表层(0～20 cm)土壤孔隙度随覆土厚度不同的变化规律。可以看出,随着覆土厚度的增加,孔隙度减小,符合多项式 $y = -0.051x^2 - 0.360x + 55.08$, $R^2 = 0.991$ (y 为孔隙度,% ; x 为覆土厚度,cm)。

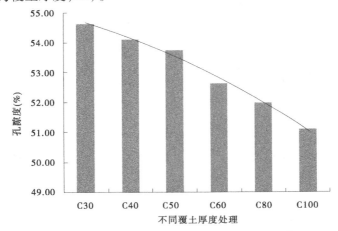

图 4-23　表层土壤孔隙度在各处理下的变化趋势

图 4-24 为底层(20～40 cm)土壤孔隙度随覆土厚度不同的变化规律。可以看出,随着覆土厚度的增加,孔隙度减小,符合对数方程 $y = -1.78\ln x + 53.76$, $R^2 = 0.974$ (y 为孔隙度,% ; x 为覆土厚度,cm)。

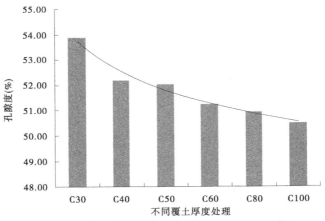

图 4-24　底层土壤孔隙度在各处理下的变化趋势

4.1.3.5　紧实度动态变化

紧实度过大的土壤不利于通气漏水,也不利于作物根系的延伸及营养物质的摄取;如果紧实度过小,则易漏水漏肥,不仅造成浪费,还容易引起水体污染、作物扎根困难等现象。所以,合适的土壤紧实度对作物生长极为重要。

从 2012 年 6 月开始,每年测定一次紧实度。图 4-25 为各处理下紧实度随时间的变化趋势。处理 1 下,表层 0～10 cm 土层紧实度随时间的推移先增大后减小,10～20 cm 土层紧实度随时间的推移而减小,20～30 cm 土层紧实度随时间的推移先减小而后缓慢增大;处理 2 下,表层 0～10 cm 土层紧实度随时间的推移先增大后减小,10～20 cm 土层紧

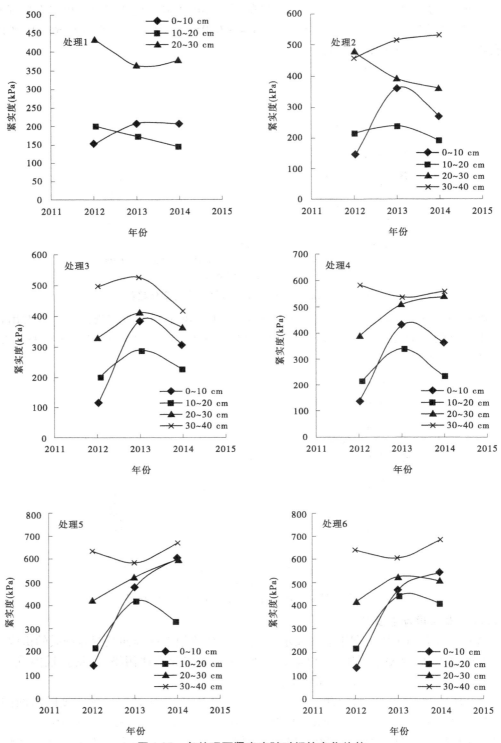

图 4-25 各处理下紧实度随时间的变化趋势

实度随时间的推移变化趋势较平缓,具体表现为先增大后减小,20～30 cm 土层紧实度随时间的推移而减小,30～40 cm 土层紧实度随时间的推移而缓慢上升;处理 3 下,表层 0～10 cm 土层、10～20 cm 土层、20～30 cm 土层、30～40 cm 土层紧实度均随时间的推移先增大后减小;处理 4 下,表层 0～10 cm 土层、10～20 cm 土层紧实度均随时间的推移先增大后减小,20～30 cm 土层紧实度随时间的推移而增大,30～40 cm 土层紧实度随时间的变化趋势较平缓,具体表现为先减小后增大;处理 5 下,表层 0～10 cm 土层紧实度随时间的推移而增大,10～20 cm 土层紧实度随时间的推移先增大后减小,20～30 cm 土层紧实度随时间的推移而增大,30～40 cm 土层紧实度随时间的推移先减小后增大;处理 6 下,表层 0～10 cm 土层紧实度随时间的推移而增大,10～20 cm 土层紧实度随时间的推移先增大后减小,20～30 cm 土层紧实度随时间推移的变化趋势较平缓,具体表现为先增大后减小,30～40 cm 土层紧实度随时间的变化趋势较平缓,具体表现为先减小后增大。

综上所述,覆土厚度不小于 40 cm 时土壤紧实度均表现为底层(30～40 cm)最大,这样有利于保水保肥,便于作物根系扎稳。

图 4-26 为表层(0～10 cm)土壤紧实度随覆土厚度不同的变化趋势。可以看出,随着覆土厚度的增加,紧实度增大,符合幂方程 $y = 185.6x^{0.413}$,$R^2 = 0.932$(y 为紧实度,kPa;x 为覆土厚度,cm)。

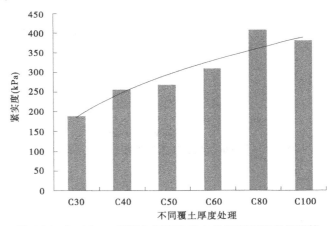

图 4-26　0～10 cm 表层土壤紧实度在各处理下的变化趋势

图 4-27 为 10～20 cm 土层土壤紧实度随覆土厚度不同的变化趋势。可以看出,随着覆土厚度的增加,紧实度增大,符合多项式 $y = 2.211x^2 + 20.02x + 156.1$,$R^2 = 0.986$($y$ 为紧实度,kPa;x 为覆土厚度,cm)。

图 4-28 为 20～30 cm 土层土壤紧实度随覆土厚度不同的变化趋势。可以看出,随着覆土厚度的增加,紧实度的变化规律不明显,在覆土厚度为 80 cm 时达到最大值 516.51 kPa,覆土厚度为 50 cm 时出现最小值 368.59 kPa。

图 4-29 为 30～40 cm 土层土壤紧实度随覆土厚度不同的变化趋势。可以看出,随着覆土厚度的增加,紧实度增大,符合多项式 $y = 4.206x^2 + 9.844x + 446.7$,$R^2 = 0.881$($y$ 为紧实度,kPa;x 为覆土厚度,cm)。

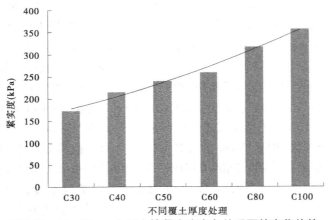

图 4-27 10～20 cm 土层土壤紧实度在各处理下的变化趋势

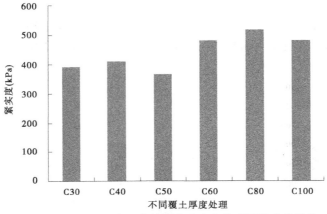

图 4-28 20～30 cm 土层土壤紧实度在各处理下的变化趋势

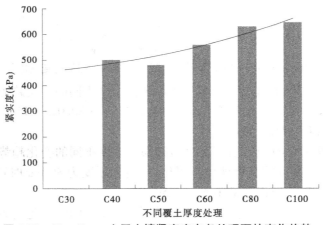

图 4-29 30～40 cm 土层土壤紧实度在各处理下的变化趋势

4.2 表层侵蚀分析

土壤侵蚀过程实际上是地表土层在自然外力作用下发生土体空间位置变化的过程,物质与能量变化作为其根本原因贯穿作用于整个过程。这个过程作用的结果导致土壤发生分散、输移、沉积。

土壤侵蚀是水流和土壤相互作用的复杂物理过程(吴普特等,1996),径流和土壤是水土流失的2个基本因子(雷俊山等,2004)。据多年研究,坡面径流是造成水土流失的主导因子,同时坡面径流的冲刷力是土壤侵蚀的主要动力(刘青泉等,2004)。对坡面径流水力学特性的研究一直受到国内外学者的普遍重视,并取得了一些研究成果,但在土地整治项目中的研究很少,尤其针对旧河道荒石滩的研究更加匮乏。

旧河道荒石滩在土地整治过程中需要大量覆土,但由于雨水冲刷、渗流、重力等因素的影响,覆盖的客土存在渗漏失稳的问题,覆土后的区域常常发生较为严重的表层侵蚀现象,以至于原本平整的地面变得沟壑纵横,不仅难于利用,而且还会带来巨大的经济损失。本节通过设计冲刷试验,研究荒石滩土地整治中覆土后的表层侵蚀规律,为有效减缓和防止该问题的发生提供理论依据。

4.2.1 试验设计

试验装置主要由供水管、支架、水箱、静水室和钢制冲刷槽(1 m × 0.5 m × 0.3 m)组成。水流先进入静水室,然后均匀分散地从坡面流下。试验土壤采用陕北高原与关中平原交界带的褐土,试验开始前测定土壤质地、全氮等基本理化性质。冲刷流量参考当地降水特性、径流形成情况及前人对于降水侵蚀的研究,结合冲刷槽的尺寸,设计放水流量分别为 2 L/min、4 L/min、6 L/min、8 L/min 和 10 L/min,冲刷时间以不产生细沟为宜,设计 3 个坡度,分别为 5°、10°、15°;3 个容重,分别为 1.2 g/cm³,1.4 g/cm³,1.6 g/cm³,以 1.2 g/cm³ 容重作为对照。

装土前,在槽底垫一层厚度为 5 cm 的天然砂砾,以模拟荒石滩地层结构,同时保证土壤的透气透水接近天然状况。将采集的土壤经过 1 cm² 孔径的筛子,然后根据其含水量,由试验槽容积和控制容重计算出填土量,称取所需的土量并开始装填,每种处理均采用分层装填,对不同设计容重的土样处理如下:1.2 g/cm³ 土样用脚踩实,1.4 g/cm³ 土样用砖拍实,1.6 g/cm³ 土样用石夯人工夯实,土槽的边缘要用力压实。

为保证每次试验的初始条件基本一致,消除坡面表面处理的差异性,试验开始前先用洒水器均匀地在试验土表面洒水,洒水量控制在土壤表面达到充分饱和但又没有达到产流的程度。冲刷开始后,每分钟取一次径流泥沙样。每次试验后,用量筒测定各个样品的体积,用比重瓶法测定各个样品的泥沙量(刘小勇,2000)。

比重瓶法测泥沙含量的计算公式如下:

$$S_i = 1\,000 G_i / V_0 \qquad G_i = (W_i - W_0) V_0 / (V_s - V_0) \tag{4-3}$$

式中 S_i——i 时刻含沙量,kg/m³;

G_i——i 时刻浑水样中泥沙重,g;

V_0——比重瓶容积,mL;

W_i——i 时刻浑水加比重瓶重,g;

W_0——i 时刻清水加比重瓶重,g;

V_s、V_0——泥沙和水比重。

4.2.2 研究内容

4.2.2.1 不同容重覆土的水力学参数特征及产沙规律

通过冲刷试验,研究荒石滩在土地整治中表层不同容重的回填土壤对水力侵蚀的影响,分析其产沙量的变化特征。

4.2.2.2 不同放水流量条件下回填土的入渗产流机理,以及径流汇流量与侵蚀产沙量的关系

在放水过程中,坡上方水流不仅会影响坡下方的入渗、产流能力,还会影响坡面的径流挟沙能力和侵蚀产沙量。通过设计不同的流量对坡面进行放水冲刷,分析其在放水过程中土壤水分的变化特征,得出不同流量对土壤入渗及产流的影响规律。根据水分平衡公式可知,放水量为径流量、入渗量与蒸发量之和,由于水分蒸发量与径流量和入渗量相比很小,故此处忽略水分蒸发量,土壤入渗率 i 可通过下式计算:

$$i = \frac{1\,000(Q - R)}{St} \tag{4-4}$$

式中 i——单位时间单位面积上土壤水分下渗的深度,mm/min;

Q——放水量,m³;

R——径流量,m³;

S——小区面积,m²;

t——放水时间,min。

4.2.2.3 不同坡度下坡面层水流特征及其对产沙量的影响

通过测定水温、水流流速、水流过水断面面积及深度,计算表征水流形态及流动形态的雷诺数(Re),计算公式为:

$$Re = VR/u \tag{4-5}$$

因水力半径 $R = h$,所以

$$Re = Vh/u$$

式中 u——水流动力黏滞系数,m²/s;

V——断面平均流速,m/s;

h——水深,m。

根据测定结果,分析不同坡度下的侵蚀产沙量。

4.2.3 结果与分析

4.2.3.1 土壤容重对水力侵蚀产沙量的影响

表 4-4、图 4-30 ~ 图 4-32 反映了土壤容重对产沙量的影响。从表 4-4 可以看出,容重越大,产沙量越大,特别是当放水量和坡度较大时,产沙量随容重增加的现象更为明显。

在放水量较小的情况下,容重为 1.4 g/cm³ 的土样在 5°、10°、15°坡面的产沙量与 1.2 g/cm³ 的土样产沙量相差不大。当放水量达到 8 L/min 时,1.4 g/cm³ 的土样在 5°、10°、15°坡面的产沙量比 1.2 g/cm³ 的土样产沙量分别增加了 13.9 g、33.4 g 和 33.8 g,1.6 g/cm³ 的土样在 5°、10°、15°坡面的产沙量较 1.4 g/cm³ 的土样分别增加了 162.7 g、228.0 g 和 412.6 g。

由此可见,容重增大,产沙量增加,当容重由 1.4 g/cm³ 增加到 1.6 g/cm³ 时,产沙量增加了 2~3 倍,而当坡度、放水量为试验设计中的最大值时,1.6 g/cm³ 的土样坡面产沙量比 1.2 g/cm³ 和 1.4 g/cm³ 的土样坡面产沙量增加了 5~6 倍。图 4-30~图 4-32 也说明了同样的问题,容重越大,土壤抗冲性越大,抵抗侵蚀能力越强,但同时土壤入渗量减少,径流量增加,径流流速加快,径流冲刷力增大。容重越大,地表越紧实,水流浸润表层土体后,进一步向深层入渗的能力急剧减小,径流量增加,侵蚀冲刷力增强,从而导致产沙量增加。

表 4-4　不同容重、不同放水量、不同坡度的土壤坡面产沙量　　　　　（单位:g）

放水量 (L/min)	容重(1.2 g/cm³)			容重(1.4 g/cm³)			容重(1.6 g/cm³)		
	5°	10°	15°	5°	10°	15°	5°	10°	15°
2	10.1	9.6	14.6	8.6	9.4	22.8	155.5	46.1	91.4
4	64.6	88.8	88.8	79.7	61.0	79.7	132.2	121.2	186.2
6	76.1	78.7	92.9	62.9	94.8	150.2	148.1	182.9	274.8
8	80.9	79.9	79.9	94.8	113.3	113.7	257.5	341.3	526.3
10	88.1	70.3	196.8	72.2	145.0	239.5	259.7	673.2	1 079.3

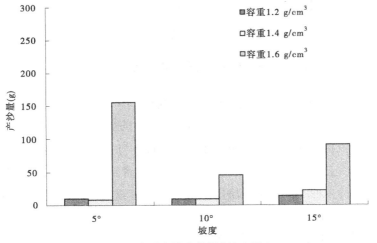

图 4-30　不同容重土壤产沙量(放水量 2 L/min)

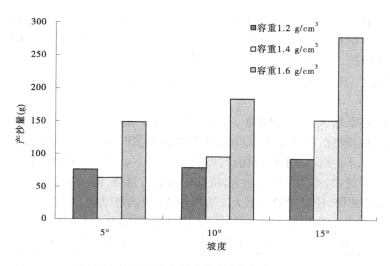

图 4-31　不同容重土壤产沙量(放水量 6 L/min)

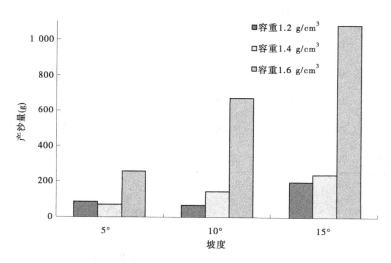

图 4-32　不同容重土壤产沙量(放水量 10 L/min)

4.2.3.2　土壤入渗量的变化及径流对产沙量的影响

由试验结果可以得出,在相同放水流量下,容重小的坡面土壤入渗率一般要高于容重大的坡面,在放水流量较小(<4 L/min)时,1.4 g/cm³ 与 1.2 g/cm³ 土壤的入渗速率相差不大,但 1.6 g/cm³ 土壤的入渗速率要明显减小,前两者是后者的 1.2 ~1.5 倍;当放水流量大于 8 L/min 时,三种不同容重土壤的入渗速率随容重的增大表现出减小的趋势,说明试验土壤入渗速率受下垫面条件的影响较大,容重较大的土壤,其结构相对密实,孔隙率小,入渗能力较弱,容重小的土壤,其结构相对松散,孔隙率大,入渗能力较强。另外,随着放水流量的增加,各坡面不同容重土壤入渗率均呈现增加趋势,且容重较小坡面土壤入渗率的变化程度大于容重较大的坡面,这主要是因为放水强度超过土壤入渗能力后产生超

渗产流,土壤在蓄水未达到饱和之前,放水流量增加,入渗率随之增加,说明选用的回填客土在试验条件下的产流方式属超渗产流,当放水流量较大,相当于降雨强度高于土壤入渗能力时,坡面即开始产流。该土壤入渗过程可概化为如图 4-33 所示的曲线(吴普特等,1996)。

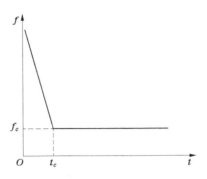

图 4-33　土壤入渗过程概化曲线

　　由图 4-34 ~ 图 4-36 可以看出,放水流量越大,侵蚀产沙越严重,下垫面容重在 1.4 g/cm³ 以下时,放水流量对产沙量的影响较小,且容重 1.2 g/cm³ 的产沙量比 1.4 g/cm³ 的产沙量略小,当容重在 1.6 g/cm³ 以上时,放水流量对产沙量的影响显著,产沙量与流量比值的斜率明显变大。因为随着放水流量的增加,坡面产生的径流量也开始增加,径流冲刷力增强,侵蚀产沙量增加。

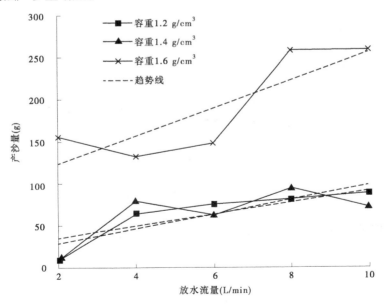

图 4-34　不同径流下的产沙量(坡度 5°)

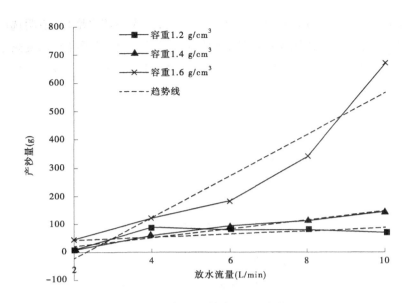

图 4-35　不同径流下的产沙量(坡度 10°)

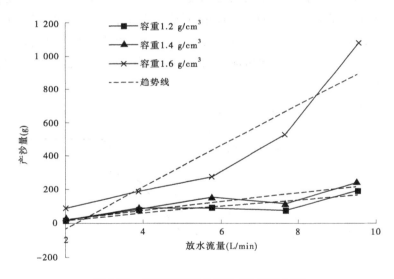

图 4-36　不同径流下的产沙量(坡度 15°)

4.2.3.3　不同坡度下坡面水流特征及其对产沙量的影响关系

雷诺数(Re)是水流运动状况的重要判别依据(马萍,2010)。由试验结果可以得出,在 5°、10°、15°三种坡度下,雷诺数的范围为 37.65 ~ 390.78,$Re_{max} \leqslant 500$,因此试验中的水流均属层流流动范畴,坡面变陡、放水量变大虽然在一定程度上会增加对水流的扰动作用,但在 15°坡度、10 L/min 放水流量以下,基本上仍以层流运动为主,即水流运动波只会沿着水流流动的方向传播,而不会逆流而上。其间没有涡流产生,亦不具备将泥沙悬浮在水流之中的能力,因此坡面薄层水流侵蚀所产生的泥沙,其输移方式只能是推移运动。

坡度是影响侵蚀产沙的重要因子,许多文献已提及其对产沙的影响,在本次试验中,相对于产汇流来说,坡度对产沙量的影响是十分显著的。从图 4-37 ~ 图 4-39 可以看出,产沙量随着坡度的增加而增大,且此特征在容重最大的 1.6 g/cm³ 时表现尤为明显。整体来看,10°坡的产沙量是 5°坡的 1.2 ~ 2 倍,15°坡的产沙量是 5°坡的 3 ~ 5 倍。从结果可以看出,坡度越大,产沙量越多,放水流量越大,随坡度的增加产沙量增加越快。由于试验只设置了 3 种坡度,所以对客土土壤侵蚀产沙是否存在临界坡度尚需进一步研究。

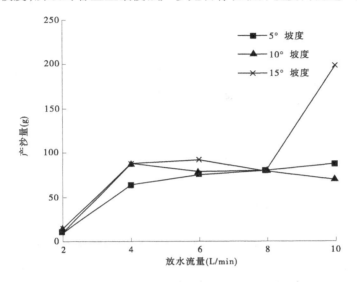

图 4-37　不同坡度下的产沙量(容重 1.2 g/cm³)

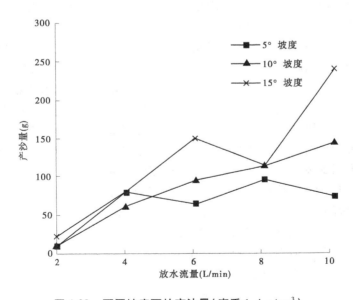

图 4-38　不同坡度下的产沙量(容重 1.4 g/cm³)

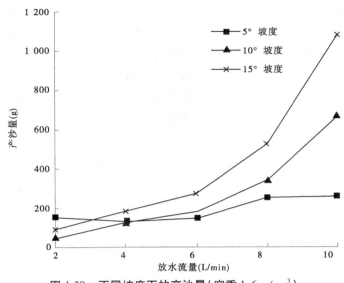

图 4-39　不同坡度下的产沙量（容重 1.6 g/cm³）

4.3　提高稳定性的技术措施

要提高荒石滩土壤稳定性，首先要提高其土壤结构的稳定性。土壤结构是维持土壤功能的基础。表层土壤结构在雨水打击等作用下受到破坏，土壤团聚体破碎产生更小的可移动的颗粒，不仅易在土壤表面形成土壤结壳，而且会导致土壤团聚体构成比例失调以及团聚体稳定性下降，从而进一步加剧地表径流和土壤侵蚀，破坏土壤水热传输过程和养分保持供应过程（彭新华等，2004）。

土地利用和土壤管理会影响土壤结构及其性质，土壤结构是由矿物颗粒和有机物等土壤成分参与，在干湿冻融交替等自然物理过程作用下形成不同尺度大小的多孔单元（Dexter，1988），具有多级层次性。土壤结构中最低层次是单个土壤矿物颗粒，比如黏粒、粉粒和砂粒。单个土壤矿物颗粒在有机物等胶结作用下形成较小（低层次）的微团聚体，同时在单个土壤矿物颗粒之间产生微小的孔隙。许多微团聚体在生物和物理因素作用下进一步形成较大（高层次）的团聚体，在微团聚体之间产生更多的孔隙。相反，土壤的破碎过程首先是大团聚体在外界应力作用下沿孔隙构成的脆弱面（Failurezone）产生次一级的小团聚体，在外力的继续作用下，小团聚体最终分散成土壤单个矿物颗粒（Oades，1991）。土壤结构的一个重要性质是土壤稳定性。土壤结构的稳定性根据土壤抵御外界破碎应力的大小而定，通常包括土壤机械稳定性和土壤团聚体的水稳定性。水土流失作用过程中土壤破碎有三种作用机制（Le Bissonnais，1996）：①糊化作用（Slaking），是模拟团聚体在湿润过程中因孔隙中空气受压缩膨胀而破碎；②非均匀膨胀作用，是模拟团聚体湿润后因矿物非均匀膨胀破裂；③机械破碎作用，是模拟团聚体因雨滴打击、耕作等外力作用导致破碎。据此，Le Bissonnais 设计出快湿润、慢湿润和湿润条件下的机械震荡来评价不同破碎机制的土壤团聚体稳定性，其中在非膨胀土壤中，快湿润（或糊化作用）下土壤稳定性指标值对土地利用方式最敏感（Le Bissonnais,1996；Zhang,2001；彭新华等，2003）。

土壤的稳定性是通过化学或物理方法来改变土壤性能进而提高的,从而保证土壤的工程质量。其主要目的是增强土壤的承载能力、对风化过程的抵抗能力和土壤渗透性。为了确保土壤的良好稳定性,特别是当土壤高度活跃时,土壤稳定技术是必不可少的,这样才能稳定支撑上部结构的荷载。有人研究提出可利用石灰来提高土壤稳定性（吕明,2014）。

含有明显的泥沙层和黏土层的土壤,其土质特性已经发生了改变,如在有水的情况下,土壤膨胀、具有可塑性,干燥时土壤收缩,暴露在寒冷环境下时土壤会扩张。在这种土壤下进行施工,现场运输成为棘手的问题,换句话说,通常其是很难利用的。用石灰处理过的土壤,就可以用来建设路基或建筑物的地基,避免了高价的挖掘操作和运输。石灰能明显地改变土壤的性质,使之保持长久的强度和稳定性,特别是在有水和寒冷的条件下。土壤的矿物性能决定了它与石灰的反应程度和形成稳定层的最终强度（吕明,2014）。

4.3.1 利用石灰提高土壤稳定性（见图4-40）

4.3.1.1 松土和初粉碎

把土壤翻成一道道并分级后,地基松土成指定的深度和宽度进而局部粉碎。除土壤材料外,最好把3英寸（1英寸＝2.54 cm）以上的杂物移除。地基在松土或者粉碎后能提供更多的土壤表面接触面积与石灰反应。

4.3.1.2 撒布石灰

广泛地松土并且用卡车分散撒泥浆。因为泥浆中的石灰比干石灰更松散,一般用2个或者更多的通孔来喷洒定量的石灰柱。为了避免流失和石灰顺向分配不均匀,每次喷洒后泥浆立即和泥土混合。

4.3.1.3 预混合和洒水

预混合是将石灰分撒遍布在土壤上,然后粉碎土壤并添加水,开始稳定性的化学反应。在此过程开始后立即添加水以保证完全的水化反应和高质量的稳定过程。

4.3.1.4 最后混合和粉碎

为了获得完全的稳定性,需将泥土充分粉碎并将石灰分撒到土壤上。

4.3.1.5 压缩

混合后用羊足式压路机或者震动脚板式压路机尽快地进行初压缩。定型后,采用滚筒式压缩机最后压实。选用与施工部分深度相匹配的设备。

4.3.1.6 最终固化

在铺设路基（或路面底层）的下一层之前,确保压实的地基（或路基）足够硬,以保证装载卡车碾压时无车辙。在此期间,用石灰处理的土壤表面应保持潮湿以增加强度,此过程为硬化过程,可通过下面两种方式实现:①潮湿硬化,是指保持表面在潮湿的环境中,必要时通过少量的喷洒和碾压完成;②薄膜硬化,是指在压紧层涂上一层或者多层沥青,最好盖上乳胶。

图 4-40 利用石灰提高土壤稳定性

4.3.2 营造农田防护林

农田防护林虽不能直接提高土壤的稳定性,但可以通过在土壤周围建立保护墙来防止土壤侵蚀和水土流失。农田防护林是最主要的防控土壤风蚀的生物措施,兼有改善农田小气候以及为动物提供良好生境的功效,但有争地、争水、遮阴之不足。防护林带按透风孔隙的大小、数量和分布的状况分紧密、疏透和透风等3种基本结构类型。就防风蚀的效果而言,在3种基本结构林带中,疏透结构和带灌木的透风结构林带较好,不带灌木的透风结构和紧密结构较差。在树种选择上,该标准要求坚持乡土树种优先和适地适树原则,同时注重混交搭配,充分利用土壤不同层次营养,提高土地利用率(见图4-41)。

4.3.3 下层土壤夯实,提高土壤稳定性

若土壤和砾石界面出现一层致密层,且上层土壤能够满足作物生长厚度,则有利于保持土壤水分和养分,有利于作物生长。因此,在砾石层表面形成一个致密层是保证并提高耕作层稳定性的重要措施。一方面,可以在砾石层表面覆盖细小砾石,填充大砾石缝隙,以减小孔隙度;另一方面,可以碾压夯实下层土壤,使其固结在砾石周围,减小砾石孔隙,以减少水土流失。具体操作时,应对砾石表面的底层土壤进行充分碾压夯实(见图4-42),使其容重达到$1.5 \sim 1.6 \ g/cm^3$,以充分防止土壤、水分和养分的流失,上层覆土可相对疏松,防止作物生长产生胁迫。如此形成的耕作层可提供给作物足够的生长空间及生长所需的水分和养分。

4.3.4 坡度、坡降等的合理设计

坡度和坡降应根据土地实际条件进行设计,因地制宜。合理的坡度能有效防止水土流失,在一定程度上可有效减少水流对底层裸岩石砾层的冲刷,从而能间接地保证耕作层的稳定性。在石块与土壤之间建立减少养分、水分及土壤下降的阻碍网,既可在石块表层

图 4-41　农田防护林网

图 4-42　夯实后的土壤

铺设一定厚度的小石粒,满足土壤与下层石块之间的水、肥、气和热的流通,又能防止水土流失及土壤下沉。

4.3.5　合理的耕作,可减少水土的流失

对土壤层进行合理的轮耕处理,可有效减小上层土壤容重,增加土壤孔隙度,提高耕作层土壤保水保肥的能力,达到作物增产的效果。在作物生长时期,该处理可促进种子发芽,并且能为种子生长提供合适的种床,有利于作物根系的深入和固土,能有效减少土壤下沉、流失及漏水漏肥现象。

4.3.6 作物轮换种植

作物轮换种植,对土壤的利用及黏结作用都会产生不同的影响。在不同作物种植时期,作物根系的多少及长度不同,对土壤会产生不同的化学和生物作用。不同时期在保证土壤肥力的情况下,作物的种植会使土壤黏结,从而减少土壤流失,如在有些地方可通过秸秆覆盖来增加土壤中有机碳、微生物等有利于土壤稳定的物质。

4.3.7 动态设计、信息化施工

荒石滩耕作层勘察常因自身的复杂性而难以达到准确无误的效果,并为设计的精确性带来困难,因此有必要遵循"动态设计、信息化施工"的原则,即根据施工开挖情况,发现与勘察不符时,及时修改设计,保证设计的准确性,达到尽量保证耕作层稳定性的目的(穆鹏,2014)。

4.3.8 保证良好的地表排水系统

要保证荒石滩耕作层稳定,理论上应提前做好地表排水系统(见图4-43),最好在旱季施工,对荒石滩进行整治,避免降雨对荒石滩耕作层稳定性的影响。合理安排施工顺序,避免使耕作层或者底层土壤产生新的沉降和侵蚀(穆鹏,2014)。

图 4-43 农田排水沟

第5章 荒石滩整治评价体系研究

合理利用土地和切实保护耕地是我国土地的基本国策,土地整治是保护我国耕地资源的必然之路。近年来,土地整治已由单纯的农用地整治转变为集土地整治、土地开发和土地复垦于一体的综合性土地整治,不仅注重耕地的数量,而且要求耕地的质量不降低。2014年,中央对土地整治工程的重视提到了一个前所未有的高度,各级领导在多种场合和会议中对土地整治工程建设,特别是新增耕地质量问题提出了更高、更严的要求。鉴于此,开展土地整治评价研究,完善土地整治评价体系,促进土地整治评价研究科学化、规范化、系统化,是推动土地整治快速发展的有力保障。

5.1 评价指标及体系建立

5.1.1 土地整治评价范畴

土地整治评价按时间可分为整治前评价和整治后评价,按照类型可分为土地质量评价、土地潜力评价、土地适宜性评价、土地利用可持续性评价、土地生态评价和土地经济评价等(苗慧玲等,2013)。

5.1.1.1 土地质量

现阶段土地质量评价在土地整治中的运用主要体现在实施土地整治后对耕地质量的评价。一方面,研究者从不同角度研究了土地整治后的耕地质量评价,通过参考农用地分等中的土地自然质量指数、土地经济指数、土地利用指数等的确定方法,将这些指数结合ArcGIS等软件应用于整治后耕地质量评价,有利于构建宏观尺度的土地整治质量评价方法,同时便于构建耕地等级折算体系(金晓斌等,2006);另一方面,研究者不仅考虑农用地自然质量等,而且以省级标准样地利用水平为基础,建立新增耕地土地利用系数计算模型,计算新增耕地利用系数,使整治效果在土地自然质量评价中得到明确表达。

5.1.1.2 土地潜力

土地潜力评价指依据土地的自然性质(土壤、气候或地形等)及其对土地的某种持久利用的限制程度,就土地在该种利用方面的潜在能力作出等级划分。研究者主要从潜力评价指标体系构建、评价方法方面进行研究,尤其注重农村居民点用地的整治潜力研究。在土地整治潜力评价方面,从耕地整治、未利用地开发、废弃地复垦及农村居民点整治等角度出发,运用AHP和熵权法对整治潜力进行评价。在耕地潜力评价方面,从耕地整治的自然潜力、现实潜力和可持续等角度构建整治耕地的潜力测算指标体系。

5.1.1.3 土地适宜性

土地适宜性评价是根据土地的自然和社会经济属性,研究土地对预定用途的适宜性、适宜程度及其限制状况,是开展土地整治工作的前提条件。不同学者从土地复垦、农村居民点整治等方面进行了研究。在土地复垦方面,从土地破坏程度调查、土地稳定性、环境影响、工程适宜性等对矿区土地复垦工程的可行性进行分析,根据不同形式的土地损毁现状划分评价单元,选取可复垦的主导因素,运用多因素综合评价法进行评价,为土地复垦规划设计提供依据。在农村居民点整治方面,结合新农村建设,从生态、生产和生活方面构建农村居民点用地的适宜性评价指标体系,利用生态位原理计算各指标生态位适宜度值,结合 GIS 技术运用生态位适宜度模型进行综合评价,为土地整治的时空分布决策提供依据(曲衍波等,2010)。

5.1.1.4　土地整治综合效益评价

土地整治综合效益评价,是在土地整治实施后,为衡量土地整治项目的效益,并为以后土地整治项目决策提供理论依据,主要从土地整治的经济、社会和生态三个方面,建立相应的评价指标体系,收集有关数据,运用科学、有效的评价方法,在土地整治前征求专家意见,征求民意和汇集民智,在土地整治实施过程中,结合相关的措施和政策,对土地整治进行综合反馈。

5.1.1.5　其他

根据土地整治的需要进行时序评价、监测评价、安全性评价、开发利用评价等。

5.1.2　评价体系设计的依据

国土资源部颁布的《土地开发整理项目验收规程》体现的一个基本原则是因地制宜,即新增耕地的综合质量不得低于当地耕地的平均水平,限制性因素指标不得低于当地耕地可耕种的平均水平。根据这一原则,在调查研究的基础上,参照《土地开发整理项目验收规程》和《农用地分等定级规程》的相关规定以及农业生产对耕地的要求,构建了新增土地质量评价体系(韩霁昌,2004)。

5.1.3　评价指标选取

5.1.3.1　指标遴选原则

1. 系统性原则

土地整治效益评价体系涉及经济、社会和生态等多方面内容,需要充分考虑全局各个因素,构建一个综合、完整的体系。从系统的观点出发,要求评价指标能够较全面地反映土地整治的各个方面,并使各项评价指标有机联系起来,客观反映系统发展的状态(Demetriou et al,2012)。只有结合区域化特点并与经济、土地资源相结合,才能给土地整治带来综合效益。

2. 全面性原则

土地整治效益评价是一种综合效益评价,它是对一定区域内各个方面的综合考察,选取的指标要能全面具体地反映经济、社会、生态等总体状况,力求全面地表达出各个因素的主要方面和内在联系。另外,选择指标不但要反映主导因素在评价体系中的地位,而且要体现非主导因素对评价体系的影响。

3. 科学性原则

评价体系要具有说服力,就要以科学理论为依据,评价指标要具有代表性且意义明确,避免相互重叠,既要求体系能客观反映土地利用的基本特征,又要以公认的理论为依托,定性分析和定量分析相结合,避免盲目随意分析;计算方法要规范标准,符合所在区域的自然条件和资源环境,因地制宜地进行评价。相应指标值的采集要准确、充分,能够真实地反映整理区的状况(Djanibekov et al,2012)。

4. 主导性原则

影响土地整治经济、社会和生态效益的评价因素很多,对于不同地域而言,各影响因素重要性不尽相同,所以要对影响评价系统的主导性因素进行重点分析。

5. 可操作性原则

指标体系要便于操作,要求选取指标准确可靠,数据易量化,对于难以收集统计的数据暂时放弃,抓住主要因素,有针对性地选择有用的指标,降低信息冗余度,建立方便快捷的指标体系。模型应该具有可比性,易于推广使用,能对不同地区土地整治的效益作出客观评价(张敬,2014)。

5.1.3.2 评价指标体系与指标值的确定

土地整治质量评价属于多目标多层次评价,由于目标类别不统一,指标属性具有多样性,评价指标与评价方法的构建和定量化评价的实现始终是个难点。目前,对土地工程质量进行系统和全面评价的方法是国土资源部制定的农用地质量分等定级评价方法。该方法利用 AEZ 原理,主要从核算耕地的生产潜力出发,从自然条件和经济条件两方面评估耕地的质量等级。此方法得到了普遍的应用,更适合较宏观层面上的耕地质量等级评价。在其他评价方法中,许多专家、学者也进行了大量的探索,大多是为了解决质量评价多目标多层次、评价对象定性难量化等问题,大量引用数学方法进行定量化评价研究。目前,主要采用的评价方法有综合指数法、层次分析法、德尔菲法、模糊综合评价法、回归分析法、成功度法、多目标决策法、预测树法、权重指数法、综合指数计算法、多因素综合分析法、主成分分析法、模糊神经网络模型法、传统市场法、替代市场法等(鞠正山等,2012)。

评价指标主要包括土地整治工程质量、田间土壤质量、农业生产条件、资源利用集约程度等要素(韩霁昌,2013)。

1. 土地整治工程质量(P_1)

土地整治工程质量指标分为土地平整工程质量、田间道路工程质量、灌排渠系工程质量、农田防护与生态环境保持工程质量四项。土地平整工程质量主要从田块平整程度、连片程度、田面坡比等因素考虑;田间道路工程质量主要从道路宽度、分层厚度、压实度、平整度等因素考虑;灌溉与排水工程质量主要从灌溉保证率、排水条件、水源出水量等因素考虑;农田防护与生态环境保持工程质量主要从农田防护、生态环境保持等因素考虑。

2. 田间土壤质量(P_2)

田间土壤质量分为有效土层厚度、土壤有机质指数、土壤剖面构型、土壤主要障碍因子治理等指标。

其中:

$$有效土层厚度(P_{21}) = \begin{cases} 1, 有效土层厚度 \geqslant 60 \text{ cm} \\ \dfrac{有效土层厚度}{标准值}, 有效土层厚度 < 60 \text{ cm} \end{cases} \quad (5\text{-}1)$$

评价标准:以 60 cm 有效土层厚度或当地同等条件下平均有效土层厚度为标准值判定整治后有效土层厚度情况。有效土层厚度评价等级(P_{21}):a. $P_{21} \geqslant 1$;b. $0.8 \leqslant P_{21} \leqslant 1$;c. $P_{21} < 0.8$。其中,a 表示满足,b 表示基本满足,c 表示不满足。

$$土壤有机质指数(P_{22}) = \begin{cases} 1,实测土壤有机质含量 \geqslant 1\% \\ \dfrac{实测土壤有机质含量}{标准值},实测土壤有机质含量 < 1\% \end{cases}$$

(5-2)

评价标准:以 1% 的土壤有机质含量或以当地同等条件下的平均土壤有机质含量为标准值判定整治后土壤有机质指数情况。土壤有机质指数评价等级(P_{22}):a. $P_{22} \geqslant 1\%$;b. $0.6 \leqslant P_{22} < 1\%$;c. $P_{22} < 0.6\%$。其中,a 表示满足,b 表示基本满足,c 表示不满足。

3. 农业生产条件(P_3)

农业生产条件分为灌溉保证率、机械化耕作满足率和防洪排水能力等指标。

其中:

$$灌溉保证率(P_{31}) = \frac{m}{n+1} \times 100\%$$

(5-3)

其中,m 为有灌溉保证的年份;n 为总年份。

评价标准:灌溉保证率评价等级(P_{31}):a. $P_{31} \geqslant 75\%$;b. $50\% \leqslant P_{31} \leqslant 75\%$;c. $P_{31} < 50\%$。

$$机械化耕作满足率(P_{32}) = 满足机械化耕作的田块数量/项目区田块总数 \quad (5-4)$$

评价标准:满足机械化耕作田块的标准是长不小于 100 m,宽不小于 20 m。机械化耕作满足率评价等级(P_{32}):a. $P_{32} \geqslant 0.9$;b. $0.6 \leqslant P_{32} < 0.9$;c. $P_{32} < 0.6$。其中,a 表示满足,b 表示基本满足,c 表示不满足。

4. 资源利用集约程度(P_4)

项目资源利用集约程度分为田坎系数指数、灌溉水利用系数和单位面积能耗指数等指标。

其中:

$$田坎系数指数(P_{41}) = 整治后田坎系数 / 整治前田坎系数 \quad (5-5)$$

田坎系数评价等级(P_{41}):a. $P_{41} < 0.85$;b. $0.85 \leqslant P_{41} < 1$;c. $P_{41} \geqslant 1$。其中,a 表示土地利用率提高,田块规模扩大显著,b 表示田块规模中等,c 表示田块规模小,土地利用程度降低。

5. 区域耕地资源保障能力(P_5)

区域耕地资源保障能力分为土地整治面积、新增耕地面积、耕地质量提升等级(粮食生产能力提高率)等指标。

其中:

$$耕地质量提升等级(P_{53}) = 整治前农用地等级(P_{53前}) - 整治后农用地等级(P_{53后})$$

(5-6)

评价标准:耕地质量提升等级(P_{53}):a. $P_{53后} \leqslant 8$ 或 $P_{53} \geqslant 2$;b. $9 \leqslant P_{53后} \leqslant 12$ 或 $P_{53} = 1$;c. $P_{53后} \geqslant 13$ 或 $P_{53} < 1$。其中,a 表示高等地,b 表示中等地,c 表示低等地。

6. 社会效益(P_6)

社会效益分为国内生产总值贡献量、新增耕地保障人数和公众满意度等指标。

其中：

$$国内生产总值贡献量(P_{61}) = 项目总投资额 \qquad (5-7)$$

$$新增耕地保障人数(P_{62}) = 项目新增耕地面积/项目所在县域人均耕地 \qquad (5-8)$$

$$公众满意度(P_{63}) = \frac{s}{P} \times 100\% \qquad (5-9)$$

其中，s 表示项目建设整体上感到满意的社会公众数；P 表示项目区的总人数。

7. 生态环境质量(P_7)

生态环境质量分为土壤侵蚀治理率、生态用地保护率、土壤污染分级指数、项目对生态环境稳定性影响等指标。

其中：

土壤侵蚀治理率(P_{71}) = (1 - 整治后土壤侵蚀模数/整治前土壤侵蚀模数)

或　　　　土壤侵蚀治理率(P_{71}) = 已经整治的土地面积/土地整治项目总面积　　(5-10)

评价标准：土壤侵蚀治理率评价等级(P_{71})：a. $P_{71} \geq 0.8$；b. $0.5 \leq P_{71} < 0.8$；c. $0 \leq P_{71} < 0.5$；e. $P_{71} < 0$。其中，a 表示有效治理，b 表示一定程度治理，c 表示无效治理，e 表示恶化。

$$生态用地保护率(P_{72}) = 整治后生态用地/整治前生态用地 \qquad (5-11)$$

评价标准：生态用地保护率评价等级(P_{72})：a. $P_{72} \geq 0.9$；b. $0.8 \leq P_{72} < 0.9$；c. $0.6 \leq P_{72} < 0.8$；e. $P_{72} < 0.6$。其中，a 表示有效保护，b 表示一定程度保护，c 表示无效保护，e 表示恶化。

8. 项目经济效益(P_8)

项目经济效益分为项目投入产出比、单位面积土地产值增加率等指标。

$$项目投入产出比(P_{81}) = \frac{10 年投资期内单位面积静态土地产出 - 单位面积土地投资额}{单位面积土地投资额}$$

$$(5-12)$$

评价标准：项目的投入产出比与社会平均利润率比较，以当前 10% 平均利润率的一半作为参考标准，该标准可根据实际情况调整。投入产出比评价等级(P_{81})：a. $P_{81} \geq 5\%$；b. $0 \leq P_{81} < 5\%$；c. $P_{81} < 0$。其中，a 表示经济可行，b 表示经济基本可行，c 表示经济不可行。

$$单位面积土地产值增加率(P_{82}) = \frac{整治后土地产值 - 整治前土地产值}{整治前土地产值} \times 100\%$$

$$(5-13)$$

评价标准：单位面积土地产值增加率评价等级(P_{82})：a. $P_{82} \geq 10\%$；b. $5\% \leq P_{82} < 10\%$；c. $P_{82} < 5\%$。其中，a 表示经济可行，b 表示经济基本可行，c 表示经济不可行(韩霁昌，2013)。

5.1.3.3　指标选取的方法

1. 条件广义方差极小法

从统计分析的眼光来看,给定 p 个指标 $X_1,\cdots,X_p$ 的 n 组观察数据,就称为给了 n 个样本,相应的全部数据用 X 表示,即

$$X = \begin{bmatrix} x_{11} & x_{12} & \cdots & x_{1p} \\ x_{21} & x_{22} & \cdots & x_{2p} \\ \vdots & \vdots & & \vdots \\ x_{n1} & x_{n2} & \cdots & x_{np} \end{bmatrix} \tag{5-14}$$

每一行代表一个样本的观察值,X 是 $n \times p$ 矩阵,利用 X 的数据,可以算出变量 X_i 的均值、方差与 X_i,X_j 之间的协方差,相应的表达式是:

均值:

$$X_i = \frac{1}{n}\sum_{\alpha=1}^{n} x_{\alpha i} \quad (i = 1,2,\cdots,p) \tag{5-15}$$

方差:

$$S_{ii} = \frac{1}{n}\sum_{\alpha=1}^{n}(x_{\alpha i} - X_i)^2 \quad (i = 1,2,\cdots,p) \tag{5-16}$$

协方差:

$$S_{ij} = \frac{1}{n}\sum_{\alpha=1}^{n}(x_{\alpha i} - X_i)(x_{\alpha j} - X_j) \quad (i \neq j,\ j = 1,2,\cdots,p) \tag{5-17}$$

由 S_{ii},S_{ij} 形成的矩阵 $S = (S_{ij})_{p \times p}$ 称为 $X_1,\cdots,X_p$ 这些指标的方差、协方差矩阵,或简称为样本的协差阵。用 S 的行列式值 $|S|$ 反映这 p 个指标变化的状况,称它为广义方差,因为 $p = 1$ 时,$|S| = |S_{11}| = $ 变量 X_1 的方差,所以它可以看成是方差的推广。可以证明,当 $X_1,\cdots,X_p$ 相互独立时,广义方差 $|S|$ 达到最大值;当 $X_1,\cdots,X_p$ 线性相关时,广义方差 $|S|$ 的值是 0。因此,当 $X_1,\cdots,X_p$ 既不相互独立,又不线性相关时,广义方差 $|S|$ 的大小反映了它们内部的相关性。

下面来考虑条件广义方差,将式(5-17)分块表示也就是将 $X_1,\cdots,X_p$ 这 p 个指标分成两部分 (X_1,X_{p1}) 和 (X_{p1},X_p),分别记为 $X_{(1)}$ 与 $X_{(2)}$,即:

$$X = \begin{bmatrix} X \\ X_2 \\ \vdots \\ X_p \end{bmatrix} = \begin{bmatrix} X_{(1)} \\ X_{(2)} \end{bmatrix} \qquad S = \begin{bmatrix} S_{11} & S_{12} \\ S_{21} & S_{22} \end{bmatrix} \tag{5-18}$$

这样表示后,S_{11},S_{12} 表示 $X_{(1)},X_{(2)}$ 的协差阵。给定 $X_{(1)}$ 之后,$X_{(2)}$ 对 $X_{(1)}$ 的条件协差阵,从数学上可以推导得到(在正态分布的前提下):

$$S(X_{(2)} \mid X_{(1)}) = S_{22} - S_{21}S_{11}^{-1}S_{12} \tag{5-19}$$

式(5-19)表示当已知 $X_{(1)}$ 时,$X_{(2)}$ 的变化状况。可以想到,若已知 $X_{(1)}$ 后,$X_{(2)}$ 的变化很小,那么 $X_{(2)}$ 这部分指标就可以删去。即 $X_{(2)}$ 所能反映的信息,在 $X_{(1)}$ 中几乎都可得到,因此就产生条件广义方差最小的删去方法。方法如下:

将 $X_1,\cdots,X_p$ 分成两部分,$(X_1,\cdots,X_{p-1})$ 看成 $X_{(1)}$,X_p 看成 $X_{(2)}$,可算出 $S(X_{(2)} \mid$

$X_{(1)}$），此时它是一个数值，是识别 X_p 是否应删去的量，记为 t_p。类似地，对 X_1，可以将 X_1 看成 $X_{(2)}$，余下 $p-1$ 个看成 $X_{(1)}$，用式（5-19）就可以算出一个数值，记为 t_i。于是得到 t_1，t_2，…，t_p 这 p 个值，比较它们的大小，最小的一个可以考虑删去，这与所选的临界值 C 有关，C 是自己选的，认为小于 C 就可删去，大于 C 则不宜删去。给定 C 之后，逐个检查 $t_i < C(i = 1, 2, \cdots, p)$ 是否成立，成立就删去，然后对留下的变量完全重复上面的过程，直到没有可删去的为止，这就选取了既有代表性又不重复的指标集。

2. 极大不相关法

显然，如果 X_1 与其他的 X_2，…，X_p 是独立的，那就表明 X_1 是无法用其他指标来代替的，因此保留的指标应该是相关性越小越好，在这个方法指导下，就导出极大不相关方法。首先利用公式求出样本的相关阵 R：

$$R = (r_{ij}), r_{ij} = \frac{S_{ij}}{\sqrt{S_{ij}S_{ij}}} \qquad (i, j = 1, 2, \cdots, p) \tag{5-20}$$

r_{ij} 称为 X_i 与 X_j 相关系数，它反映了 X_i 与 X_j 的线性相关程度。现在要考虑的是一个变量 X_i 与余下的 $p-1$ 个变量之间的线性相关程度，称为复相关系数，简记为 Q_i。Q_i 可以用下面的公式计算。先将 R 分块，例如要计算 Q_p，就将 R 写成：

$$R = \begin{bmatrix} R_{-p} & r_p \\ r_p^{\mathrm{T}} & 1 \end{bmatrix} (R_{-p} \text{ 表示除去 } X_p \text{ 的相关阵}) \tag{5-21}$$

注意，R 中的主对角元素 $r_{ij} = 1(i = 1, 2, \cdots, p)$，于是 $\rho_p^2 = r_p^{\mathrm{T}} R_{-p}^{-1} r_p$，类似地，要计算 Q_{2i} 时，将 R 中的第 i 行，第 j 列进行置换，放在矩阵的最后一行，最后一列，此时：

$$R \xrightarrow{\text{置换后}} \begin{bmatrix} R_{-i} & r_i \\ r_i^{\mathrm{T}} & 1 \end{bmatrix} \tag{5-22}$$

于是 Q_{2i} 的计算公式为 $\rho_{ii}^2 = r_i^{\mathrm{T}} R_{-i}^{-1} r_i (i = 1, 2, \cdots, p)$。算得 Q_{21}，…，Q_{2p} 后，其中值最大的一个，表示它与其他变量相关最大，指定临界值 D 之后，$Q_{2i} > D$ 时，就可以删去 X_i。

3. 选取典型指标法

如果开始考虑的指标过多，可以将这些指标先进行聚类，而后在每一类中选取若干典型指标。典型指标的选取，可用上述所述方法，但这两种方法计算量都比较大。用单相关系数选取典型指标计算简单，在实际中可依据具体情况选用。假设聚为同一类的指标有 n 个，分别为 a_1, a_2, ,…a_n。

第一步：计算 n 个指标之间的相关系数矩阵 R：

$$R = \begin{bmatrix} r_{11} & r_{12} & \cdots & r_{1n} \\ r_{21} & r_{22} & \cdots & r_{2n} \\ \vdots & \vdots & & \vdots \\ r_{n1} & r_{n2} & \cdots & r_{nn} \end{bmatrix} \tag{5-23}$$

第二步：计算每一指标与其他 $n-1$ 个指标的相关系数的平方 $\bar{r}_i^2$：

$$\bar{r}_i^2 = \frac{1}{n-1} \left(\sum_{j=1}^{1} r_{ij}^2 - 1 \right) \quad (i = 1, 2, \cdots, n) \tag{5-24}$$

$\bar{r}_i^2$ 粗略地反映了 a_i 与其他 $n-1$ 个指标的相关程度。

第三步:比较 $\bar{r}_i^2$ 的大小,若有 $\bar{r}_k^2 = \max \bar{r}_i^2$,则可选取 a_k 作为 a_1, a_2, a_n 的典型指标,需要的话,还可以在余下的指标中继续选取(刘丽莉,2004)。

5.1.4 评价指标权重确定

评价指标因素权重确定的方法很多,每一种方法都有利有弊,需要根据具体的目的来选取较合适的方法。现阶段,国内外对于多目标综合评判权重确定的方法有两种:一种是主观赋值法,是由专家根据不同的目的凭经验判断各评价指标,经过综合处理获得指标权重。比如层次分析法和德尔菲法,这些方法应用已久,已算成熟,主要由专业人员根据自身经验进行主观判断而得到,注重主观评分的定性却缺少客观性。另一种是客观赋值法,它不依赖于人的主观判断,数据来源于各指标在评价中的实际数据,如变异系数法、主成分分析法、因子分析法、灰色关联分析法、熵值确定法等,这种方法客观性较强,依靠指标的离散度来确定权重,注重指标的离散度却忽略其重要度,因此不能反映问题的实质。运用主观赋权法确定各指标间的权重系数,能较好地反映决策者的意向,但决策或评价结果往往带有很大的主观随意性。而运用客观赋权法确定各指标间的权重系数,决策或评价结果虽然具有较强的数学理论依据,但不能够很好地考虑决策者的意向。

5.1.4.1 德尔菲法

德尔菲法是一种常用的权重测定方法,它是一种客观的综合多数专家经验与主观判断的方法。德尔菲法的基本步骤是:

(1)确定评价的因素。

(2)选择专家。德尔菲法的主要工作是通过专家对效益评价因素权重作出概率估计,因此专家选择是测定成败的关键,一般专家人数以 10 ~ 40 人为宜,专家人数太多,统计工作量太大,专家人数太少,所计算出的权重则不具有说服力。

(3)设计评估意见征询表。

(4)专家征询和轮间信息反馈。经典德尔菲法一般分 3 ~ 4 轮征询。

(5)确定各因素权重。

5.1.4.2 层次分析法(Analytic Hierarchy Process,简称 AHP)

层次分析法(AHP)由美国运筹学家 Saaty T L 于 20 世纪 70 年代提出。它是指将决策问题的有关元素分解成目标、准则、方案等层次,在此基础上进行定量分析和定性分析相结合的一种决策方法。这种方法的优点是定性与定量相结合,具有较高的逻辑性、系统性、简洁性和实用性,是针对大系统中多层次、多目标规划决策问题的有效决策方法。目前,层次分析法已被广泛应用于研究社会经济发展战略、现代企业管理、国土整治、土地利用规划、技术策略评估等领域。

此法通过系统分析把复杂问题分解成有序的递阶层次结构。通常分为目标层、准则层和方案层,各层相关因素两两比较,确定相对重要因素的定量,并进行一致性测试,以确定评价指标的权重。

层次分析法的基本步骤如下。

1. 分析系统中各因素之间的关系,建立系统的递阶层次结构

对被研究的问题所包含的因素进行分层,即分为目标层、准则层和方案层。目标层只

有一个元素,它是问题的预定目标或理想结果,准则层是为实现目标而涉及的中间环节,方案层包括为实现目标可供选择的各种措施和决策方案。

2. 构建两两成对比较的判断矩阵

在构造好的递阶层次结构中,要比较同一层中各元素对上一层元素的影响,从而决定它们在上一层因素中占的权重。假设上一层元素为 B,它所支配的下一层元素为 C_1,C_2,$\cdots$,C_n,如果这些 $C_i(i=1,2,\cdots,n)$ 本身就是定量值,则它们的权重很容易确定,如果这些 $C_i(i=1,2,\cdots,n)$ 对于 C 的重要性是定性的,无法直接定量。这就需要两两成对比较,比较的方法是看对于准则 B 来说元素 C_i 和 C_j 哪一个更重要,按 $1\sim9$ 比例标度对指标相对重要程度赋值,$1\sim9$ 标度的含义如表 5-1 所示。

表 5-1　层次分析法 $1\sim9$ 标度含义

标度	含义
1	表示两个因素相比,具有相同重要性
3	表示两个因素相比,前者比后者稍重要
5	表示两个因素相比,前者比后者明显重要
7	表示两个因素相比,前者比后者强烈重要
9	表示两个因素相比,前者比后者极端重要
2,4,6,8	表示上述相邻判断的中间值
倒数	若因素 i 与因素 j 的重要性之比为 b_{ij},那么因素 j 与因素 i 重要性之比为 $b_{ji}=1/b_{ij}$

有了这些标度,对 C_1,C_2,$\cdots$,C_n 进行两两比较,得到矩阵 $A=(a_{ij})n\times n$,如表 5-2 所示,其中 a_{ij} 表示指标 C_i 和 C_j 相比的重要程度。

表 5-2　判断矩阵表

指标	C_1	C_2	$\cdots$	C_n
C_1	a_{11}	a_{12}	$\cdots$	a_{1n}
C_2	a_{21}	a_{22}	$\cdots$	a_{2n}
$\vdots$	$\vdots$	$\vdots$	$\vdots$	$\vdots$
C_n	a_{n1}	a_{n2}	$\cdots$	a_{nn}

3. 在单准则下的排序和一致性检验

在求出 n 个元素 C_1,C_2,$\cdots$,C_n 对于准则层 B 的判断矩阵 A 后,确定出它们对于 B 的相对权重 w_1,w_2,$\cdots$,w_n,写成向量形式,即 $W=(w_1,w_2,\dots,w_n)$。

1)权重计算

计算权重的方法主要有和法、根法和特征根法三种。

(1)和法:取判断矩阵 A 的 n 个列向量的归一化后的算术平均值近似作为权重向量,即有:

$$w_i = \frac{1}{n} \sum_{j=1}^{n} \frac{a_{ij}}{\sum_{k=1}^{n} a_{kj}} \quad (i = 1, 2, \cdots, n) \tag{5-25}$$

也可用行和归一化方法计算：

$$w_i = \frac{\sum_{j=1}^{n} a_{ij}}{\sum_{k=1}^{n} \sum_{j=1}^{n} a_{kj}} \quad (i = 1, 2, \cdots, n) \tag{5-26}$$

（2）根法（几何平均法）：将 A 的各个列向量采用几何平均，然后归一化，得到的列向量近似作为权重向量。

$$w_i = \frac{\left(\prod_{j=1}^{n} a_{ij}\right)^{\frac{1}{n}}}{\sum_{k=1}^{n} \left(\prod_{j=1}^{n} a_{kj}\right)^{\frac{1}{n}}} \quad (i = 1, 2, \cdots, n) \tag{5-27}$$

（3）特征根法（简记为 EM）：解判断矩阵 A 的特征根即 $AW = \lambda W$。这里 λ 是 A 的最大特征根，W 是相应的特征向量，然后将所有得到的 W 归一化后就可以作为权重向量。

2）一致性检验

在构造判断矩阵时，由于我们在对问题的认识上，对问题本身的复杂程度的理解上，对两两成对比较标准上存在着一定程度的不统一，这种不统一在一定的范围内是正常的、合理的，但如果这种不统一超过了一定的范围，就不能让人们接受。为了保持所建立的判断矩阵具有较好的一致性，必须对判断矩阵作一致性检验。一致性检验的步骤是：首先，定义一致性指标 $CI = (\lambda_{max} - n)/(n-1)$，其中 λ_{max} 为判断矩阵的最大特征根，n 为判断矩阵中元素的个数。求出 CI 后查找平均随机一致性指标 RI，计算一致性比例 CR，其中 $CR = CI/RI$，若 $CR < 0.1$，认为判断矩阵是可接受的，否则不能接受，应对判断矩阵作适当的修改。

4. 各层元素对目标层的总排序及一致性检验

上面得到的一组元素是其上一层中某一元素的权重向量，是单层的一个排序，要得到各元素对目标层的排序，特别是方案层中各方案对目标层的排序权重，即总排序权重，则要自上而下地将单准则下的权重进行合并，并逐层进行总的一致性检验判断。

5.1.4.3 变异系数法

变异系数反映了各指标数值的差异程度，这种差异程度包括横向的与纵向的，即时间序列数据和截面数据都可以作为确定权重的依据。如果某项指标的数值能明确区分各个被评价对象，说明该指标在这项评价上的信息丰富，因而应给予较大的权数；反之，若差异较小，那么这项指标区分各个评价对象的能力较弱，因而应该给该指标较小的权重。其计算步骤如下：

（1）求取变异系数，记作 V_i：

$$V_i = \frac{S_i}{X_i} \quad (i = 1, 2, \cdots, m) \tag{5-28}$$

其中，S_i 和 X_i 分别是第 i 项指标的样本标准差和平均值。

（2）根据单项数据确定权重，记作：

$$w_i = \frac{V}{\sum\limits_{i=1}^{n} V_i} \quad (i = 1,2,\cdots,m) \tag{5-29}$$

（3）根据双向数据确定权重，记作：

$$w_i = \frac{\overline{w_i}}{\sum\limits_{i=1}^{n} \overline{w_i}} \quad (i = 1,2,\cdots,m) \tag{5-30}$$

5.1.4.4　其他方法

回归分析法是指在掌握大量观察数据的基础上，利用数理统计的方法建立因变量与自变量间的回归关系函数表达式（也称回归方程式）。运用它有两个条件：一是样本数量足够的多；二是所得数据呈现典型的概率分布。

对于两个系统间的因素，其随时间或不同对象而变化的关联性大小的量度，称为关联度。在系统变化过程中，若两个因素的变化趋势具有一致性，即同步变化程度较高，可称二者关联程度较高；反之，则较低。所以，灰色关联度法是根据因素间发展趋势的相似或者相异度（灰色关联度）来衡量因素间关联度的一种方法。

5.1.5　评价过程

土地整治的土地质量评价过程大致如下：

（1）划分评价单元。

（2）根据项目的具体情况构建影响土地整治项目的土地质量因子体系，并选用适当方法确定相应的权重。

（3）分析各因子的作用规律，对各评价单元及标准地块逐一赋分。

（4）依照各因子权重值，综合叠加计算评价单元及标准地块的总分。

（5）按照各分值段单元数量的聚散分布状况，结合项目区的具体情况，参照标准地块的分值，划定土地级别的分值区段，据此划分土地质量级别。

具体工作程序及工作内容如下：

第一步：准备阶段。拟订技术方案和工作方案，确定研究的技术路线。同时，选择试点项目，确定调查的方法，制定调查表格。对于外业调查表格，要求对工作组成员进行统一培训，对调查指标的内涵要求一致。准备项目规划设计相关资料和图件。

第二步：基础资料调查和收集阶段。通过实地考察，调查试点地区影响土地质量的指标。基础资料要求全面，分为整治前和整治后两个阶段的资料。土地整治前的资料收集，主要依赖于现有的原始资料，以及参照相邻地区的未整治地块的现状调查取得的资料，然后进行质量评价。整治后的资料还包括项目实施的工程资料。需要收集和调查的内容如下：

一是基础图件，包括项目区土地利用现状图（地形图）、项目区规划图、其他图件。

二是农用地自然条件因子。

气候：日照时数、气温、降水量、蒸发量、主要自然灾害。

水文：水源类型（地表水、地下水）、水量、水质、地下水埋深。

土壤:土壤质地、土层厚度(耕作层)、土壤养分含量(N、P、K、有机质及其他微量元素)、容重、饱和含水率、土壤 pH 值。

地形:地貌类型、海拔、坡度、坡向、坡位。

农田基本建设情况:灌溉条件(灌溉保证率、灌溉方式)、排水条件、田间道路条件(道路宽度、建设标准)、田块大小及平整度。

三是农用地利用条件,包括作物种植结构、复种指数、单产、总产、作物的市场价格、土地利用条件样点基本情况资料。

四是农用地经济条件,包括人均耕地、生产成本(苗种费、肥料费、水费、人工费、机工费、农药费、农舍费、农田水利设施维修费、有关税费)、亩均纯收益、农民人均收入、农村道路网分布及道路级别标准、距离区域经济中心距离、耕作距离、田块分散程度等。

五是其他资料,包括当地农用地分等定级估价研究资料及研究成果、项目施工报告、农业区划资料、土壤普查资料、土地利用现状调查资料、土地详查资料、土地利用规划、农业统计资料、市场价格资料。

第三步:选用适合的土地质量评价方法。根据土地整治项目的具体情况,可以选用因素法、标准地块法和农用地估价法中的一种或两种方法对项目区整治前后的土地进行质量评价。

第四步:建立土地资源信息系统数据库,编制土地整治项目整治前后各个单元质量分布图。将收集到的各个评价单元的因素因子评价分值进行标准化,通过德尔菲法,确定因素因子的权重,然后测算评价单元的质量评价综合分值,借助 MAPINFO、ARCGIS 和 CAD 等软件,编制土地整治项目整治前后各个单元质量分布图。

第五步:撰写土地整治项目质量评价报告。根据评价单元的质量、数量及分布状况,确定项目区整治前后耕地质量变化情况,撰写土地整治项目质量评价报告(周生路,2006)。

5.2 模型构建

5.2.1 荒石滩整治质量评价体系的设计

国土资源部颁布的《土地开发整理项目验收规程》体现的一个基本原则是因地制宜,即新增耕地的综合质量不得低于当地耕地的平均水平,限制性因素指标不得低于当地耕地可耕种的平均水平。根据这一原则,我们在调查研究的基础上,参照《土地开发整理项目验收规程》和《农用地分等定级规程》的相关规定以及农业生产对耕地的要求,构建了新增土地质量评价体系。评价中首次引入了模糊数学的概念,通过建立模糊数学综合评判矩阵,在运算的基础上对新增耕地质量优劣作出客观的评价。评价体系主要由评价因素表、评价因素级别划分及描述、评价因素级别—权重分值对照表、数学模型四部分构成。

5.2.1.1 评价因素的确定方法及过程

第一步:确定待选因素。主要依据《土地开发整理项目验收规程》和《农用地分等定级规程》中关于对耕地质量的要求。《农用地分等定级规程》提出有效土层厚度、表层土壤质地、剖面构型、盐渍化程度和土壤污染等 13 项因素对耕地质量有显著影响。《土地开发整理项目验收规程》提出土地平整程度、连片程度、通达性以及区域布局合理性对土地开发整理的综合质量影响较大,土层厚度、耕层有机质含量、土壤酸碱度和含盐量等6项因素对新增耕地质量影响显著。而土层厚度、沉降系数、土地平整程度、土壤有机质含量、土壤酸碱度、耕层含盐量、灌排保障率和土壤质地等因素是荒石滩整治利用的主要限制因素。

综合以上三方面考虑,选定了土地平整程度、连片程度、通达性以及区域布局合理性等16项为待选评价因素。

第二步:参评因素的确定。依据确定的待选因素,应用专家集体评议法(德尔菲法),即由专家对各待选因素打分,再依据打分结果进行量化汇总排序。相关评价因素见表5-3。

表5-3　相关评价因素

相关方面	因素
《农用地分等定级规程》中农用地质量评价因素	有效土层厚度、表层土壤质地、剖面构型、盐渍化程度和土壤污染状况、土壤有机质含量、障碍层次、排水条件、地形坡度、灌溉保证率、地表岩石露头状况、灌溉水源
《土地开发整理项目验收规程》中新增耕地质量验收内容	土地平整程度、连片程度、通达性以及区域布局合理性、土层厚度、耕层有机质含量、土壤酸碱度、耕层土壤含盐量、灌排保障率、土壤质地
荒石滩利用的主要限制因素	土地平整程度、土壤有机质含量、土壤酸碱度、耕层含盐量、土层厚度、灌排保障率、土壤质地
荒石滩新增耕地质量评价参评因素	土地平整程度、连片程度、通达性、区域布局合理性、土层厚度、耕层有机质含量、土壤酸碱度、盐渍化程度、排水条件、灌溉保证率、土壤质地、灌溉水源、全氮、有效磷、速效钾

5.2.1.2　评价因素的描述和级别划分

评价因素的描述和级别划分主要参照《农用地分等定级规程》的指标要求,将各项指标依据各自的限制性因素划分为4~6个级别。评价因素描述及等级划分如下。

1. 平整程度

平整程度与灌溉方式、耕作机械等因素有关,如大水漫灌要求平整度高且略有一定坡降,以保证田块水分接受均匀。

1级:地形坡度 <2°,平整度高;

2级:地形坡度 2°~5°,平整度较高;

3级:地形坡度 5°~8°,平整度一般;

4级:地形坡度 8°~15°。

2. 连片程度

1级:集中连片,便于机械耕作;

2级:80%以上集中连片,不影响机械耕作;

3级:60%以上集中连片,对机械耕作影响不大;

4级:连片程度低于60%。

3. **通达性**

距机耕路、公路、村庄等的距离及到达的难易程度应与当地群众的生产生活习惯相适应,方便群众的生产生活。

1 级:临路路宽≥4 m,距居民点距离 <2 km;

2 级:临路路宽 3~4 m,距居民点距离 2~3 km;

3 级:临路路宽 2~3 m,距居民点距离 3~4 km;

4 级:临路路宽小于 2 m。

4. 区域布局合理性

1 级:各类用地比例协调,布局合理;

2 级:各类用地比例基本协调,布局基本合理;

3 级:各类用地比例基本协调,布局不够合理;

4 级:各类用地比例不够协调。

5. 有效土层厚度

有效土层厚度是指土壤层和松散的母质层厚度之和,共分为 5 个等级,分级界限下含上不含。

1 级:有效土层厚度 >150 cm;

2 级:有效土层厚度 100~150 cm;

3 级:有效土层厚度 60~100 cm;

4 级:有效土层厚度 30~60 cm;

5 级:有效土层厚度 <30 cm。

6. 土壤有机质含量

土壤有机质含量分为 6 个等级,分级界限下含上不含。

1 级:土壤有机质含量≥4.0%;

2 级:土壤有机质含量 3.0%~4.0%;

3 级:土壤有机质含量 2.0%~3.0%;

4 级:土壤有机质含量 1.0%~2.0%;

5 级:土壤有机质含量 0.6%~1.0%;

6 级:土壤有机质含量 <0.6%。

7. 土壤酸碱度(pH 值)

土壤 pH 值按照其对作物生长的影响程度分为 6 个等级,分级界限下含上不含。

1 级:土壤 pH 值 6.0~7.9;

2 级:土壤 pH 值 5.5~6.0,7.9~8.5;

3 级:土壤 pH 值 5.0~5.5,8.5~9.0;

4 级:土壤 pH 值 4.5~5.0;

5 级:土壤 pH 值 <4.5,9.0~9.5;

6 级:土壤 pH 值≥9.5(熊顺贵,1996)。

8. 盐渍化程度

土壤盐渍化程度分为无盐化、轻度盐化、中度盐化、重度盐化 4 个区间,分级界限下含上不含。

1 级:无盐化,土壤无盐化,作物没有因盐渍化引起缺苗断垄现象,表层土壤含盐量 <

0.1%（易溶盐以苏打为主），或＜0.2%（易溶盐以氯化物为主），或＜0.3%（易溶盐以硫酸盐为主）；

2级：轻度盐化，由盐渍化造成的作物缺苗2~3成，表层土壤含盐量0.1%~0.3%（易溶盐以苏打为主），或0.2%~0.4%（易溶盐以氯化物为主），或0.3%~0.5%（易溶盐以硫酸盐为主）；

3级：中度盐化，由盐渍化造成的作物缺苗3~5成，表层土壤含盐量0.3%~0.5%（易溶盐以苏打为主），或0.4%~0.6%（易溶盐以氯化物为主），或0.5%~0.7%（易溶盐以硫酸盐为主）；

4级：重度盐化，由盐渍化造成的作物缺苗≥5成，表层土壤含盐量≥0.5%（易溶盐以苏打为主），或≥0.6%（易溶盐以氯化物为主），或≥0.7%（易溶盐以硫酸盐为主）（辛德惠，1990）。

9. 灌溉保证率

灌溉保证率分为4个等级。

1级：充分满足，包括水田、菜田和可随时灌溉的水浇地；

2级：基本满足，有良好的灌溉系统，在关键需水生长季节有灌溉保证的水浇地；

3级：一般满足，有灌溉系统，但在大旱年不能保证灌溉的水浇地；

4级：无灌溉条件，包括旱地与望天田。

10. 排水条件

排水条件是指受地形和排水体系共同影响的雨后地表积水的排水情况，分为4个级别，分级界限下含上不含。

1级：有健全的干、支、斗、农排水体系（包括抽排），无洪涝灾害；

2级：排水体系（包括抽排）一般，丰水年大雨后有短期洪涝发生（田面积水1~2 d）；

3级：排水体系（包括抽排）一般，丰水年大雨后有洪涝发生（田面土地开发整理质量评价体系的设计积水2~3 d）；

4级：无排水体系（包括抽排），一般年份在大雨后发生洪涝（田面积水≥3 d）（陈恩凤，1981）。

11. 表层土壤质地

表层土壤质地一般指耕层土壤的质地，分为壤土、黏土、砂土和砾质土4个等级。

1级：壤土，包括苏联卡庆斯基制的砂壤、轻壤和中壤，1978年全国土壤普查办公室制定的中国土壤质地试行分类中的壤土；

2级：黏土，包括苏联卡庆斯基制的黏土和重壤，1978年全国土壤普查办公室制定的中国土壤质地试行分类中的黏土；

3级：砂土，包括苏联卡庆斯基制的紧砂土和松砂土，1978年全国土壤普查办公室制定的中国土壤质地试行分类中的砂土；

4级：砾质土，即按体积计，直径1~3 mm的砾石等粗碎屑含量大于10%，包括苏联卡庆斯基制的强石质土，1978年全国土壤普查办公室制定的多砾质土。

12. 灌溉水源

1级：用地表水灌溉；

2 级:用浅层地下水灌溉;

3 级:用深层地下水灌溉。

5.2.2 评价方法

5.2.2.1 评价指标权重确定

对于研究区所筛选出的指标,对其进行权重的确定,一般通过层次法、熵权法及评价指标综合法确定权重,研究区评价中的权重确定方法如表 5-4 所示。权重确定后,对收到的基础数据进行标准化处理、评价分值测算,最后对评价结果进行定性分析以及相关性分析验证。

表 5-4 研究区评价中的权重确定方法

序号	方法名称	原理	优点	缺点
1	德尔菲法	指用书面形式广泛征询专家意见,以预测某项专题或某个项目未来发展的方法,又称专家调查法	由专家匿名表示意见、多次反馈和统计汇总等	在专家选取方面有一定的难度,评价结果带有一定的主观性
2	层次分析法	将一个复杂的多目标决策问题作为一个系统,将目标分解为多个目标或准则,进而分解为多指标的若干层次,通过定性指标模糊量化方法算出各个指标的权数	将指标分层量化,更便于建立土地集约利用评价指标体系	如果所选的要素不合理,其含义混淆不清,或要素间的关系不正确,都会降低层次分析法的结果质量
3	主成分分析法	通过研究众多变量之间的内部依赖关系,找出控制所有变量的少数因子,将每个变量表示成公因子的线性组合,以再现原始变量与公因子之间的相关关系	引入统计学相关理论,很好地解决了指标之间的关联性,权重通过贡献率来获取,比较客观	该方法假定各指标是在多元线性相关的前提下进行的,当指标间是非线性关系时,该方法有一定的局限性
4	理想值修正模型	以理想潜力为基础,由高到低多级控制,逐级修正,分值转换计算潜力	具有一定的可操作性,实际应用可取得较好效果	每个控制部分分配多少分值具有主观性,没有考虑控制部分之间的影响程度
5	熵权法	应用熵可以度量评价指标体系中指标数据所蕴含的信息量,并依次确定各指标的权重	其给出的指标权值有较高的可信度	缺乏各指标间的横向比较,对样本数据要求较高,在应用上受到限制
6	模糊综合评价法	是一种运用模糊变换原理分析和评价模糊系统的方法,它以模糊推理为主,将定性与定量、精确与非精确结合起来	结合了层次分析法与模糊数学方法的特点	隶属函数的选取难度大
7	BP 网络模型法	是一种具有学习能力的综合评价方法,是解决非线性的定量方法	能很好地解决指标之间的非线性关系	需要大量的样本,对数据要求较高

5.2.2.2 评价方法

（1）根据土地整治效益内涵和理论基础研究,综合运用文献研究法、德尔菲法、主成分分析法和逐步回归分析法确定评价指标。

（2）根据各初选指标在整治评价中的重要度,采用层次分析法和熵权法确定指标权重。

（3）确定权重后,将各区域相应指标的实际值利用极值标准化法进行标准化处理。

（4）运用加权求和法,计算标准化数据,从而确定土地整治效益综合得分。

（5）采用相关性分析法对评价结果进行分析验证,保证数据的科学可靠性。

评价的技术路线如图5-1所示。

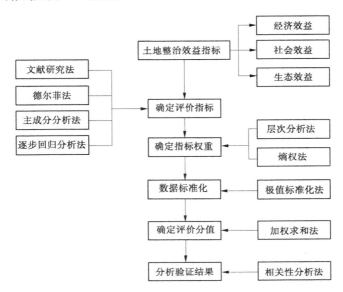

图5-1 土地整治评价的技术路线

5.2.2.3 权重和级别分值的确定方法

权重限定在0~1且和为1,级别分值限定在1~10。

第一步:依据确定的评价因素和级别,编制因素—级别对照表,由专家分别对权重和级别分值打分。

第二步:根据专家返回打分表,首先依据式(5-31)确定各因素权重。

$$w_i = \frac{1}{L} \sum_{k=1}^{L} w_{ik} \quad (i = 1,2,3,\cdots,s) \tag{5-31}$$

式中　w_i——第 i 个因素的专家集体权重均值;

　　　w_{ik}——第 k 个专家对第 i 个因素的意见;

　　　L——参加评审的专家数;

　　　s——因素个数。

第三步:经整理汇总、归纳后,再反馈给各参与人员。经各位专家进一步分析判断,重新打分。

第四步:依据各位专家的最后判定,再经式(5-31)计算,确定各因素最终权重。

级别分值的确定方法也采用专家集体打分的方法,见表5-5。

表5-5 土地质量评价因素级别、权重一分值对照表

项目分值级别	权重(w_i)	10	9	8	7	6	5	4	3	2	1
平整程度											
连片程度											
通达性											
区域布局											
土层厚度											
耕层有机质含量											
土壤酸碱度											
土壤盐渍化程度											
灌溉保证率											
排水条件											
土壤质地											
灌溉水源											

5.2.3 模型构建

5.2.3.1 数学模型的构建

荒石滩整治评价涉及多种因素和多种指标,要求我们根据这些因素对耕地作出综合评价,而不能仅根据某一种因素情况去评价(刘黎明,1994)。模糊综合评判决策是对受多种因素影响的事物作出全面评价的一种有效的多因素决策方法,评价步骤如下。

1.建立模糊评判矩阵

设 $u_{ij}(i=1,2,3,\cdots,s;j=1,2,3,\cdots,n)$ 表示第 j 个评价单元第 i 个因素值,令

$$r_{ij} = \frac{u_{ij}}{\sum_{k=1}^{n} u_{ik}} \quad (i=1,2,3,\cdots,s;j=1,2,3,\cdots,n) \tag{5-32}$$

表示第 j 个评价单元第 i 个因素值在 n 个评价单元的同一因素值的总和中所占的比例,得到模糊评判矩阵:

$$R = (r_{ij})_{s \times n} \tag{5-33}$$

设第 j 个评价单元的权重为 w_i,则可得到权系数向量:

$$A = (w_1, w_2, \cdots, w_s),满足 \sum_{i=1}^{s} w_i = 1, w_i \geqslant 0 \tag{5-34}$$

2.综合评判

考虑到耕地质量评价的全面性,所有参评因素必须依据权重大小均衡兼顾,从实际出发,选用了模糊评判决策中的加权平均模型得到综合模糊评判矩阵 B:

$$B = A \cdot R = (w_1, w_2, \cdots, w_s) \cdot \begin{pmatrix} r_{11} & r_{12} & \cdots & r_{1n} \\ r_{21} & r_{22} & \cdots & r_{2n} \\ \vdots & \vdots & & \vdots \\ r_{s1} & r_{s2} & \cdots & r_{sn} \end{pmatrix}$$

$$= (b_1, b_2, \cdots, b_n) \qquad (5\text{-}35)$$

综合模糊评判矩阵 $B = (b_1, b_2, \cdots, b_n)$ 表示各个参评单元在整体中的质量优劣位置（刘承平,1994）。

5.2.3.2 模型评价

（1）将数学手段引入耕地质量评价体系并建立数学模型,是提高对耕地质量评价体系的研究水平,使其定量化、科学化的重要途径,也是对新增耕地质量评价方法研究的一次尝试,同时也可作为在土地开发整理中对新增耕地质量加以调控和管理的重要手段和方法。

（2）由于试验研究的时间较短和受到条件及手段的限制,本方法对某些因素和参数的确定还有待进一步的提高。

（3）本方法的主要思路是对新增耕地的质量与周边耕地进行比较,所以在应用此方法时必须严格选择可比地块,使其具有代表性。在有条件的地方也可依据本区域耕地质量的平均水平,建立不同类型耕地的标准田块质量指标体系,以此作为土地开发整理新增耕地的可比田块。

（4）本方法研究的初衷主要是为了解决卤泊滩盐碱地开发整理新增耕地质量的评价量化问题,所以在因素选取、权重确定等方面主要考虑了盐碱地利用的限制因素,如在其他地区应用本方法,必须依据当地实际情况对参评因素和权重做适当的修正和完善。

5.2.4 项目区新增耕地质量评价

5.2.4.1 项目区资料数据调查

（1）调查项目区新增耕地、周边高产田、周边中产田的各项评价因素指标值,见表5-6。

（2）评分结果量化。根据土壤质量评价指标及其分级标准确定项目区新增耕地各项指标的等级和分值,见表5-7。

5.2.4.2 数据分析

1.建立模糊评判矩阵

设 $u_{ij}(i=1,2,3,\cdots,12; j=1,2,3)$ 表示第 j 个评价单元第 i 个因素值,令

$$r_{ij} = \frac{u_{ij}}{\sum\limits_{k=1}^{3} u_{ik}} \quad (i=1,2,3,\cdots,12; j=1,2,3) \qquad (5\text{-}36)$$

表示第 j 个评价单元第 i 个因素值在 3 个评价单元的同一因素值的总和中所占的比例,得到模糊评判矩阵:

$$R = (r_{ij})_{12\times3} \qquad (5\text{-}37)$$

设第 j 个评价单元的权重为 w_i,则可得到权重向量:

$$A = (0.08,0.06,0.06,0.06,0.11,0.11,0.11,0.11,0.08,0.08)$$

表 5-6 土地质量评价指标级别说明表

项目内容类别	项目区新增耕地	周边高产田	周边中产田
平整程度	土地平整、地形坡比 1/1 000,小于 2°	土地平整,小于 2°	土地平整,小于 2°
连片程度	集中连片,便于 机械耕作	集中连片,便于 机械耕作	集中连片,不影响 机械耕作
通达性	项目区主干路宽 4 m, 辅助路宽 2 m,距最近 的居民点 1 km 左右	路宽大于 4 m,距最近 的居民点小于 2 km	路宽大于 4 m,距最近 的居民点小于 2 km
区域布局	以农用地为主,耕地占 81%,路、渠、林、 沟布局合理	布局合理	布局合理
土层厚度	有效土层厚度 大于 0.5 m	有效土层厚度 大于 1.5 m	有效土层厚度 大于 1.0 m
耕层有机质含量	0.95%	1.18%	0.88%
土壤酸碱度	8.29	8.32	8.42
土壤盐渍化程度	0.075%,以硫酸盐为主	0.065%	0.070%
灌溉保证率	具有很好的灌溉设施, 能基本满足作物 的生长需要	基本满足	一般满足
排水条件	有健全的排水沟	无洪涝灾害	无洪涝灾害
土壤质地	属砂壤质土	属砂壤质土	属砂壤质土
灌溉水源	引渭河水灌溉	引渭河水灌溉	引渭河水灌溉

表 5-7 各项指标的等级和分值

项目	平整 程度 (u_1)	连片 程度 (u_2)	通达 性 (u_3)	区域 布局 (u_4)	土层 厚度 (u_5)	耕层 有机质 含量 (u_6)	土壤 酸碱度 (u_7)	土壤 盐渍化 程度 (u_8)	灌溉 保证率 (u_9)	排水 条件 (u_{10})	土壤 质地 (u_{11})	灌溉 水源 (u_{12})
权重	8	6	6	6	6	11	11	11	11	8	8	8
项目区 新增耕地	10	10	10	10	7	7	9	10	8	10	9	10
周边高产田	10	10	10	10	10	8	9	10	9	10	9	10
周边中产田	10	8	9	10	9	7	9	9	7	10	9	10

2. 综合评判

考虑到耕地质量评价的全面性,所有参评因素必须依据权重大小均衡兼顾,从实际出发,选用了模糊评判决策中的加权平均模型得到综合模糊评判矩阵 B:

$$B = A \cdot R = (0.08, 0.06, \cdots, 0.08) \times \begin{pmatrix} 0.333\,3 & 0.333\,3 & 0.333\,3 \\ 0.357\,1 & 0.357\,1 & 0.285\,7 \\ 0.333\,3 & 0.333\,3 & 0.333\,3 \\ 0.333\,3 & 0.333\,3 & 0.333\,3 \\ 0.333\,3 & 0.333\,3 & 0.333\,3 \\ 0.315\,8 & 0.368\,4 & 0.315\,8 \\ 0.333\,3 & 0.333\,3 & 0.333\,3 \\ 0.344\,8 & 0.344\,8 & 0.310\,3 \\ 0.360\,0 & 0.360\,0 & 0.280\,0 \\ 0.333\,3 & 0.333\,3 & 0.333\,3 \\ 0.333\,3 & 0.333\,3 & 0.333\,3 \\ 0.333\,3 & 0.333\,3 & 0.333\,3 \end{pmatrix}$$

$$= (0.337\,005, 0.342\,791, 0.320\,126)$$

得到的排序为周边高产田、项目区新增耕地、周边中产田,即项目区新增耕地质量位于周边高产田和周边中产田之间。

5.2.4.3 评价结果

根据模糊数学综合评判结论,以及新增耕地的各项指标,可以得出以下结论:

(1)新增耕地质量高于当地中产田平均水平,略低于高产田平均水平。

(2)新增耕地的主要限制性指标接近当地的平均水平,见表5-8。

表5-8 项目区与周边地区耕地主要指标对比表

指标位置	项目区	周边高产田	周边中低产田
pH 值	8.29	8.32	8.42
耕层有机质含量(%)	0.95	1.18	0.88
土壤含盐量(%)	0.075	0.065	0.070

(3)项目区工程质量及配套设施高于周边最高水平。项目区路、林、渠、沟布局合理,各种配套设施齐全,周边地区无法与之相比。

5.2.5 基于加权平均的荒石滩土地整治评价系统简介

5.2.5.1 软件介绍

旧河道荒石滩土地整治评价系统(V1.0)为陕西省土地工程建设集团自主开发完成的评价系统。本系统以旧河道荒石滩土地整治工程为依托,通过开发集成,推广应用于类似的荒石滩土地整治工程,为土地整治工程提供辅助工具。软件系统可以根据用户提供的指标因子参数,对荒石滩土地整治工程进行评价,给出评价结果,用于指导土地整治工程实践。软件评价指标因子丰富,包括土地整治参数、物理性质参数以及化学性质参数。

软件主要通过对三方面因子分别赋予权重,加权平均后进行评价。软件评价主要内容包括:

(1)各指标因子的标准化:所有指标因子标准化后介于[0,1]。

(2)赋予权重:各指标权重的赋值,一方面需要有默认的权重,另一方面需要人工赋值。

(3)总体评价:经过加权平均后得到的评价参数,需要根据给定的分等定级区间,进行评价。

软件开发采用 JAVA 语言,界面友好,功能完善,以可视化界面实现人机对话,简单易用,软件系统流程如图 5-2 所示。

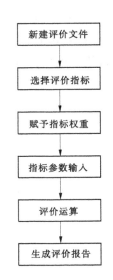

图 5-2　软件系统流程

5.2.5.2　软件中的指标参数

软件中的主要指标参数如下。

1. 物理性质

(1)质地:壤土(1.0)、黏壤土、砂壤土(0.75)、黏土、砂土(0.5)、粗骨(0.2)。

(2)pH 值。

$$y = \begin{cases} 0 & (0,4.0)\&(9.5,14) \\ \dfrac{x-4}{3} & (4.0,7.0) \\ 1 & (7.0,8.5) \\ 9.5-x & (8.5,9.5) \end{cases} \tag{5-38}$$

(以下指标公式均与此类似)。

(3)容重。

(4)盐渍化程度。

2. 化学性质

(1)SOM;

(2)TN;

(3)TP;

(4)TK;

(5)AN;

(6)AP;

(7)AK。

3. 整治参数

(1)土层厚度;

(2)坡度;

（3）沉降系数；

（4）田块宽度。

5.2.5.3 因子权重

软件中共涉及三方面 15 个指标因子，权重赋值需要满足以下功能：

（1）在 15 个因子均采用的情况下，程序设定默认赋值（比如均为 1/15），同时也可以根据需要自己设定权重。

（2）在软件使用中可能未采用全部因子，根据用户需要自己给权重赋值，用户赋值过程中，待赋值因子的权重要为剩余权重总和，以保证用户赋值后权重总和为 1。

（3）在用户选定因子后，可以设定默认所有权重均等（如选定 n 个因子，权重均为 $1/n$）。

5.2.5.4 总体评价

采用加权平均计算评价质量指数：

$$Q = \sum x_i w_i$$
$$\sum w_i = 1$$

(5-39)

给定的评价分等定级区间分别为：

（1）0~0.2：低等；

（2）0.2~0.4：较低；

（3）0.4~0.6：中等；

（4）0.6~0.8：较高；

（5）0.8~1.0：高等。

5.2.6 软件应用

5.2.6.1 软件安装

（1）解压软件压缩包"旧河道荒石滩土地整治评价系统 V1.0. rar"到硬盘任何位置。

（2）软件目录中执行文件是"旧河道荒石滩土地整治评价系统 V1.0. exe"。双击即可运行软件。

5.2.6.2 使用说明

1. 主界面

打开旧河道荒石滩土地整治评价系统 V1.0，进入主界面，如图 5-3 所示。

在菜单栏中点击"系统"，然后选择"新建"，或直接点击工具栏的第一项。

在弹出的向导框中输入评价计划的名称（见图 5-4），点击"Next"按钮。

2. 配置评价因子

在评价因子配置（见图 5-5）向导中选中待评价因子列表中的一项或多项，点击"添加"或"全部添加"按钮将评价因子添加到右侧的已选因子列表中，点击"Finish"按钮进入评价参数配置页面。

图 5-3　主界面

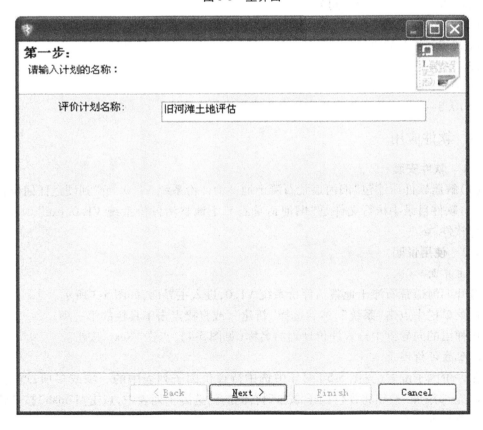

图 5-4　新建评价计划

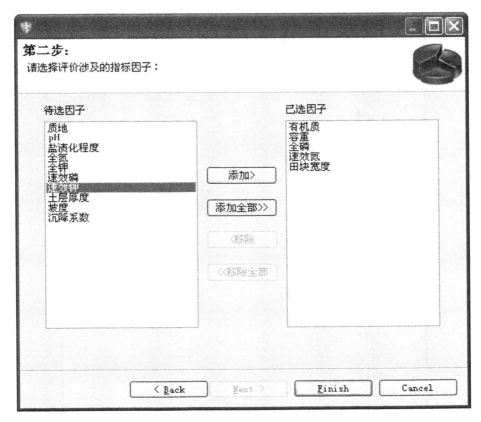

图 5-5　评价因子配置

3. 配置评价因子权重

在菜单栏中点击"配置",然后选择配置项,或直接点击工具栏的第二项,弹出评价因子权重配置对话框(见图5-6)。在对话框中拖动某行的刻度条或者在文本框直接输入权重数值,可以修改评价因子的权重,配置完成后点击"确定"按钮保存配置。若未经修改或未打开本配置对话框,则所有的评价因子权重默认为平均值。

4. 配置评价参数

在评价参数配置页面(见图5-7)中给每个评价因子配置评价参数,若未作修改,则评价参数为图5-7中所示的默认值。设置完成后点击"评估"按钮,弹出评价综合报告(见图5-8)。

5. 导出

本系统支持评价报告的文本格式导出,导出的报告内容包括综合质量评价参数、评价等级以及所有评价因子的评价信息。在评价报告对话框的下方点击"导出"按钮,可以打开文件导出对话框,选择路径和文本格式,然后点击"保存"按钮,将生成报告文档,如图5-9所示。

6. 退出系统

用户可点击系统主界面中的"退出"按钮,退出系统。

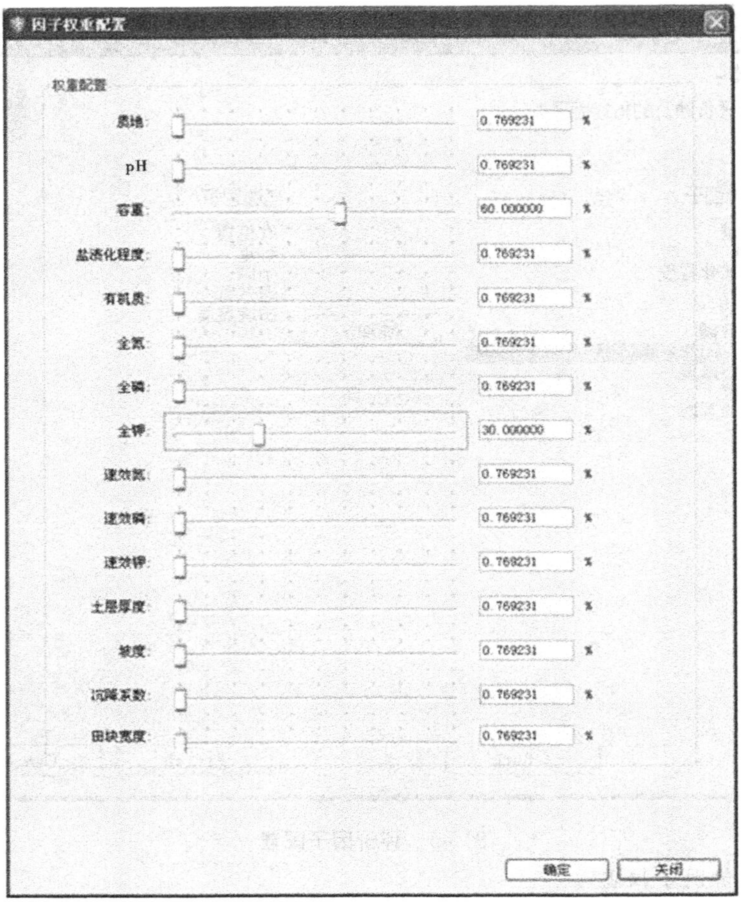

图 5-6　因子权重配置

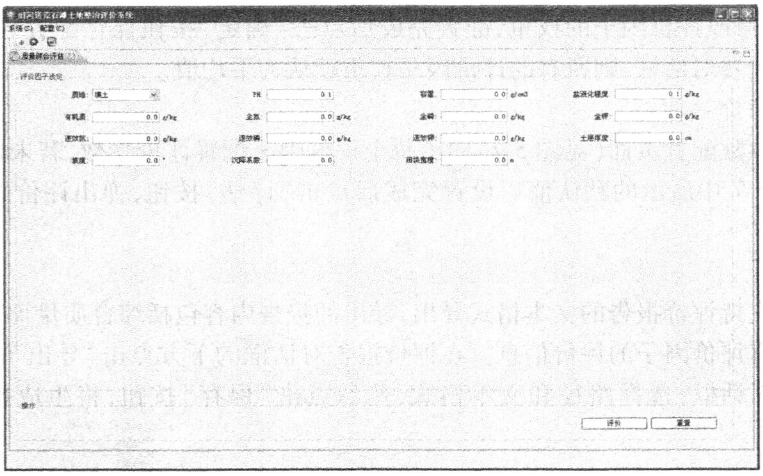

图 5-7　评价参数配置

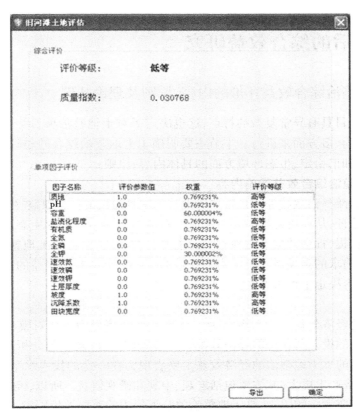

图 5-8　评价综合报告

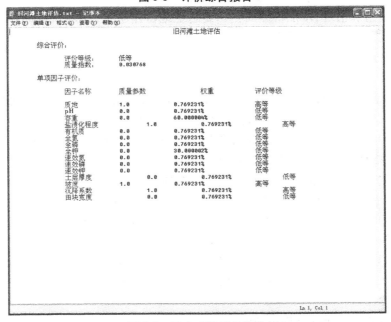

图 5-9　导出后的评价报告

5.3 整治后的综合效益研究

5.3.1 土地整治综合效益评价的内容、原则及理论基础

土地整治项目具有异常复杂的特点,这也决定了对土地整治项目综合效益的考察应当分时期、多视角、多方面来进行。本节主要明确了土地整治综合效益评价在生产生活、经济发展、社会和谐稳定、生态环境方面的具体内容、原则。

5.3.1.1 土地整治综合效益评价内容

旧河道荒石滩整治效益评价是指对土地整治项目建设的社会效益、生态效益、经济效益进行系统的论证,从而更好地指导旧河道荒石滩整治实践。追求生态环境效益是土地整治的基础与前提,社会效益是土地整治的主要目的,经济效益是土地整治的中心内容。因此,土地整治追求的是经济、社会、生态效益的统一。土地整治效益的内涵决定了评价的内容,评价内容决定了评价方法。

1. 经济效益

土地整治的经济效益是指投资行为主体或其他经济行为主体对整治的土地进行资金、劳动、技术等的投入所获得的经济效益。一般来讲,经济效益的分析都是通过投入和产出来进行衡量的。土地整治的经济效益主要表现为在一定的投入水平下,使土地整治后产量增加,经济产出更大,其主要包括宏观、中观和微观效益。所以,经济效益是人们进行土地整治时首要考虑的因素,是土地整治效益评价中的首要评价因素。

经济效益是衡量土地整治投资与收益的核心指标,主要包括:对原有旱地、坡地、荒草地和田坎的改造和治理,增加耕地面积和提高土地耕作质量;新建和修葺排灌设施,改善灌溉方式,以提高劳动生产效率;通过土地平整、坡改梯、新建修缮水利设施和田间生产道路来改善生产环境,进而提高农业机械化程度,提高生产效率。

2. 社会效益

土地整治的社会效益主要是指土地整治活动对社会环境系统所产生的影响,比如社会发展、社会文明、社会文化、社会保障和社会稳定等方面的效益。对农用地整治而言,社会效益就是为实现农村经济发展、农村文明建设、缩小城乡差别等所做出的贡献与影响的程度,主要包括社会生产和社会生活两方面。

社会效益是衡量土地整治的重要尺度,主要体现土地整治对社会经济可持续性发展的贡献度,是土地整治项目的实施对社会环境系统的影响及其所产生的宏观社会效应(范金梅,2003)。内容有:通过整治来增加有效耕地面积,抵消因非农建设而被占用的耕地面积,以缓解尖锐的人多地少矛盾和维持耕地数量的动态总量平衡;通过整治,完善生产道路和排灌、供电设施,田块平整后面积增大且呈规则状,也便于机械化和农业技术的实施;整治后农民的收入和生活水平有所提高,便于缩小地区间的差距等。

3. 生态效益

土地整治的生态效益是指土地整治过程中使用的一系列的生物和工程措施,对该地区的水文、土壤、植被、生物等自然生态系统要素及生态过程产生的直接或间接、正面或负

面的影响,它直接体现了土地整治工程对整治区域生态环境造成的影响,是支撑土地持续利用、保证生态平衡的关键因素(罗明等,1996)。它是人类经济活动所引起的生态系统结构、功能和生态环境质量的变化结果;这种结果又会反作用于人类的经济活动,引起经济效益和社会效益的变化。生态效益是衡量土地整治成效的重要尺度,主要是估计整治工程对环境和土地可能产生的各种影响,主要体现在土地整治地区的土壤水文、生物和气候等方面。

4. 综合效益

综合效益是对土地整治项目经济、社会和生态三者效益产生的整体效益所进行的综合、系统的测定和评定。土地整治具有效益的统一性,追求生态效益是土地整治的前提和基础;就服务的对象看,社会效益是土地整治的目的,经济效益是土地整治的核心,是整治工作的中心内容。所以,土地整治应实现经济、社会、生态效益的统一,做到经济发展、社会认可和生态和谐。

5.3.1.2　评价原则

1. 综合效益最大化原则

综合效益评价是从经济角度、景观生态角度以及社会角度等多个方面,全面地、多视角地考虑影响因素,进而进行评价。评价内容应当能从各个方面反映土地整治综合效益,评价视角应当具有全方位性。在考察项目带来的正面效益的同时,也应当考察其所带来的负面效益。在综合效益评价过程中,应当协调好各个方面的效益,努力实现综合效益的最大化。

2. 实用性和可比性原则

综合效益评价的成果应当具有实用性,以使评价结果能够真正影响土地整治项目。评价结果应当简单易懂,避免过多专业术语的应用,使社会公众也可以参与到对土地整治的监督中来。应当突出重点,防止面面俱到。同时,在收集数据材料时要尽可能详细可靠,数据对比的前后口径应当一致,具有可比性。应做到不同地区、不同时期的土地整治项目之间具有可比性,以保证评价结果的实用性。

3. 因地制宜原则

不同地区的土地生态系统有着不同的特征,其主导限制因子也不一样,土地整治的目标和具体实施措施也应该具有针对性。

4. 定量与定性分析相结合原则

土地整治效益评价应以定量计算为主。对难以定量的自然因素、社会经济因素采用定性分析,定性分析的结果可用于土地整治效益评价成果的调整和确定工作中,以提高土地整治效益评价成果的精确度。

5. 跟踪检验原则

在土地整治效益评价工作中,应及时检验各个阶段成果,确保评价结果与实际相符。

5.3.1.3　理论依据

治理区的土地整治评价的程序及方法应符合自然规律,将理论与实际相结合,统一全面地分析治理区的现状,评价治理后的效果,在理论依据基础上,提出的评价方法要简单易行,评价指标测定下的"三效益"误差最小。在土地整治评价下,依据的理论主要有以下几个。

1. 人地关系协调理论

人地关系一词,源于17世纪西方人文地理学家。早期人地关系理论一般立足于人对自然的依赖和适应上,以向土地索取食物作为人地关系的平衡点,随着人口增加、科技发展,人类有能力利用和改造自然以满足日益增长的需求,因而人地关系内涵也扩展为"人口—资源(土地)—粮食—能源—环境"的多元结构,以寻求人类社会经济发展与资源环境的协调与平衡。

人地协调理论主张:一方面,要充分合理利用地理环境,开发利用当地自然资源;另一方面,也要对已遭到破坏的人地关系进行修葺,治理生态破坏和污染,使其良性循环,做到经济发展与生态环境建设并重,如何协调人地关系并促进人类社会不断和谐发展,是现今人地关系研究的核心(廖蓉,2004)。

土地资源的有限性和人类需求的无限性,要求人类在对土地进行利用时,要以提高土地的集约利用程度为主,采取科学合理的土地整治措施,在不断提高土地生产能力的同时,保持生态平衡(鹿心社,1997)。在进行土地整治综合效益评价时,必须从协调人地关系的角度出发,引导土地整治向协调人地关系的方向转变,建设和谐的人地关系。

2. 系统理论

在第二次世界大战前后,美籍奥地利生物学家贝塔朗菲(L. V. Bertalanffy)提出了系统理论,其定义为"相互联系的诸要素的综合体"(Bertalanffy,1983)。他认为系统是一个由诸多部分构成并具有部分所没有的功能的有机整体,可分为多个组成因素或者子系统。系统理论强调,分析事物时应注重各因素间或各子系统间与整体的客观联系,并考虑其动态发展的趋势,尽量做到把握事物的整体性,以寻求最佳的解决办法。

系统理论在土地整治中的应用主要涉及两方面:一是土地整治包括的内容较多,有田、水、路、林、村、电等,如何对这六方面做到科学规划和合理施工才能使整治的整体效果达到最佳;二是土地整治效益评价本身就可视为一个多层次的等级系统,它包括经济、社会、生态三个子系统,三者中任意一个没有做到客观准确的评价,都会影响整体效果,因此应做到三者的有机配合。这就要求运用系统理论针对当地实际进行分析论证,不论是指标的选取还是建立指标体系,尽量做到科学合理,以确保最佳土地整治方案(路文丽,2012)。

3. 土地供给理论

土地供给分为自然供给和经济供给两种。土地的自然供给是指土地内生的、可供人类利用的那部分土地,包括可利用的土地资源和未来可利用的土地资源即后备资源,其不受社会因素的制约,具有无弹性供给和固定不变的特点;土地经济供给是指在土地自然供给的基础上,投入劳动进行开发后成为人类可直接用于生产、生活的各种用途的土地的那部分土地(罗明等,1996)。土地的经济供给虽然有弹性,但弹性较小;土地的自然供给是土地经济供给的基础,土地的经济供给只能在自然供给的基础上变动。

对荒草河滩、荒山坡地和撂荒地进行整治和复垦,能增加不少的土地面积,亦增加了土地的经济供给量,不仅缓解了用地矛盾,也增加了经济效益。

4.可持续发展理论

可持续发展旨在保护生态的持续性、经济的持续性和社会的持续性。从时间过程上来看,可持续发展强调了环境与资源的长期承载能力对社会发展进程的重要性,以有限的资源来满足人类社会长期发展的战略和模式是可持续发展的核心。资源不仅能维持一个地区的经济发展,也是维系地区生态平衡的基础条件,社会发展对资源需求应该控制在资源的承载力范围内。生态环境质量评价应该紧紧围绕资源有限的原则,从可持续发展的角度对生态环境问题提出切实可行的治理和修复的措施和途径(张征,2004)。

土地是稀缺资源,现代社会只追求经济利益,掠夺性利用土地,使土地遭到破坏,供给能力不断下降,土地的综合价值量也不断地减少。根据1993年在内罗毕所制定的《持续土地管理评价大纲》,持续土地管理的定义(刘光成等,2002)为:"把保持和提高土地生产力(生产性)、降低土地生产风险(安全性)、保持土地资源的潜力和防止土壤与水质的退化(保持性)、经济上可行(可行性)和社会可以接受(接受性)相结合。即土地资源的可持续利用就是实现土地生产力的持续增长和稳定性,保护土地资源的生产潜力和防止土地退化,并且具有良好的经济效益和社会效益。"区域可持续发展的重要前提是实现由人口(P)、资源(R)、环境(E)及经济社会发展(D)构成的区域 PRED 系统的协调发展(Eugene,2004)。土地资源作为自然资源的重要基础,具有固定性和稀缺性的特点。特别是传统的发展导致了不合理地使用土地资源和污染损害,使耕地数量不断减少,耕地质量不断降低,从而影响该地区的经济和社会以及生态可持续发展。

5.景观生态学理论

1938年,德国地理植物学家特罗尔首先提出了景观生态学这一概念。景观生态学的目的就是要协调人类与景观的关系,如进行区域开发、城市规划、景观动态变化和演变趋势分析等。景观生态学是研究在一个相当大的区域内,由许多不同生态系统所组成的整体的空间结构、相互作用、协调功能以及动态变化。景观在自然等级系统中一般认为是属于比生态系统高一级的层次。景观生态学以整个景观为研究对象,强调空间异质性的维持与发展、生态系统之间的相互作用、大区域生物种群的保护与管理、环境资源的经营管理,以及人类对景观及其组分的影响。现在,随着遥感、地理信息系统(GIS)等技术的发展与日益普及,以及现代学科交叉、融合的发展态势,景观生态学正在各行各业的宏观研究领域中以前所未有的速度得到接受和普及。景观具有空间分异性和生物多样性效应,由此派生出具体的景观生态系统原理,如景观结构功能的相关性,能流、物流和物种流的多样性等。

5.3.1.4 土地整治对绿色 GDP 的贡献

1.绿色 GDP 概念

20世纪90年代,联合国统计机构出版的《综合环境经济核算手册》,第一次正式提出绿色 GDP 的概念,即用自然资源的损耗价值和生态环境的降级成本以及自然资源、生态环境的恢复费用等调整现有的 GDP 指标,也就是把自然资源的损耗价值、生态环境降级成本和自然资源、生态环境的恢复费用从国民经济总值中扣除。

2.绿色 GDP 研究进展

20世纪90年代,联合国统计机构第一次正式提出绿色 GDP 的概念,随后联合国、世界银行、国际货币基金组织编制了《综合环境经济核算体系(SEEA2003)》,对各国绿色核算探索的成果进行了总结。在 SEEA 中,指出了绿色 GDP 核算包括实物量和价值量核算,规定了实物量的统计标准和价值量的计算方法(United Nations et al,2003)。2000 年,欧盟开展了欧洲森林的绿色核算。2003 年,联合国、欧盟、国际货币基金组织、世界经济合作与发展组织、世界银行发表的《综合环境经济核算体系(SEEA2003)》,是关于国民经济绿色核算比较权威的指导和参考性文件,形成了绿色国民经济核算的框架。随后,在 1989 年、1993 年和 2000 年联合国统计机构发表的《综合环境经济核算体系(SEEA2003)》的基础上,根据各国绿色核算的实践,对原有的框架进行了进一步的充实和完善,推出了绿色核算体系框架的最新版本,为进一步规范绿色国民经济核算体系提供了方法的指南和技术的保障。目前,这一框架是指导各国开展国民经济绿色核算的权威文献。2004 年,联合国粮食与农业组织(FAO)根据联合国五部门 2003 年的 SEEA,针对森林资源核算,编制了《森林环境和经济核算账户指南》,促进了绿色核算的发展。

20 世纪 70 年代,挪威作为先例,对资源、环境进行了核算,一些项目还建立了详细的统计规则,比如环境费用支出等,为绿色 GDP 核算打下了基础。20 世纪 80 年代,日本的 Daly(1989)等致力于经济可持续发展(ISEW)的研究,澳大利亚、加拿大、中国、哥斯达黎加、印度、墨西哥、巴布亚、新几内亚和美国的绿色 GDP 也开始发展。随后,芬兰学者也对资源与环境进行了核算,包括森林资源(实物量核算)以及环境保护费用支出(价值量核算)。20 世纪 90 年代,在联合国的支持下,墨西哥首先开展了绿色核算工作,先对各种自然资源(水、空气、土壤和森林等)进行统计,把自然资源纳入综合环境经济核算体系,然后将统计结果填入实物量核算账户,最后对自然资源的实物量进行估价,编制价值量账户;墨西哥还对土地退化成本和环境损失成本进行核算,第一次提出了经济资产净积累和环境资产净积累两个新概念。绿色 GDP 核算得到了进一步发展,墨西哥的核算方法被新几内亚、印尼、泰国、巴布亚等国借鉴,各国都开展了绿色 GDP 的探索研究。现阶段一些学者继续致力于绿色 GDP 的研究,Wallace 等(2007)对发展绿色 GDP 进行了很多尝试,把自然资源的耗减和环境的退化计入到 GDP 中,认为绿色 GDP 是衡量社会福利和可持续发展的重要指标体系。McCulla 等(2007)认为,传统 GDP 只是用来衡量市场上商品和服务的流动,是商品和服务的货币交易,忽略了自然资源、生态服务、生态资本、社会资本和人力资本,还强调 GDP 仅仅是衡量经济活动的指标,不能作为经济可持续发展的指标,更不用说作为生态和社会的可持续发展指标。Marcuss 等(2007)认为,GDP 作为衡量经济发展的指标导致了自然资源锐减和生态环境的退化,不利于子孙后代的发展。Turner 等(2008)认为,在传统 GDP 的核算中,砍伐森林得到的木材价值明显小于不砍伐时产生的生态服务的价值,这些生态服务的价值包括森林生物多样性保护、涵养水源、固碳供氧、净化空气和森林游憩的价值,都没有包括在传统 GDP 的核算中。Robert(2009)在经济核算账户中逐渐加入了一些绿色指标,包括经济可持续发展指标、真实的发展指标、绿色 GDP 和真实财富指标。

从国外的研究情况来看,世界上许多国家都在对绿色 GDP 核算进行探索并付诸实践。目前,各国绿色核算理论与实践还存在很多差异,全世界还没有统一的标准,也没有一个国家的政府以自己的名义发布核算结果。但是,核算的方法逐渐规范了,核算账户的范围也扩大了,而且联合国统计办公室已经在努力把绿色核算处理标准化,并在各国推广。

　　20世纪90年代末,我国经济发展迅速,但与此同时资源损耗速度加快,环境污染也日益严重,环境问题已成为我国经济发展的障碍。随着人们环境意识的加强,我国开始关注资源和环境问题,经济的发展也将寻求另外的方式。一些专家认为,传统的GDP在反映经济发展成果的同时,没有反映经济发展所带来的资源损耗和环境损失,不能真正地反映社会经济的增长,容易造成经济发展的"空心化"(朱启贵,2003)。据统计,2006年我国20%的GDP总量的增长是以牺牲自然资源和环境为代价取得的,这种增长从长远来看,并不利于经济社会和生态的可持续发展(Liu,2006)。当我国整体的经济增长减慢的时候,我国开始关注可持续发展,可持续发展的三要素是人口、环境、经济,必须转变三者的增长方式。发达国家的经济增长依靠的是技术创新,而我国经济增长是粗放型的,依靠的不是科技水平的提高,而是资金和劳动力的投入(Zheng et al,2009)。许多发展中国家和人口较多的国家都是依靠开采自然资源来促进经济增长的,因此应该保护和改善严重破坏的生态系统(Barbier,2005)。世界银行绿色GDP的核算内容包括自然资源的损失和教育的支出。Zheng等(2009)扩展了世界银行关于绿色GDP的核算内容,把初级产品的输入链和公共环境设施的支出包括在绿色GDP的核算中,其还按照世界银行提出的绿色GDP和自己认为的绿色GDP分别对1978~2004年中国的GDP进行了核算,核算结果是其自己认为的绿色GDP值最大,表明了自然资源和环境对绿色GDP的贡献。研究结果还表明,环境污染造成的经济损失多达5 120亿元,相当于我国2004年GDP的3.05%,这为我国不计成本发展经济敲响了警钟。我国要进行经济发展方式的转变,从粗放式发展转变为集约式发展。

　　进入21世纪,绿色GDP核算取得了长足的发展。2000年,北京市社会科学院对1997年该市绿色GDP价值、资源损耗以及环境污染的价值进行了核算,建立了自己的核算体系,该体系把绿色GDP作为核心指标。核算结果表明:北京市绿色GDP价值占核算当年传统GDP价值的74.9%,说明环境污染和资源的消耗造成北京市的国民经济总值需扣除1/4左右(齐援军,2004)。2002年,国家统计局、中国林科院、北京林业大学、海南省统计局和海南省林业厅共同进行了《海南省森林资源与经济综合核算》的研究工作,该研究利用海南省森林资源实物量和价值量数据、海南省森林资源绿色GDP数据以及国民财富核算数据,确立了森林资源与经济核算的初步框架。2004年,国家统计局、中国林科院、北京林业大学、中国人民大学合作,正式启动了我国森林资源核算及绿色GDP的研究工作,主要对森林资源核算的理论方法、实物量与价值量、范围与途径等进行研究,并运用结果提出我国森林保护的可持续发展政策。2005年,我国在全国范围内开展了绿色GDP核算和污染损失调查工作试点,在全国建立了绿色国民经济核算体系和污染损失核算体系。现阶段我国也开展了一些绿色核算的试点,进行绿色GDP核算研究,包括北京、四川、广东、浙江、辽宁等10个省市。核算内容包括森林、海洋、环境污染、矿产等自然资源,尤其是对森林资源绿色GDP核算的研究取得了显著的成果。

　　从我国的绿色GDP核算研究情况来看,近年来的研究主要是由政府牵头,一些研究单位和高校参与,研究的重点放在森林资源的核算上,研究进程也主要放在对一些案例的研究上,仍然缺乏对核算内容、核算方法、核算框架等基础性的研究。另外,国内外有关绿色 GDP 核算的研究也表明,绿色 GDP 核算是一项复杂的系统工程,涉及会计、统计、资源、环境等各个方面,我们需要不断地探索和研究,全面推行绿色 GDP。

3. 土地整治工程对绿色 GDP 的贡献

土地资源的持续利用和良好的生态环境是人类生存和社会经济发展的基础,土地资源又是一种资产,是国民财富的重要组成部分,它同人造资产一样,都参与了社会再生产过程。因此,对土地资源本身以及由此产生的生态、经济、社会效益也应视同为固定资产一样进行核算,以便于对土地资源资产进行评估与管理,使土地资产的价值得到量化。

5.3.2 荒石滩整治后综合效益评价

5.3.2.1 经济效益

土地整治的最大受益者,其实还是整治区域内的农户,其对农户的直接经济效益表现为土地经整治后产量增加和生产成本降低两方面,所以达到了提高了农户收入的目的。产量增加的原因可归纳为:一是土地整治后,耕地、园地、林地及其他土地面积的增加;二是土地整治后土地产出能力的提高。

荒石滩整治后经济效益主要体现在:

(1)通过对旧河道、荒滩地、田间道路等的整治,可以改变农业经营方式,促进机械化作业,开展水利灌溉和规模经营,节水节电,有效降低农业生产成本,并提高耕地利用率和产出率。即通过土地整治,增加耕地节约集约利用,提高耕地质量,增加耕地有效面积,增加土地产出,节省了成本,增加了农业生产收入,创造了经济效益。

(2)通过土地整治,可促使区域土地利用结构优化,实施后新增耕地指标可以作为建设用地指标,有力地缓解了建设用地指标紧张的局面,产生了巨大的经济效益。

(3)增加基本农田的面积,提高农民收入水平。土地整治实施时,一般会调整土地利用结构,将旧河道荒石滩改造为耕地,增加基本农田面积,增加粮食产量。

5.3.2.2 社会效益

土地整治的社会效益,一般是指间接地对社会环境系统带来的影响,比如道路的拓宽、当地基础设施建设及其产生的其他宏观社会效应。核心包括增加就业机会,特别是缩小城乡差别,促进三农的发展,促进公平分配,产权的界定,权属的分割转让等方面。所以土地整治的社会效益归结为三点:一是土地整治对农村生产生活环境的影响;二是土地整治对农村经济的影响;三是土地整治可以更加科学合理地促进土地的产出能力。

土地整治对农村生产生活的影响表现为:第一,土地整治可以有效地促使人地矛盾的缓解,从而实现粮食产出率的提高;第二,调整产权,减少土地产权纠纷,实现农村社会的稳定;第三,帮扶农村贫困人口,缩小城乡差别,促进农村经济的发展;第四,健全和完善农村社会服务体系;第五,健全和完善农村基础设施体系。

土地整治对农村经济发展的影响表现为:第一,大力提高农民收入;第二,增加就业机会,辅助就业;第三,便于推广现代农业技术(薛艳军,2010)。

土地整治的科学合理性还表现为:第一,有条件地充分利用现有的稀缺土地资源;第二,有效调节利用水资源,充分利用光照温度资源。

荒石滩整治后社会效益主要体现在:

（1）可缓解人地矛盾，提高粮食自给率。通过土地整治，可以使废弃河道变成标准农田和优质耕地，使昔日利用率不高甚至荒废的旧河道荒石滩地得到很好的利用，不但可提高耕地质量，增加耕地面积，而且可促进社会可持续发展。

（2）健全农村基础设施体系，提高土地利用率，提高农民收入和生产生活水平，促进农业现代化。

5.3.2.3 生态效益

土地整治的生态效益，主要是指在土地整治过程中，对当地生态环境产生的影响，而生态环境又是由地形地貌、水文、大气、土壤、植被、动物等多种因子组成的复杂系统。反映生态效益的指标主要包括：第一，土地垦殖的变化；第二，土地质量的变化以及绿地植被的覆盖率变化；第三，农村生产生活景观的变化；第四，水资源可持续利用方面的变化。农业生态环境是农村生态环境的一个重要部分，好的农业生态环境不仅给当地居民带来愉悦的心情，提高居民的生活质量，也直接影响到农村生活环境质量。土地整治项目主要包括对当地地形地貌的改造，农、林、水、田的沟渠、道路的重建，现有森林充当防护林网的构建，以及对其他未利用土地的开发。而土地开发必然会带来水土流失、破坏农业生态环境等基本问题。不科学的土地开发是不可取的，必然会破坏生态系统。土地整治对资源进行再组织、再优化，虽然其整理过程改变了地表生态系统，对生态环境造成了影响，但是可以利用科学的工程技术治理水土流失、改善土壤生产力，进而达到改善农业生态景观分布格局的目的。

荒石滩整治后的生态效益主要体现在：

（1）建设农田防护林等措施，增加林草和绿色植被覆盖率，优化生态结构、改善生态环境。

（2）完善农田水利设施和交通道路系统，有效地保证农田作物灌溉和道路通达度等。

（3）改善区域生态环境，使农田生态界面平坦，优化了农田小气候，减少了局部流域的水土流失，增强了洪涝灾害抗御能力。

5.3.3 荒石滩土地整治综合效益分析

5.3.3.1 经济效益

该研究成果在华阴市白龙涧荒石滩进行工程示范，并推广至渭南市、宝鸡市多个县，累计治理荒石滩 1 419.11 hm²，新增耕地约 1 014.61 hm²。经统计，实现经济效益约 1 871 万元。华阴白龙涧工程项目，通过梯田的修整、水利设施的配套、覆土工程的实施，使当地耕地经营规模化，极大地改善了土地利用条件，增加了耕地面积，改善了农业生产条件，实现了种植多样化，带动了当地经济的发展。当地农民可充分利用完善的农业生产设施、水利设施，提高灌溉效率及灌溉效益。如根据市场需求、土地适宜性和当地农业生产习惯，农作物种植小麦和玉米，每亩产值可达到 2 000 元/亩，极大地增加了当地农民的收入。

5.3.3.2 社会效益

通过河道整治和土地整治项目的实施取得了以下效益：一是治理河道，加固河堤，保证河道顺畅、安全，避免洪灾淹没农田；二是通过覆土改善土壤结构；三是修建引水管道，完善项目区灌溉设施；四是在河道治理的基础上开发河道滩涂地，增加耕地面积。通过河道整治和土地整治项目的实施,土地利用结构发生转变,促进农业发展,加快农业现代化进程,对建设社会主义新农村发挥了显著作用。

通过项目的实施,开发了荒石滩,改善了土壤结构,增加了耕地面积;修建了引水管道,完善了项目区灌溉设施;同时,治理了河道,保证了河道顺畅、安全。该项目的顺利实施,改善了项目区的生态和生活环境,提高了农民收入。另外,为同类土地的整治工作提供了技术支撑,培养了土地工程技术领域专业技术人才,推动了该领域的科技进步。

5.3.3.3 生态效益

通过土地平整,道路、灌溉系统的修建,提高了土地的利用率和产出率,改善了农业生产条件和农民居住环境,同时,对防止水土流失,建立农田生态系统,促进农业综合生产能力的提高都有重要意义。

5.3.3.4 综合效益

荒石滩土地整治综合效益主要表现为:从土地规划利用来看,制约土地资源利用的关键因素是自然因素,而不是人为因素。只有求得生态效益,才能获得综合效益。土地利用系统的关键因素仍然是社会因素,社会效益是土地整治综合效益的目的和关键所在。所以,求得社会效益,仍然是荒石滩土地整治的核心和首要目标,更是土地整治的一贯使命和目标。荒石滩土地整治谋求三者效益的统一,做到了生态上绿色,经济上科学合理,政策上可行有效,建立了长久有效的机制,最后才综合做到对不同指标间比例的平衡。

5.3.4 荒石滩土地整治建议

为指导荒石滩全面开发利用,在总结试验区开发利用经验的基础上,主要从开发、利用以及管理三个方面进行分析、总结,提出了几点建议。

5.3.4.1 社会效益、经济效益、生态效益并重

在荒石滩土地整治市场化运作过程中,要避免经济利益最大化的原则,土地整治要和中低产田改造、农业园区建设、村镇建设、标准田建设相结合,发挥土地整治的整体优势,将土地整治与推进农业、农村现代化建设,加速农村人口的转移,加快城市化进程相结合。同时,在土地整治中要吸取西方国家在土地整治中的经验和教训,注重土地整治的生态效益,加强土地整治实施后的监测和评估工作。

5.3.4.2 保护耕地数量与提高耕地质量并重

耕地保护的数量和质量的提高是同等重要的,在一定程度上还可以互相转化。荒石滩土地整治虽然通过土地整治折抵指标的成本转化来推动这项工作,但是绝对不能机械地理解"耕地占补平衡"的含义,把增加耕地面积的数量作为衡量项目可行性的主要依据。

5.3.4.3 产业化运作

荒石滩开发属小区域综合治理,在编制规划方案和工程设计以及项目施工等方面应尽量做到步调统一,因此必须建立统一的开发组织机构,负责整个荒石滩土地整治的规划、设计和施工;在编制规划和设计方案前,首先组织相关技术人员深入研究和探讨开发后土地的利用方式和产业结构,为编制开发规划和设计方案提供依据;对于后期土地的利用,应该引导经营者走"设施农业"和"工厂化农业"的运作形式,引入企业管理模式,使生产的产品符合市场需求,扩大农业经营的收益。

第6章 荒石滩绿色施工技术研究

绿色施工技术是指在工程建设中,在保证质量和安全等基本要求的前提下,通过科学管理和技术进步,最大限度地节约资源,减少对环境负面影响的施工活动(章彩蓉和吴昌盛,2011)。绿色施工是可持续发展思想在工程施工中的具体应用和体现。绿色施工概括起来就是"资源有效利用",即:一是减少施工材料、各种资源和不可再生能源的使用;二是利用可再生能源和材料;三是设置废物回收系统,利用回收材料;四是在结构允许的条件下重新使用旧材料;五是减少污染物的排放,最大限度地减少对周围环境的影响。同时,绿色施工也是融合保护环境、亲和自然、舒适、健康、安全于一体的施工技术(闫乃华,2010)。

绿色施工技术并不是独立于传统施工技术的全新技术,而是对传统施工技术的改进,是符合可持续发展的施工技术,其最大限度地节约资源并减少对环境的负面影响,实现节能与能源利用、节地与土地资源保护、节水与水资源利用、节材与材料资源利用、环境保护(简称"四节一环保"),对于促使环境友好、提升工程整体水平具有重要意义。推进绿色施工要求在工程的全生命周期内(物料生产、施工规划、设计、施工、运营维修及拆除过程中)实现高效率地利用能源和资源(土地、水、材料)和最低限度地影响环境。其含义有二:第一,从效果特征上看,绿色施工对于使用者来说,应该是舒适、健康和安全的;第二,从运行特征上看,绿色施工对于社会来说,应该是资源节约和环境友好的。所以,绿色施工不再只是传统施工过程所要求的质量优良、安全保障、施工文明等,也不再是被动地去适应传统施工技术的要求,而是要从生产的全过程出发,去统筹规划施工全过程,改革传统施工工艺,改进传统管理思路,在保证质量和安全的前提下,努力实现施工过程中降耗、增效和环保效果的最大化。荒石滩土地整治过程中使用各种大型工程机械多,物料和能源的消耗量大,推广绿色施工技术有潜力、有空间。

6.1 节能、低碳施工

与传统施工相比,绿色施工的建造成本更高,但其能源消耗和对环境的影响更低。因此,在我国经济快速发展的道路上,土地整治选择"节能"、"低碳"和"环保"的施工技术势在必行。整治中应注重施工过程的每一个环节,有效控制和降低资源消耗与浪费,形成可持续的循环发展模式,达到节能、低碳的相应标准。荒石滩土地整治的节能、低碳施工技术主要包括以下几个方面。

6.1.1 施工机具

荒石滩土地整治首先应对施工机具进行优化配置,对施工机械进行合理选择。选择时应综合考虑诸多方面的因素,如场地条件、结构高度以及工程量等,结合各因素及工程的具体进度对机械数量进行合理规划,对机械进出场时间进行合理安排,提高机械的使用率,优先使用国家行业推荐的节能、高效、环保的施工设备和机具,优先选用电动机具,以利于保护环境的绿色能源的利用,降低现场燃油用量,减少燃油排放造成的污染。机械设备宜使用节能型油料添加剂,在可能的情况下,考虑回收利用,达到节能减排的目的。所有机械设备由专业公司负责提供,有专人负责保养、维修,定期检查,确保完好。自用和施工均应使用尾气排放达标的车辆,不达标的车辆不允许进入施工现场。

6.1.2　施工用电

在施工用电方面实行分区域供电,分别计量施工区用电和办公生活区用电,构建能耗消耗台账,定期进行计量、核算、对比分析,有效预防和纠正不合理用电。在大型用电设备上实行一机一表制度,充分掌握大型用电设备的运行情况,提高机具的使用率以及满载率。安排施工工艺时,应优先考虑耗用电能的或其他能耗较少的施工工艺。避免设备额定功率远大于实用功率或超负荷使用设备的现象。临时用电优先选用节能电线和节能灯具,临电线路合理设计、布置,临电设备宜采用自动控制装置。采用声控、光控等节能照明灯具。施工临时设施结合日照和风向等自然条件,合理布置,临时设施选用由高效保温隔热材料制成的复合墙体和屋面,以及密封保温隔热性能好的门窗,冬季利用日照并避开主导风向,夏季利用自然通风,避免使用空调设施。合理配置采暖、空调、风扇数量,规定使用时间,实行分段分时使用,节约用电。合理利用自然采光、照明设备,以满足最低照度为原则,照度不应超过最低照度的20%,鼓励施工单位对夜间照明、生活用水等利用太阳能技术,节约用电。

6.1.3　施工用水

我国水资源紧缺,人均拥有量为2 220 m³,仅为世界平均值的1/4。另外,随着人口的持续增长、经济的高速发展,目前存在的水资源供求矛盾将更加趋于激化,因此重视节水与水资源的利用具有重大的现实意义。在施工过程中,应根据工程所在地的水资源状况,制定相应的节水措施,提高用水效率。施工现场喷洒路面、绿化浇灌不使用市政自来水。现场搅拌用水、养护用水采取有效的节水措施,严禁无措施浇水养护混凝土。施工现场供水管网应根据用水量设计布置,管径合理、管路简洁,避免管网和用水器具的漏损。现场机具、设备、车辆冲洗等采用地下降水。施工现场分别对生活用水和工程用水确定用水定额指标,并分别计量管理。现场机具、设备、车辆冲洗、喷洒路面、绿色浇灌等用水,优先采用非传统水源,尽量不使用市政自来水。建立可再利用水收集处理系统,使水资源得到梯级循环利用(贾慕晟,2014)。施工过程水回收利用技术包括基坑施工降水回收利用技术、雨水回收利用技术与现场生产废水利用技术。

6.1.3.1　基坑施工降水回收利用技术

基坑施工降水回收利用技术包含两种技术:一是利用自渗效果将上层滞水引渗至下层潜水层中,可使大部分水资源重新回灌至地下的回收利用技术;二是将降水所抽水集中存放,用于施工过程中用水等回收利用技术。

技术措施包括:

（1）现场建立高效洗车池：主要包括蓄水池、沉淀池和冲洗池三部分。将降水井所抽出的水通过基坑周边的排水管汇集进蓄水池，经水泵冲洗运土车辆。冲洗完的污水经预先的回路流进沉淀池进行沉淀，沉淀后的水可再流进蓄水池，循环使用。

（2）设置现场蓄水箱：测算现场回收水量，制作蓄水箱，箱顶制作收集水管入口，与现场降水水管连接，并将蓄水箱置于固定高度（根据所需水压计算），回收水体通过水泵抽到蓄水箱，同时水箱顶部设有溢流口，溢流口连接到马桶冲洗水箱入水管上，溢水自然排到马桶的冲洗水箱，水箱的底部设有水闸口，水闸口可以连接各种用水管（施工用水管等），用于现场部分施工用水。

6.1.3.2　雨水回收利用技术

雨水回收利用工程可分为三个部分：雨水的收集、雨水的处理和雨水的供应。一般模式是将雨水通过雨漏管收集，通过分散或集中过滤，除去径流中颗粒物质，然后将水引入蓄水池贮蓄，再通过水泵输送至用水单元。雨水的使用，在未经过妥善处理前（如消毒等），一般建议用于替代不与人体接触的用水，如施工现场降尘、绿化和洗车等。经过处理的水体可用于结构养护用水、现场砌筑抹灰施工用水等。也可将所收集的雨水，经处理、储存后，用水泵将雨水提升至顶楼的水塔，供厕所的冲洗使用。与人接触的用水，仍是自来水供应。

6.1.4　施工用地

根据施工规模及现场条件等因素合理确定临时设施，包括临时加工棚、现场作业棚、材料堆场、办公生活设施。临时设施的占地面积应按用地指标所需的最低面积设计。平面布置合理、紧凑，在满足环境、职业健康与安全及文明施工要求的前提下尽可能减少废弃地和死角，充分利用原有构筑物、道路和管线为施工服务。施工仓库、作业棚、材料堆场等布置应尽量靠近已有交通线路或即将修建的正式或临时交通线路，缩短运输距离。不建设大规模生活区，生活区必须经过合理的规划统一建设，节约使用土地。临时办公和生活用房采用经济、美观、占地面积小、对周边地貌环境影响较小、适合于施工平面布置动态调整的多层轻钢活动板房。施工现场道路按照永久道路和临时道路相结合的原则布置。施工现场内形成环形通路，减少道路占用土地。土方开挖施工采取先进的技术措施，减少土方开挖量，最大限度地减少对土地的扰动，保护周边自然生态环境，红线外临时占地尽量使用荒地和废地，少占用农田和耕地。工程完工后，及时对红线外占地恢复原地形、地貌，把施工活动对周边环境的影响降至最低。

6.1.5　施工环境保护

6.1.5.1　扬尘控制

扬尘是施工现场主要的环境影响指标，不仅会对场地内造成危害，还会对场地外造成不良影响，严重时将引起投诉，损害企业形象。在运送垃圾、设备及建筑材料等时，要做到不污损场外道路。运输容易散落、飞扬、流漏物料的车辆，必须采取措施封闭严密，保证车辆清洁。施工现场出口需设置洗车槽，清洗车辆上的泥土，防止泥土外带。结构施工阶段，作业区目测扬尘高度要小于 0.5 m。对易产生扬尘的堆放材料应采取密目网覆盖措施;对粉末状材料应封闭存放;场区内可能引起扬尘的材料及建筑垃圾搬运应有降尘措施,如覆盖、洒水;浇筑混凝土前清理灰尘和垃圾时应利用吸尘器清理,机械剔凿作业时可用局部遮挡、掩盖、水淋等防护措施;多层建筑垃圾清理应搭设封闭性临时专用道或采用容器吊运。施工现场非作业区要达到目测无扬尘的要求。对现场易飞扬物质应采取有效措施,如洒水、地面硬化、围挡、密目网覆盖、封闭等,防止扬尘产生。构筑物机械拆除前,做好扬尘控制计划。采取清理积尘、对拆除体洒水、设置隔挡等措施。

6.1.5.2　噪声控制

在施工过程中严格控制噪声,对噪声进行实时监测与控制。使用低噪声、低振动的机具,采取隔声和隔振措施,避免或减少施工噪声和振动。钢筋加工应采用现场加工,设置钢筋加工棚,尽量减少噪声。木材切割噪声控制应在木材加工场地设置木材加工棚,尽量减少噪声污染。结构施工期间,混凝土输送泵应根据现场实际情况确定泵送位置,原则上远离人行道和周边建筑,采用噪声较小的设备。混凝土浇筑应尽量安排在白天,选择低噪声的振捣设备。各施工机具、混凝土输送泵等噪声较大设备需设置防砸减噪棚。强噪声作业时间应严格控制,晚上作业时间不超过22时,早晨作业时间不早于6时,特殊情况需连续作业的(如夜间作业),应尽量采取降噪措施。

6.1.5.3　光污染控制

尽量避免或减少施工过程中的光污染。夜间室外照明灯应加设灯罩,使透光方向集中在施工范围。电焊作业应采取遮挡措施,避免电焊弧光外泄。设置焊接光棚,钢结构焊接部位需设置遮光棚,防止强光外射对工地周围区域造成影响。对于板钢筋的焊接,可以用废旧模板钉维护挡板;对于大钢结构,采用钢管扣件、防火帆布搭设,可拆卸循环利用。控制照面光线的角度,工地周边及塔吊上应设置大型罩式灯,随着工地的进度及时调整罩灯的角度,保证强光线不射出工地外。施工工地上设置的碘钨灯照射方向应适中朝向工地内侧,必要时在工作面设置挡光彩条布或者密目网遮挡强光。

6.1.5.4　废气控制

为保证城市的空气质量,项目施工中应尽量减少废气的排放。现场使用的车辆及机械设备的废气排放应符合国家要求,总包单位应对项目分包、设备租赁等所有的机械设备、车辆进行控制。选择利用效率高的能源,食堂使用液化天然气,其余均使用电能,不使用一次性餐饮具,不使用煤球等利用率低且污染环境的能源。借鉴采用专门的除尘设备,有效减少现场电焊烟气等产生的金属粉尘、锰等有毒有害物质的排放(潘俊,2014)。

6.1.5.5　土壤保护

尽量减少土壤扰动,降低土壤碳排放。保护地表环境,防止土壤侵蚀、流失。因施工造成的裸土,应及时覆盖砂石或种植速生草种,以减少土壤侵蚀。因施工造成容易发生地表径流土壤流失的情况,应采取设置地表排水系统、稳定斜坡、植被覆盖等措施,减少土壤流失。工程开挖出的土方部分现场苫盖保存供回填使用,外运土方尽量运往邻近场地,避免土壤流失。确保沉淀池、化粪池等不发生堵塞、渗漏、溢出等现象,及时清掏各粪池内沉淀物。对于有毒有害废弃物,如电池、墨盒、油漆、涂料等,应回收后交由有资质的单位处理,不能作为建筑垃圾外运;废旧电池要回收,在领取新电池时要交回旧电池,最后由项目部统一移交公司处理,避免污染土壤和地下水。施工后应恢复施工活动破坏的植被和地貌造成的土壤侵蚀。

6.1.5.6　固体废弃物处置

固体废弃物应分类收集,集中堆放,并标有明显的标识(如有毒有害、可回收、不可回收等)。危险固体废弃物必须分类收集,封闭存放,积攒一定数量后由各单位委托当地有资质的环卫部门统一处理并留存委托书。通过采取合理下料技术措施,准确下料,尽量减少垃圾的产生。实行"工完、场地净"等管理措施,每项工作结束该段施工工序时,在递交工序接单前,负责把自己工序内的垃圾清扫干净。充分利用建筑垃圾废弃物的落地砂浆、混凝土等材料,提高施工质量标准,减少建筑垃圾的产生。尽量采用工厂化生产建筑构件,减少现场切割。提高废旧材料的再利用率,垃圾分类处理,可回收材料中的木料、木板由胶合板厂、造纸厂回收再利用。非存档文件纸张采用双面打印或复印,废弃纸张等回收再利用。废旧不可利用的钢铁由项目部统一处理给钢铁厂再利用。办公使用可多次灌注的墨盒,不能用的废弃墨盒由制造商回收再利用。

6.2　地质灾害的防治

旧河道荒石滩地因行洪不顺可能会产生泥石流、山体滑坡、损毁农田等地质灾害,荒石滩土地整治既包括旧河道的治理,还包括滩涂地的整治,开展综合整治可有效防止此类地质灾害的发生。同时,河道整治具有控制土壤侵蚀的价值,一方面,减少了水土流失,保护农田用地不受洪灾;另一方面,减少了因水土流失造成的土壤肥力丧失。

河道荒石滩整治应明确具体的整治目的,以防洪为目的的河道滩地整治,要保证有足够的排洪断面,避免出现影响河道宣泄洪水的过分弯曲和狭窄的河段,主槽要保持相对稳定,加强河段控制部位的防护工程。以航运为目的的河道整治,要保证航道水流平顺、深槽稳定,具有满足通航要求的水深、航宽、河湾半径和流速、流态,还应注意船行波对河岸的影响。以引水为目的的河道整治,要保证取水口段的河道稳定及无严重的淤积。以浮运竹木为目的的河道整治,要保证有足够的水道断面、适宜的流速和无过分弯曲的弯道。旧河道荒石滩地在行洪、蓄水、水生态保持、地质灾害防治等方面起到了重要的作用,因此开展行之有效的治理措施是一项新的严峻任务。

6.2.1　河道荒石滩治理原则

河道荒石滩治理的原则包括尊重自然原则、可持续发展原则、植物合理配置原则、协调统一原则和发挥河流滩地的社会功能原则(田蓉,2012)。尊重自然原则是河道荒石滩生态治理的基本原则。对河道进行生态治理的过程中应尽量维持河流的自然形态,注意结合生态学的相关知识,充分发挥河流生态系统自净能力和自我调节能力。在河道荒石滩生态治理中必须坚持可持续发展原则,保证足够的水面率和水体容量,保证水体循环流通,进而改善整个流域的自然生态环境,达到经济、社会和环境等全方位的协调。植物合理配置原则是指在河流荒石滩生态治理中合理配置水生植物、湿生植物和陆生植物,建立起多样性的生物群落,以提高河流的自净能力和自我恢复能力,发挥城市河流生态系统在景观中的作用,将美学融入到城市河道生态治理之中,使治理后的城市河流生态系统与周围环境协调统一,形成城市景观中的一道亮点。城市河道的生态治理在满足河流防洪、排涝等基本功能的同时,也要发挥河流的休闲娱乐、景观等社会功能。城市河流生态系统应该能够为人们提供可亲水的休闲娱乐空间。

6.2.2 河道治理

6.2.2.1 山溪性河道治理

1.滩地的保留和利用

滩地是山溪性河道的特有产物。一般河道滩地较开阔,洪水期水流漫滩,有利于行洪滞洪,应保留其功能,并充分开发利用。流经城区的河道,在维持滩地行洪功能的同时,利用滩地设置绿化地、公园、交通辅道和运动场所,开发其休闲、亲水功能,成为市民娱乐、健身、游玩的好地方。整治中,顺应河势,因河制宜,保留河滩和弯道,恢复河道的天然形态,能够减少河床的坡降,降低洪水位,减小洪峰压力,降低防洪堤的高度。另外,弯曲的水流更有利于保护生物多样性,为各种生物创造适宜的生存环境。

2.复式断面的设计

山溪性河道一般河滩开阔,河道断面设计可采用复式断面形式。枯水期流量小,水流归槽主河道;洪水期流量大,允许洪水漫滩,过水断面大,洪水位低,一般不需修建高大的防洪堤。枯水期根据河滩的宽度和地形、地势,结合当地实际充分开发河滩的功能:如滩地较宽阔时,一般可开发高尔夫球场、足球场等大型或综合运动场;河滩相对较窄时,可修建小型野外活动场所、河滨公园或辅助道路等。河滩的合理开发利用,既能充分发挥河滩的功能,又不会因围滩而抬高洪水位,加重两岸的防洪压力。

3.防冲不防淹的矮胖型堤坝设计

山溪性河流具有河床坡降陡、洪水暴涨暴落的特点,高水位历时短,流量集中,流速大,对沿河堤坝、农田冲刷严重。通过规划,采用防冲不防淹的矮胖型堤坝设计,保护区下游堤段开口,还河流以空间,给洪水以出路,允许低频率洪水漫坝过水,确保堤坝冲而不垮,农田冲而不毁。以防洪为主要功能的农村河道,堤防基础冲刷严重,可采用松木桩基础,其投资省、整体性好、抗冲能力强,能提高堤防的整体性和稳定性。

4.采用生物固堤,减少堤防硬化

对于乡村田间河道,除个别冲刷严重河岸需筑堤护坡外,应尽量维持原有的自然面貌,保持天然状态下的岸滩、江心洲、岸线等自然形态,维持河道两岸的行洪滩地,保留原有的湿地生态环境,减少由于工程对自然面貌和生态环境的破坏。在堤防建设中,可采用大块鹅卵石堆砌、干砌块石等护岸方式,使河岸趋于自然形态。个别受冲河岸堤防内侧可采用种植水杉等根系为直根的树种或草坪护坡等植物护堤措施。

6.2.2.2 城镇村集居地河道滩地治理

1.建立"水景观体系"概念

水景观体系(黄静,2013)是集水资源综合调度、景观和观景休闲等功能于一体的景观水系。城区河道两岸以及旅游景点的河流,是人们休闲娱乐的理想场所,需充分考虑城市对河道景观和环境和谐的要求,构造具有亲水理念的景观河道,营造人与自然和谐的氛围。城镇建设与规划要突出亲水文化,郊区突出自然和生态,使河道防洪工程与河道两岸景观融为一体,与城市文化、风格、历史、人文相协调。

2.在达到防洪要求的基础上,突出休闲、亲水、生态功能

对于绿化工程的平面布置应结合城市景观设计,结合城镇绿化和园林建设,因地制宜,采取植物种植、植被保护等生态工程措施,防止水土流失。对于穿越城市繁华地段而且水质较好的河道,可以采取双层断面的箱涵结构,下层暗河主要有泄洪、排涝的功能,上层明河具有安全、休闲、亲水等功能,一般控制0.2m左右的水深,河中放养各种鱼类,河道周边建造戏水池、喷水池、凉亭等休闲配套设施。城镇区域内建双层河道,具有较好的安全性和亲水性,可提高河道两岸环境和街道的品位,是"人与自然和谐相处"治水理念的体现。

3.要具有人类活动安全保障

矩形断面由于离水面较高,需设置护栏等保护措施,同时沿直立护墙设置两岸交错上下台阶,满足上岸和下水的要求。梯形断面的河道边坡要考虑游人行走安全要求,留足马道宽度,并采用草坪缓坡或错落有序的毛石堆砌等方式以达到亲水要求。亲水平台或亲水台阶的护岸,需根据水位变幅,在亲水平台中设置水下平台,水下平台应有足够宽度,以保护游人在亲水、戏水过程中的安全。设计时允许小洪水淹没某些岸边设施,使河道的常水位尽量贴近游人,让人能走到水边则更好,长时间保持一定水深,洪水来时让其上滩。

6.2.2.3 平原河道滩地治理

1.生态护堤

采取自然土质岸坡、自然缓坡、植树、植草、干砌、块石堆砌等各种方式护堤,为水生植物的生长、水生动物的繁育、两栖动物的栖息繁衍活动创造条件。对于河岸边坡较陡的地方,采用木桩、木框加毛块石等工程措施,这种护岸工程既能稳定河床,又能改善生态和美化环境,避免了混凝土工程带来的负面影响。在应用草皮、木桩护坡时,也可以运用土工编织物,袋内灌泥土、粗沙及草籽的混合物,既抗冲刷,又能长出绿草。平原河网水位一般变幅不大,对于没有通航要求的河道,土堤可采用植树、种草等生态工程措施,防止水土流失。有通航要求的河道,在河道断面设计时,正常水位以下可采用干砌石挡土墙,正常水位以上采用缓于1:4的毛石堆砌斜坡,以增加水生动物的生存空间,削减船行波对河道冲刷的影响,保护堤防和改善生态环境。

2.提倡缓坡、减少直立式护坡

梯形断面一般适用于城镇乡村等人居密集地周边的河道,结构简单实用,是农村中小河道常用的断面形式,一般以土坡为主。为便于河道管理,防止河岸边坡耕作,河道两岸保护范围内用地采用征用或借田租用等方式,设置保护带,发展果树、花木等经济林带或绿化植树,防止周边农户耕作,确保堤防安全。平原河道堤防高度一般不高,设计中可根据不同的地形、地势,考虑将挡土墙与河岸景观相结合,采用不同形式和造型的挡土墙,突出水景设计,掩盖堤防特征,使人走在堤边而又无堤之感觉。要从当地的风土民情、具有地域特色的水文化出发,降低河道的护岸高度,建设亲水平台,塑造以石、水、绿、物、路等要素结合的园林式滨水景观。

3.保护耕地增加耕地,保护湿地增加水面

平原河道滩地开阔,农田周围大面积滩地可通过覆土改善土壤结构,开发滩涂地,增

加耕地面积,修建引水渠道,完善灌溉设施,加固河堤,保证河道顺畅、安全,避免洪灾淹没农田,最终达到改善生态环境、促进当地农民生产、增加农民收入、提高农民生活水平的目的。对于河道湿地,要保留独具特色且珍贵、被视为荒滩荒地的植物和生物的栖息地,这些地方往往具有非常重要的生态和休闲价值,对维护生态系统具有重要意义。湿地在抵御洪水、控制污染、调节气候、美化环境等方面发挥着很重要的作用。在具有生物多样性的河网湿地,要采取适当的保护措施,保留水域面积,为鸟类的迁移、湿地动植物生长繁衍创造良好的生态环境条件,也改善人类的生存环境。

6.2.2.4 污染源的控制处理与水体改善

1. 截污治污,加强管理

河道滩地整治是个系统工程,需要水利、环保、城建、规划、土地管理、航运、园林等多个部门的协作。在河网水质严重污染的地区,必须控制点源污染、减少面源污染、治理内源污染,针对实际情况,采取截污和改善河网水质的综合措施。对于城镇村集居地,要加快生活污水收集管网建设,将沿河两岸的企业单位及居民区的排放污水纳入污水管线内,同时提高居民的素质,规范生活垃圾收集处理,改变人们往河道倾倒垃圾的陋习。

2. 水体置换,吐旧纳新

通过河道清淤、水面保洁、控制排污等工程措施,削减进入河道的污染物总量,防止河网水体的恶化,但要从根本上提高水资源的承载能力,逐步改善水体质量,还需采取水体置换、引水配水工程,使水体流动起来,变"死水"为活水,同时充分利用现有河道的滩地、水面(湿地),保护河道水生态环境,提高河流水体自净能力,达到吐旧纳新、流水不腐的效果。

3. 用生态方法解决生态问题

采取疏浚、截污和引水等工程措施,会出现湖泊富营养化、湖水混浊、透明度难以提高等现象。对湖泊的富营养化问题应采用生态方法解决。湖泊的水生生态修复是利用生态学方法进行湖泊污染治理,利用各营养生物种群间的生态关系,控制(增加、减少或引入)某些种群,改善水生生态系统的结构和功能,调节水生生态系统的平衡。通过种植一定面积的高等水生植物,在水陆交错带,配备其他的水生植物群落,包括湿生植物、挺水植物(如芦苇)、浮水植物等,可以去除水体中的营养物,改善水质,提高水体透明度,使水生动、植物多样性得到自然恢复,使富营养湖泊的水体变清。

6.2.3 荒石滩治理

6.2.3.1 荒石滩开发利用趋势

荒石滩开发利用工程建设总体布局的确定,应综合考虑各地区自然地理、区域社会经济发展条件、生态环境、滩涂资源评价结论及沿线产业带规划等因素进行布局。根据当地农业、工业、交通、养殖及城镇、港口建设对土地资源的需求,制定近期、中期和远期目标,分阶段、有层次、有步骤地进行开发利用。

综合开发:对不同类型滩涂进行开发适宜性评价和限制性因素调查,根据因地制宜的原则,综合开发,宜农则农,宜养则养,最大限度地发挥土地的生产潜力。

立体开发:滩涂是一个立体地域空间,各种生物存在于不同的空间位置,呈立体配置状态。滩涂开发应充分考虑到空间高度、水体深度及相互间的生态链关系,把各种生物合理地配置在一个系统的不同空间,充分利用土地、热量、水分和光能等自然资源。

高效利用:在市场经济条件下,必须把滩涂开发当作一种商业投资行为,以获取高额经济效益为目标。因而,滩涂开发不仅应增加技术投入,提高土地的利用效率和生产率,还应根据市场需求,及时调整产业结构。

可持续利用:滩涂是一种宝贵的可再生资源,但如果利用不当或利用强度过大,可能会导致资源衰竭,甚至永久破坏。因此,滩涂开发必须有强烈的生态意识,以可持续发展为理论指导。

6.2.3.2 田间工程建设

1. 田间灌排沟渠

滩涂总体地势平坦,可按照平原模式布置灌排沟渠。采用灌排分开模式和斗渠(沟)灌排结合模式。

1)灌排分开模式

即斗渠(沟)和农渠(沟)分开。该模式下,沟渠各司其职,灌排方便。斗渠、斗沟及其以下各级渠沟宜相互垂直,斗渠长度宜为 1 000 ~ 3 000 m,间距宜为 400 ~ 800 m;末级固定渠道农渠长度宜为 400 ~ 800 m,间距根据农沟的排渍、防盐需要,宜为 30 ~ 80 m。农渠与农沟可根据地形条件采用平行相间布置或平行相邻布置。对于单一坡向的地区,农渠和农沟宜采用相邻布置以方便灌排。对于地势平坦的地区,应尽量采用灌排相间布置,以更好地排渍、防盐。旱作物种植区,临时渠道与排水沟可采用纵向或横向布置。灌水沟畦坡度小于 1/400 时,宜选用横向布置;大于 1/400 时,宜选用纵向布置。

2)斗渠(沟)灌排结合模式

滩涂地区淡水资源相对亏缺,土壤渗漏较为严重,如种植水稻、淡水养殖和降水等会产生大量地表和地下径流,回归水资源较为丰富,可作为灌溉水源循环利用。项目区部分斗沟及大部分支沟、干沟兼具有蓄水和引水的双重功能。因此,对于斗沟及以上沟道,可考虑采用灌排结合模式,即利用排水沟道兼作引水渠道,从斗沟提水至农渠进行灌溉。但滩涂地区土壤含盐量较高,田间农沟、农渠必须分开,以防渍和排盐。

采用灌排结合沟(渠)模式具有以下优点:①可充分利用排水沟蓄积部分地表径流和回归水,作为盐碱土改良和灌溉用水水源,以缓解淡水资源紧缺程度。②可重复利用灌溉回归水中的氮磷资源,减少环境负荷。③沟道经常保持一定水深,可为水生生物提供良好的栖息环境,有助于生态保护。④利用排水沟道输水,可减少渠道数量,降低工程造价,同时增加耕地数量。

2. 田间道路工程

田间道路工程包括直接为农业生产服务的田间道和生产路的建设,应尊重当地群众的习惯生产作业路线,做到大中型农业机械进得去,出得来。田间道路面宽度 3.0 ~ 6.0 m,一般属于中级路面,除用于运输外,应能通行农业机械;生产路路面宽度 1.0 ~ 3.0 m,一般为低级路面,应方便人工田间作业和田间管理。田间道路的通达度一般应达到 90%以上,占地比重一般控制在 3%以内,田间道密度合计不超过 48 m/hm²,生产路密度不超过 38 m/hm²。道路两旁可适当种植绿化树木。

1)田间道

(1)路线布置。路线选择应根据道路功能,正确运用技术指标,保持线形连续,平面顺适,纵面均衡舒适,布置实用经济;路线线位应在项目区的农田、水利、养殖水面及林网建设的基础上确定,为发展农业生产服务,并注意保护生态环境;田间道路一般与斗、农灌排沟渠结合布置,常用的布置形式有沟渠相邻和沟渠相间两种布置。田间道与渠、沟常见的结合形式有"沟—渠—路"、"路—沟—渠"和"沟—路—渠"三种。"沟—渠—路"是将道路布置在田块上端,位于灌溉渠道的一侧;"路—沟—渠"是将道路布置在田块下端,位于排水沟一侧;"沟—路—渠"是将道路布置在灌水田块下端,介于渠道和排水沟之间。具体采用何种形式,应视农机下地、物资运输、灌溉排水和道路扩展等要求进行确定。

(2)道路纵坡。田间道最大纵坡应视工程类型区的具体情况而定,平原区一般应小于6%,坝上高原缓丘区应小于8%。山地丘陵梯田区比降不超过15%的地方,道路采用斜线形;比降超过15%的地方,道路采用"S"形,盘旋而上。田间道最小纵坡应满足降水排出要求,一般宜取0.3%~0.4%,多雨地区宜取0.4%~0.5%。

(3)弯道半径。田间道弯道半径应根据地形、工程难易和行驶安全确定。平原区和缓丘区弯道半径不小于20 m,山区最小半径宜为15 m,地形复杂地区回头弯道半径一般可采用12 m,梯田田间道的转弯半径应大于8 m。应合理设置错车点和末端调头点。田间道在路基宽度小于等于4.50 m的平直段,宜每隔300 m的距离,选择有利地点设置错车台,错车台宜设在纵坡不大于4%的路段。错车台处的路基、台基总计宽度为6.50 m,错车台有效长度不小于20 m。

(4)道路设计。路面宽宜为3~6 m,路基宽为3~8 m,道路两边各留0.5~1 m作为路肩,路面宜高出地面0.4~0.8 m,边坡比宜为1:1,具体情况按照项目区位置状况具体分析。路基、路面应有良好排水、防淹、防碱性能,保障路基和路面的稳定、安全和道路畅通。田间道路面应选用碎石、塘渣、砂石、碎砖瓦、石灰,与当地黏性土掺后铺成,有条件的地区可选用黏土砖、水泥等材料硬化路面,但滨海滩涂盐碱较重地区田间道路面硬化时,应做防盐碱处理。

2)生产路

生产路的路线、弯道半径同田间道,道路纵坡基本与农田纵坡一致。生产路的修筑应与田间道相协调,方便田间作业和田间管理。生产路路面宽一般宜为1~3 m,路基宽一般宜为1~3 m,生产路不设路肩,路面高出田面0.3 m。生产路一般为低级路面,路面应保证强度高、稳定性好并且平整,用具有一定黏性和满足设计要求强度的素土夯实,压实系数不宜低于0.95。

3. 土地平整工程

土地平整工程是进行农业机械化生产和农田水利、道路等基本建设的实施基础,目的是增加有效耕地面积,提高土地利用率,改善农业生产条件,提高土地产出率,便于机械耕作,发挥机械效率,利于压盐、排水、改良土壤等。土地平整工程的内容包括以平田整地为重点的耕作田块修筑工程和以保持或提高地力为目标的地力保持工程。土地平整工程应与灌溉与排水、田间道路、农田防护与生态环境保护工程建设相结合;耕作田块应结合现有排水沟渠布置,有利于耐旱和耐碱作物种植,有利于防潮排涝、防止土壤盐碱化和农机作业,有利于水稻和其他作物种植,有利于提高灌溉保证率和农机作业。土地平整应以耕作田块或地块为基本单元,填挖应尽量在平整单元内进行,避免土方量的运出和运入。

田块布局必须与灌溉水源、排水承泄区、沟渠、道路、农田林网、村庄的布局相协调。田块建设应尽量保持行政乡(镇)、村、村民小组农田原有土地所有权的完整性,减少不必要的土地权属争议,同时还应尽量满足稳定农村土地家庭联产承包责任制的要求,方便土地经营管理和作业。田块形状应当有利于机械作业的正常进行,尽量减少机械作业当中所产生的漏耕与重耕,有利于田间生产管理;田块的形状要力求规整,长边与短边夹角宜为直角或接近直角。田块规模应有利于机械作业、土地平整、土地权属的划分与调整,有利于促进土地规模化、集约化经营。

土地平整后末级固定沟渠之间的田块高程要依沟渠的走势从高到低变化,相邻田块之间的高差应尽可能小;耕作田块田面坡度和局部起伏高差应满足水流推进或灌水均匀要求;耕作田块的平整度应满足适种农作物的要求。旱作区田块内部高差宜为 30～50 cm,局部起伏高差应控制在 10～15 cm。水稻格田内部或洗盐的田块内高差宜为 ±3 cm。

土地平整应尽量避免或减少对耕作层的破坏,在对原有耕地动土不可避免的情况下,应对原有耕地采取地力保持工程措施;对于新增耕地,要视情况采取一定的措施以保证有效土层厚度,改善表土结构,提高新增耕地质量。地力保持和改善的工程措施一般包括耕地层剥离与客土回填、深耕松土等。

(1)耕土层剥离与客土回填工程。

耕土层剥离与客土回填工程适用于土方平整单元,是指为保护使用有限的耕地肥沃耕土层而采取的事先将耕土层从土地平整单元剥离到一旁,事后再将耕土层回填到土地平整单元的工程措施。耕土层剥离量应视项目平整工程的需要量而定,同一土地整理单元耕土层剥离厚度可大于回填厚度。土层厚度小于 30 cm 时,应进行客土回填,对现有耕作条田,整理后应有不少于 30 cm 的耕作土回覆,在回填过程中,尽量保持原有良性土壤剖面的有机组合和整体性。

(2)深耕松土。

对于新造田块,若缺少回覆耕作土,应对新造田进行翻松处理,翻松深度不小于 30 cm,翻松后翻松层最大粒径控制在 6 cm 以内。

6.2.3.3　灌溉与排水工程

1．灌溉标准

设计灌溉工程时,应首先确定灌溉设计保证率。各地区的灌溉设计保证率可根据水文、气象、水土资源、作物组成、灌区规模灌水方法及经济效益等因素确定。滩涂土壤含盐量较高,需要水利措施进行盐碱土改良或土壤次生盐碱化防治才能尽快脱盐。因此,在确定作物灌溉制度时,应考虑冲洗定额,据此确定灌溉定额和灌溉用水量。进行灌溉保证率和水资源平衡分析时,也应考虑洗盐用水。

2．排水标准

排水对滩涂开发具有重要意义:一是可以减少涝渍灾害;二是通过排水系统可以将渍水和田间洗盐、灌溉所产生的含盐量较高的回归水及时排除,并将地下水位控制在一定范围内,防止土壤积盐。

排涝标准按照排水区发生一定重现期的暴雨,农作物不受涝作为设计标准。设计排涝标准中的暴雨重现期,应根据排水区的自然条件、雨涝成灾的灾害轻重程度及影响大小等因素,经技术经济论证确定,一般可采用 5～10 天。可按照地区经济条件或特殊要求,适当调整标准,即经济条件较好或有特殊要求的地区,可适当提高标准;经济条件目前尚差的地区,可分期达到标准。设计排涝标准还应设计暴雨历时和洪水排出时间。设计暴雨历时的取用,应根据排涝面积、地面坡度、植被条件、暴雨特性和暴雨量、河网和湖泊的调蓄等情况决定。涝水排出时间应根据农作物的种类、耐淹能力、耐淹水深及耐淹历时确定。涝水排出时间不应超过农作物耐淹能力,否则农作物受涝减产,通常应对排水区进行农作物耐淹能力的调查,以不减产为原则,确定涝水排出时间。农田排涝设施布局排涝设计标准为 20 年一遇,一日暴雨当天排至耐淹水位,采用土排和三面光渠相结合,通过跌水缺口流入河流。

3. 灌排水质标准

现行的《灌溉与排水工程设计规范》对水质的要求如下:以地面水、地下水或处理后的城市污水与工业废水作为灌溉水源时,其水质均应符合《农田灌溉水质标准》(GB 5084—2005)的规定。在作物生育期内,灌溉时的灌溉水温与农田水温之差宜小于 10 ℃。灌区内外农田、城镇及工矿企业排入灌排渠沟的地面水和污水水质必须符合 GB 3838 和 GB 8978 的规定。回灌地下水的水质除应符合上述规定外,还应该符合《农田灌溉水质标准》(GB 5084—2005)的规定。

6.2.3.4 沟渠及其建筑物建设

1. 灌溉输配水系统

滩涂地区水利基础设施较差,灌溉系统一般推荐采用明渠输水,个别经济价值较高的作物可考虑喷、微灌。

渠道设计要求:①流量足,过水能力满足作物需水要求;②水位够,满足全部或绝大部分灌面自流灌溉对水位的要求;③流速适当,满足不冲不淤要求;④渗漏损失小,渠系水利用系数高;⑤适当考虑综合利用。

渠道布置:根据土地开发整理工程的建设规模,项目区内宜布置 2～3 级固定渠道。各级渠道宜相互垂直布置。渠道应布置在其控制范围内地势较高地带。渠道的布置应尽量满足自流灌溉要求,局部高地可提水灌溉。灌溉渠道必须与排水沟道统一规划布置,同时考虑主要排水沟的位置,根据地形条件,采用相邻布置或相间布置。由于本区排水系统兼有排盐、洗盐、除涝等排水任务,除部分单向坡度必须相邻布置外,其他地区的农渠、农沟推荐使用相间布置,以保证排灌通畅。各级渠道的长度宜与相应级别排水沟的长度对应一致。

渠道配水方式:项目区内宜布置 2～3 级固定渠道,项目区布置 3 级固定渠道时,支渠宜采用续灌方式,斗渠、农渠宜采用轮灌方式;项目区布置 2 级固定渠道时,若斗渠直接从水源取水,应采用续灌方式,农渠可采用轮灌方式。

渠道规模:农渠为轮灌渠道,长度较长,若设计流量过大,会增加田间工程的投资。根据渠道的控制面积和工作制度,农渠流量宜控制在 0.05～0.10 m^3/s,适宜采用的渠道断面为 U 形渠,规格主要为 D40、D50,一般不超过 D60,也可采用梯形或弧形底梯形断面,上口宽一般不超过150 cm。斗渠流量宜控制在0.20~0.60 m³/s,适宜采用的渠道断面为U形和梯形、弧形底梯形,U形渠的规格主要为D60~D120,一般不超过D120,也可采用梯形或弧形底梯形断面,上口宽一般不超过200 cm。

2.渠道防渗

滩涂地区土壤透水性强,淡水资源相对匮乏,而滩涂开发需要大量的灌溉和冲洗用水。若渠道水流大量渗透,不仅浪费水量,而且促使地下水位升高,冷渍土壤,产生盐碱,影响作物生长。渠道防渗工程是节约用水、保护水土资源、提高水的利用效率的重要措施。防渗处理不仅可提高输水效率和速度,而且可减少沿程渗漏,控制地下水位上升。农渠一般需要防渗处理。

1)渠道防渗结构及材料

渠道防渗工程设计应结合当地的自然条件、灌区规模、水资源丰缺情况以及社会、经济、生态环境等诸因素综合评价,经论证确定,优选符合当地具体条件的防渗工程。防渗材料的运用应坚持因地制宜、就地取材、量力而行和符合生态环境保护的原则。例如,浙江省围垦地区通常流砂严重,石砌材料易下沉、堵塞,但混凝土结构、塑料薄膜防渗效果好,可选用混凝土、塑料薄膜等防渗材料。

滩涂土质多为粉砂土,黏粒含量低,容易因渠道渗漏产生管涌和流砂破坏。因此,在地基处理的基础上,对于小型渠道,推荐使用混凝土U形渠道。该渠道的整体性强,可有效抵御局部地基下沉引起的渠道破坏以及盐胀土膨胀对渠道产生的附加应力。大型渠道可采用梯形渠道或者弧形底梯形渠道。

2)防渗衬砌防护

由于滩涂土质多为粉砂土,黏粒含量低,渠道边坡容易失稳、坍塌,亦容易受到水力侵蚀而产生水土流失,导致渠道淤积,宜采用衬砌防护。

3.排水系统

1)排水系统布置

滩涂开发整理一般采用明沟排水系统。排水沟一般布置在地面较低部分,或利用天然沟道,以便承泄更多的地面水和地下水。根据土地开发整理工程的建设规模,项目区内一般布置2~3级固定排水明沟,即农沟、斗沟,当项目区面积较大时,可选择布设支沟。各级排水明沟宜相互垂直布置,排水线路宜短而直。

排渍、防盐效果与地下水位有关。对于特定地区,地下水位控制高低取决于排水沟的间距与深度。当沟深一定时,排水农沟的间距可根据土壤透水性、地下第一个不透水层的深度以地下水位下降速度,采用非恒定流公式进行计算。但考虑到计算需要的参数较多,且土壤特征空间变异性较大,参数不容易获得,一般需通过试验进行确定。根据滩涂地区土壤防盐要求,对于排水农沟深度在1.5~1.8 m时,将滩涂地区农沟间距控制在30~80 m较为适宜。在滩涂地区,对于田间灌排系统已经成型的地区,农沟间距可略大于上述标准,但排水沟深度不宜低于1.5 m。农沟是滩涂开发整理最末级固定沟道,担负着排涝、排渍和防盐要求。考虑到断面稳定,排水农沟的宽度较大,一般情况下满足排涝要求。

2)排水沟防护

为维护生态平衡,保护生物多样性,排水沟坡面应优先考虑生物护坡措施,如采用当地植物护坡。当生物防护效果不佳,或采用生物护坡措施占地过多的排水沟时,应考虑采用衬砌护坡。可选用无砂混凝土、混凝土网格等当地技术成熟的方式。无砂混凝土骨料和配比选择应满足强度和透水性要求。

4.沟渠建筑物设计标准

沟渠建筑物应配套齐全,分布合理,满足项目区灌排系统水位、流量和运行管理的要求,适应群众生产生活需要,并宜采用联合建筑的形式。建筑物应布置在地形条件适宜和地质条件良好的地点,除应满足稳定和强度要求外,还应根据所在部位的工作条件、项目区气候和环境等情况,分别满足抗渗、抗冻、抗侵蚀、抗冲刷等耐久性要求。建筑物的结构形式可采用与当地情况相适应的定型设计,有条件时宜采用装配式结构。农田排涝设施布局按20年一遇标准设计,一日暴雨当天排尽,采用土排和三面光渠相结合,通过跌水缺口流入河流。

1)水闸

渠系上的水闸按其所承担的任务不同,可分为节制闸、进水闸、分水闸、退水闸和排水闸等类型。不同类型水闸应按下列原则进行布置:

(1)具有控制上游渠道水位、调节下泄流量或截断渠道水流的功能。在灌溉渠道轮灌组分界处或渠道断面变化较大的地点应设节制闸,在分水闸的下游可根据需要设置节制闸。

(2)从水源引水进入渠道时,应设置进水闸控制入渠流量。

(3)设在分水渠道的进口处,调配和控制引进流量。分水闸均应设闸门,进水困难时应在被分水渠道上增设节制闸。

(4)在位置重要的斗渠末端应设退水闸,以保证渠道安全。

(5)在骨干排水沟出口段宜设排水闸,以排走积水或防止外水倒灌。水闸一般由上游连接段、闸室段和下游连接段三部分组成。上、下游连接段应能引导水流平顺进、出闸室,保护渠道不受冲刷破坏。翼墙平面布置可采用反翼墙、一字墙、八字墙或斜降翼墙等形式,断面宜采用重力式浆砌石挡土墙。护坡、护底可采用浆砌块石和干砌块石结构,厚度宜为30~50 cm,也可采用预制和现浇混凝土结构。闸室结构可根据泄流特点和运行要求,选用开敞式或涵洞式。闸室段长度应能满足上部结构合理布置的要求。底板一般采用钢筋混凝土平底板,闸墩可采用钢筋混凝土或浆砌石结构。工作闸门宜采用铸铁门或钢筋混凝土平面闸门,启闭机宜采用固定式手动或手电两动螺杆启闭机,水闸的地下轮廓布置应满足闸室稳定和闸基防渗要求。防渗铺盖可采用黏土、壤土或钢筋混凝土材料,黏土或壤土铺盖的厚度必须满足土料的允许水力坡降要求,水闸宜采用底流式消能。护坦可采用浆砌块石或钢筋混凝土结构,其厚度应满足抗冲和抗浮要求。海漫可采用干砌块石和浆砌块石结构,厚度宜为30~50 cm。

2)渡槽

渠道跨越河流、洼地、道路或其他沟渠,当采用涵洞不适宜时,可选用渡槽。渡槽轴线宜短而直,进、出口应与上、下游渠道平顺连接;渡槽的结构形式可采用梁式或拱式,支承结构可根据地形、地质、跨度、高度、当地材料和施工条件等,选用排架式、墩式或拱式;渡槽槽身横断面一般采用矩形、U形或圆形,可采用混凝土、钢筋混凝土或砖砌结构;渡槽的基础可根据地质条件、上部荷载、水流冲刷影响等情况,选用刚性基础、柔性基础或桩基础;渡槽槽下净空应符合相关部门的行业标准规定。

3)倒虹吸

渠道穿越洼地、道路或其他沟渠,当采用其他类型建筑物不适宜时,可选用倒虹吸。倒虹吸宜设在地形较缓处,应避免通过塌陷等其他地质条件不良的地段。倒虹吸轴线在平面上投影宜为直线,并宜与所交叉道路或沟渠中心线正交;倒虹吸进、出口布置应满足水力条件良好、运行可靠以及稳定、防渗、防冲、防淤等要求,应与上、下游渠道平顺连接,当高差较小时,倒虹吸的布置形式可采用竖井式或斜管式(当渠道穿过道路且流量不大、压力水头不超过 3~5 m 时,可采用竖井式;当地形变化不大,坡度不超过45°,高差小,且管轴线又较短时,可采用斜管式);倒虹吸横断面宜采用圆形,流量大、水头低时,也可采用矩形;管身材料可根据流量、水头、建筑材料及施工等条件,选用混凝土管、钢筋混凝土管、钢管或硬质塑料管。

4)跌水和陡坡

渠道(排水沟)经过陡峻的地段时,可设置跌水或陡坡。跌水和陡坡的形式应根据跌差和地形、地质等条件确定。跌差不大于 3 m 时,宜优先采用跌水;跌差大于 3 m 时,宜采用陡坡或多级跌水。跌水和陡坡应满足渠道的输水泄流能力,与之连接的上、下游渠道有良好的水力条件,同时应采取有效的消能防冲和防渗措施;跌水和陡坡应采用砌石、混凝土等抗冲耐磨材料建造;跌口形式可采用矩形或梯形(渠道流量变化很小或必须设闸门控制时,可采用矩形跌口;渠道流量变化较大或变化较频繁时,宜采用梯形跌口);跌水墙宜采用重力式挡土墙;跌水消力池横断面可采用矩形、梯形或复合形;陡槽轴线宜为直线,纵坡可取 1:(2.5~5)。槽身横断面宜采用矩形,边墙较高时可采用梯形,梯形横断面边坡坡度应陡于 1:1;跌水和陡坡的消力池可采用等底宽式或逐渐扩散的变底宽式,横断面可采用矩形、梯形或折线形。

5)农用桥

根据农用桥所在道路的类型不同,可分为:一级农用桥,位于一级田间道上的桥梁;二级农用桥,位于二级田间道上的桥梁;三级农用桥,位于生产路上的桥梁及人行便桥。农用桥应尽量与节制闸、涵洞、渡槽等建筑物结合布置;农用桥应兼顾因地制宜、便于施工、就地取材和利于养护等因素,根据所在道路的性质和功能要求,按照"适用、安全、经济、与周围环境协调、造型美观"的原则进行建设;农用桥应采用标准化跨径,桥梁全长应与所跨沟渠宽度相适应;农用桥宜采用技术成熟、容易施工、经济实用的桥型。一般修建装配式钢筋混凝土简支梁桥,基础承载力满足要求时可修建拱桥;农用桥应与所连接道路的路基同宽。一级农用桥桥面总宽度宜取 6.0~7.0 m;二级农用桥桥面总宽度宜取 3.5~4.5 m。农用桥应设置高度不低于 1.1 m 的栏杆,栏杆需满足受力要求,美观大方;农用桥的载重能力不超过规定。

6)涵洞

填方渠道跨越沟溪、洼地、道路、渠道或穿越填方道路时,可在渠下或路下设置涵洞。涵洞由进口、洞身、出口三部分组成,一般不设闸门。涵洞应按照水流顺畅、不产生淤积和冲刷、运用安全可靠、适应地形地质条件等原则进行布置。轴线宜短而直,并宜与所交叉道路或沟渠中心线正交;涵洞进出口应以圆锥形护坡、扭曲面护坡、八字墙等与上下游渠道平顺连接,出口流速过大时应有消能防冲设施;无压涵洞横断面宜采用拱形,有压涵洞横断面可采用圆形或矩形;涵洞可根据水头、填土厚度、建筑材料及施工条件等,选用混凝土或钢筋混凝土管涵、钢筋混凝土盖板涵、箱涵或混凝土、砌石拱涵。

7)放水口

放水口布置应满足格田灌水要求。放水口的水位应高出平整后田面进水端 10 cm 以上。放水口可采用预制混凝土构件,现场安装并砌筑。

8)量水设施

在灌溉渠道的引水、分水和放水口处应根据需要设置量水设施,并宜与灌排建筑物结合布置。量水设施应布置在渠床稳定,具有规则的横断面,沿渠道的宽度、深度和底坡相同的缓坡渠段上,且在壅水变动影响范围以外。量水设施与设备的选择、安装,要科学合理,经济适用,并易于操作和管理,适宜采用渠系建筑物量水、量水槽量水或定型的专用量水设备。

6.2.3.5 农田防护与生态环境保持工程建设

滩地易发生水土流失,除受气候因素影响外,还受土壤因素、地形因素、风力、植被因素、海潮和人为因素的影响,因此应采取相应的水土保持措施。

1. 护坡工程

滩涂护坡工程主要包括灌排沟(河)、渠坡面等坡面的防护工程,以防止坡面冲刷、坍塌。除工程措施外,一般需辅以林草措施。

1)灌溉渠道衬砌

对于土壤砂性较强的渠段,可采用衬砌防护,推荐采用 U 形渠道。该渠道整体性强,适于盐胀土。在渠道外边坡,可通过林草措施,如种植芦柴等当地植物护坡,防止坡面冲刷。

2)排水沟防护

农沟对于滩涂排涝、排渍、防盐和洗盐等具有特殊意义。由于滩涂土壤砂性强、结构差,一般需要较缓的边坡才能保证稳定。但边坡过长,水蚀面积增加,会导致侵蚀量过大,淤积较严重,且农沟数量多,边坡变缓后上口宽增大,会增加土地占用面积。因此,对于砂性过强的地区,可采用无砂混凝土或其他透水材料衬砌。其技术要求见排水系统。对于经济条件好的地区,可采用暗管排水。在农沟和斗沟的结合处,可在农沟出口修建沟头跌水、陡坡等小型建筑物工程,并在转角处对斗沟进行护坡防冲处理。对于排水斗沟及其以上沟、河,由于断面大,且具有生态功能,除个别易坍塌的地段采用混凝土或砌石护坡外,一般应以草皮护坡为主。

3)暗管排水

滩涂地区土壤砂性强,不适于渠道排水系统。而暗管具有排水速度快、不占用土地的特点,且采用暗管排除地下水,地面排水农沟的规模可以大大缩小,减少土地利用。该方法在国外得到了广泛应用。对于经济条件较好的地区,可考虑使用。

2. 护堤工程

在滩涂开发整理中,为保护滩涂建设护堤工程应确定堤的等别,横堤防潮设计标准按

50年一遇高潮位与50年一遇风浪组合(允许越浪)设计,100年一遇高潮位与50年一遇风浪组合(允许越浪)校核。在护堤工程建设中,必须统筹综合考虑上、下游工程,左、右岸工程措施和非工程措施。堤防工程的安全加高值不能小于0.5 m。堤防工程的形式,应按照因地制宜、就地取材的原则,根据堤段所在的地理位置、重要程度、堤址地质、筑堤材料、水流及风浪特性、施工条件、运用和管理要求、环境景观、工程造价等因素,经过技术经济比较综合确定。堤身应依据堤基条件、筑堤材料及运行要求分段进行,堤身各部位的结构与尺寸应经稳定计算和技术经济比较后确定。土堤堤身断面布置、填筑标准、堤顶高程、堤顶结构、堤坡与戗台护坡与坡面排水、防渗与排水设施应满足稳定要求。考虑防洪抢险、物料堆放和交通运输等要求。堤高6 m以下,堤顶宽度应为3 m;堤高6~10 m,堤顶宽度应为4 m;堤高10 m以上,堤顶宽度应为5 m以上。在堤边线单项栽植常绿乔木树种,以提高农田防护能力,优化滩涂环境。

3. 护岸工程

为防止河道岸坡受水流的冲刷破坏,对侵占耕地的河岸或水岸应采用植物措施(林带、草皮)或工程措施进行护砌。护岸工程措施根据当地材料,可采用干砌石、浆砌石、混凝土等刚性结构进行,必须经过技术经济比较后确定。对护岸必须进行修整、夯实验收后才能进行护砌,岸坡修整后土坡不陡于1:1.5。护岸结构一般选择挡土墙,并满足稳定要求,对地下水位高的地区应设置排水孔。

4. 水土保持林草措施

根据滩涂区农田和工程防护的特点,林草措施以防治滩涂区的水蚀和风力侵蚀,减少水土流失和风害为主。其主要内容是建设农田生态防护林网,保护灌排沟渠、堤防等坡面免遭水力侵蚀危害,同时兼顾创造新的农业地理景观,建立结构合理、良性循环的农业生态系统,做到生态效益、经济效益和社会效益相统一。

1)农田防护林建设

滩涂防护林带结构采用稀疏结构,防止林带前紊流侵蚀土壤。林带间距10~15倍树高,主林带和副林带交叉处只在一侧留出20 m宽缺口,便于交通。农田防护林网主带宽8~12 m,行数5~7行;副林带宽4~6 m,行数10~14行。地少人多地区主带宽5~6 m,副带宽3~4 m。有一般风害的壤土或砂壤土耕地,以及风害不大的灌溉区或水网区,主林带间距宜为200~250 m,沿生产路或田间道布置,副林带间距宜为400~500 m,网格面积宜为8~12.5 hm²;风速大、风害严重的耕地,以及易遭台风袭击的水网区,主林带间距宜为150 m左右,副林带间距宜为300~400 m,网格面积宜为4.5~6.0 hm²。农田防护林的栽植密度,尤其是行距直接与林带宽度有关,影响着林带生长发育的好坏、稳定性的高低和防护作用的大小。适宜的栽植密度与树木的营养面积有关,必须保证主要树木有足够的营养面积。因此,近年来造林密度趋向于稀植,一般采用乔木行距为2~4 m,株距1~2 m。

2)造林树种选择

为防御风害,保护农田生态环境,沿公路、田间道、河流两岸布置农田防护林工程。应选择适合当地生长,有利于发展农、林、牧、副业生产的优良树种和乡土树种。主要考虑以下几点:生长迅速,枝叶繁茂,落叶多易分解;根系发达;抗逆性强,耐盐碱、干旱、瘠薄;容易繁殖;用途广泛,经济价值高。对于防护林品种,应当优先选用本地植物。

3)种草防护

在风蚀严重和流砂移动的地方,主要是靠近海堤部分区域,应种植防风固沙草带。在林带与沙障已基本控制风蚀和流砂移动的沙地上,应及时进行大面积人工种草,进一步改造并利用沙地。草带走向与主害风向垂直。地面坡度6°~8°,草带宽6~8 m,间距30~40 m;地面坡度10°~20°,草带宽8~12 m,间距20~30 m。在滩涂开发整理初期,由于土壤含盐量较高,有机质低,一般作物生长较差甚至无法成活,在选择水土保持草种时应考虑以下因素:要求植物具有较强的抗逆性,耐旱、涝、盐碱、瘠薄;要求地面部分能生长成丛密的草皮,而且生长迅速,能在短期内覆盖地面;地下部分要求根系发达,根须强大;要求繁殖能力强,产种多,种子落地能自行生长,根及枝叶易于发育,具有多年生习性;具有一定价值。

5.水土保持农业措施

土地景观是土地整理的一项重要内容,在项目区内结合渠、沟、路营造渠(沟)林、道路林,能起到降低风速、增加湿度、降低温度、调节光热、涵养水源和改善田间小气候以及美化环境的作用。滩涂地区水侵蚀主要发生在坡面上,风蚀主要发生在道路、渠道等裸露地面上。根据滩涂特点,农田防护以改变坡面微地形、增加植被覆盖、改善土壤结构为主。主要措施包括以下几个方面。

1)深翻改垄

改平作为垄作,垄向要与主风方向垂直,或不小于60°夹角。深翻改良措施见前述。

2)作物间混套种

采用粮豆间作或混套种,粮薯间作或混套种,草田轮作,以及重盐地上棉花与田菁间作轮种,"夏熟豆、麦、绿,秋熟粮、棉、绿"间作或套种,"麦—稻—棉花—油菜—田菁"等方式。间作混套形式及比例配置、轮作年限,根据各地情况确定,不作统一规定。要求风多风大季节,地面有作物覆盖。

3)地面覆盖措施

滩涂沙地上种植高产粮食作物和经济作物,可采用地膜覆盖。一般农田,在秋冬用秸秆覆盖或留茬覆盖。严禁风暴季节全垦全翻。

6.3 材料的循环应用

在荒石滩的综合开发整治过程中会产生大量的废弃物,从而产生一系列的环境问题,如果仅靠自然界自身的力量恢复生态平衡往往需要较长时间,采取工程措施和植物措施对其进行防护是减少生态灾害、保护环境和走可持续发展道路的需要,也是符合绿色施工技术要求的。因此,如何将工程建设和环境保护相结合,成为废弃物处理与处置和材料循环应用的关键问题。施工材料的可循环应用可以有效地避免材料制造的浪费,减少施工垃圾的数量,减少能耗和浪费。

6.3.1 概述

将施工材料的运用效率发挥到最大化的绿色材料属于再循环型,不仅可以重复使用,而且可以对其进行修复、降级等，极大限度地提升了资源的利用效率，产生较少的废弃物，从源头减少环境垃圾。再循环（Recycle），也叫资源化利用，是为了使产品尽量达到再利用和资源化的目标，在产品达到其使用期限之后重新回收再利用，将其转化成可以利用的资源，而不是作为不可回收的废弃物排放到大自然，它是一种输出端控制方法。在再循环过程中，通常将它分为两种形式：一是原级再循环，是指废弃物在再利用过程中，生产成统一类型的新产品，例如易拉罐、报纸等；二是次级再循环，是指废弃物不能做到原级再循环的，可以将其转化为其他产品生产过程中需要的原料（周在辉，2014）。

可循环材料的利用可以节约材料，当前，对材料的利用国际上盛行3R的说法，即Recycle、Reuse、Reduce。Recycle指再次循环，Reuse指再次利用，Reduce指减量化。在施工中可循环材料主要有两种类型：一是材料本身可再次循环；二是施工拆除过程中可以被再次循环利用的材料。主要材料包括水泥、混凝土、金属材料（钢材、铁、铜等）、木质材料、玻璃材料等。重视材料的循环利用，一方面可以节约材料，另一方面能减少生产加工新材料所带来的环境污染，有利于建筑业的可持续发展。

目前，国外对施工中的资源循环再生利用的研究是很重视的。结合发达国家的一些研究，国外施工现场废弃物处理利用主要有以下几种做法。

（1）分析废弃物产生的源头并把它们分类：落实施工现场产生的废弃物种类和数量，把废弃物分成回收利用、再利用和重选利用等类型，不同类型的废弃物有不同的处理方式。

（2）施工现场产生的废弃物的处理对策：废弃物的分类；废弃物的处理；废弃物的循环利用。

（3）材料的优化节约管理：按照用量合理地确定大宗材料的入场时间；材料在特定的存储区域需要进行保护；把材料的利用度做到最大化，避免浪费。

（4）施工现场以外处理的废弃物：处理的地方选址；废弃物的管理体系；审查和控制机制；相应的应急应对措施等。

施工中材料资源的循环利用是一种节约建筑材料的重大措施，通过施工材料的循环利用，可以充分挖掘材料的潜力，最大限度地提高施工材料的使用价值。施工垃圾中的许多废弃物通过分拣、剔除或粉碎后，大多可作为再生资源重新利用，例如废钢筋、废铁丝与废电线经过分拣、集中、重新回炉后，就可以再进一步加工制造成各种规格的建筑钢材，废木材则可以通过相关的技术用于制造人造木材，将施工污泥作为混凝土骨料和农业培土，混凝土块作为填筑材料、路基材料、混凝土骨料。总而言之，从环境与材料节约的角度看，许多施工垃圾都应该通过相关的技术进一步充分利用起来，在保证物质生产和文明水平不断提高的同时，还要有利于维护地球生态环境和资源利用，使施工材料的应用真正成为可持续发展的产业。

6.3.2 材料的循环应用与绿色施工是时代的必然性

材料是人们生存所必须依靠的物质基础，大约50年前，人们将信息、能源和材料作为我国当前文明建设的三大支柱，之后随着科学技术的发展和进步，又将信息技术和它们三个一起作为当前我国文明建设的四大支柱。这说明材料和我们的生活息息相关，和国民经济建设、国防建设和人民生活有着密切关系,因此在生活中我们应该提高对材料的利用效率,实现材料的绿色施工应用,从而实现材料的可持续发展利用。

全球经济都在不断发展,在经济发展过程中,主要是以消耗资源为代价来促进经济的发展,那么在当前人口数量急剧增长的国际环境下,对于资源的需求量也不断增加。同时,伴随着我国社会的快速发展,人民生活水平的提高,人们对房屋住宅的需求也越来越多,在建筑建造过程中,人们增加了很多新的要求,因此对于以前的房屋建筑,对其进行拆除重新修建。人们在追求材料直接利用于建筑物建造所带来的成就感时,还应该看到大量的建筑拆除材料的剩余对城市造成的影响,这是一个不断更新的过程,如果不对旧的材料进行循环利用,那么资源就越来越短缺,而城市将越来越堵塞,因此实现材料循环利用与绿色施工是时代的必然性。

施工材料循环利用,要遵循循环经济"5R"(再思考、减量化、再使用、再循环、再修复)的原则,这个原则的实施,使得在施工的整个周期都加强了对其的监督管理,将原来的建筑物翻新或者是拆建的建筑材料使用模式变成了一个可以持续利用的循环过程。将传统的建筑原料—建筑物—建筑垃圾的线性模式,改变形成建筑原料—建筑物—建筑垃圾—再生原料的循环模式,在使用过程中让材料最大限度地得到合理、高效、持久的利用。在使用过程中要与生态环境协调统一,尽量使其对环境的破坏影响达到最小。正是出于这样的设计理念,要求在循环利用的同时,尽量保持原物原貌,顺势利导等,这样就可以大大节约资源和能源的耗费。如木材的循环利用。

从节能、环保的角度考虑,施工废料再生产利用势在必行。实施对施工废料的再生利用需要解决好下列问题:

(1)用科学的手段对施工废料回收利用进行研究。

(2)政府应该制定相应的"强制性"和"鼓励性"政策,例如出台技术规范和技术标准,制定鼓励建筑业回收和利用垃圾废料的激励政策,从产业政策和法规制度上引导再生施工材料的健康发展。

施工材料的循环应用主要包括建筑废料的循环应用、在土地整理行业对农业废弃物的再生利用和将一般废弃物再生转化为施工材料。从施工材料的可持续发展的角度来看,材料在建筑的整个寿命周期中,从制造、使用、废弃都必须与生态环境的发展协调适应,实现绿色施工和材料的可持续发展。

6.3.3 施工材料的循环应用

荒石滩的综合开发整治过程中产生的废弃物主要来自河道治理和造田开发,主要有废弃土石方、施工场地的建筑垃圾、征地拆迁产生的建筑垃圾、施工营地施工人员产生的生活垃圾等。废弃物除工人生活垃圾以及在拆除建筑物的过程中产生的垃圾外,还包括在施工过程中所产生的固体废弃物,如渣土、弃土、弃料、木材、砖石、水泥、混凝土及其他各类废弃物。如果可以回收利用这些废弃物,则可以减少施工过程中向环境排放的废弃物数量,同时由于对这些废弃物回收的成本低于原始材料,也会降低工程成本。国际标准规定,废弃物生产的建筑材料的使用量,要在保证无污染和安全的前提下,不能低于同类建筑材料的50%。

循环应用指的是对收集的废旧材料进行细致分类,粉碎分解成基础材料来替代原材料进入重新生产环节,最终制造出新产品。这里所指的建筑垃圾是分类中的第三类,也就是需要重新加工的材料(周在辉,2014)。施工垃圾是指建设、施工单位或个人对各类建筑物、构筑物、管网等进行建设、铺设或拆除修缮过程中所产生的渣土、弃土、弃料、余泥及其他各类弃物的综合废弃物总称(付旻舸和付英,2012)。施工材料的可循环应用可以有效地避免材料制造的浪费,减少施工垃圾的数量,减少能耗。

6.3.3.1 生活垃圾的循环应用

施工期产生的生活垃圾主要是施工营地在日常生活中产生的固体废弃物,与农村生活垃圾相似,包括果皮菜叶等厨余垃圾、废旧塑料袋、日常生活用品、废纸、煤渣、废旧衣服、碎瓷片、玻璃、废旧电池、废旧日光灯管、废日用化学品和过期药品等,其中有机成分含量相对较高,以厨余为主。与城市生活垃圾相比,其组分相对单一,总含水率、低位热值、可燃物、可堆腐物及可回收物含量均明显较低。同时,生活垃圾成分复杂,若混合收集,将降低垃圾资源化利用效率,增加后续处理与处置的工作量和难度,提高处理费用,因此生活垃圾需分类收集、分类处理与处置。

生活垃圾应细分成三类进行处理与处置,分别为有机垃圾、无机垃圾和有害垃圾,这样将有利于生活垃圾的"无害化、减量化、资源化";生活垃圾中无机垃圾绝大部分可以回收利用,从而减少固体废物的产生量,减少环境污染,并节省资源,生活垃圾中无机垃圾主要有废纸、废塑料、废金属、废玻璃、废织物等;生活垃圾中的有害垃圾,包括废旧电池、废旧日光灯管、废日用化学品和过期药品等,此类垃圾应单独收集,交由当地具有危废处理资质的单位处理。

根据荒石滩的综合开发整治项目特点以及施工营地生活垃圾特性可知,堆肥具有技术可靠、操作简单、选址容易、管理要求低、环保要求低、设备及运行成本低、主要风险小、二次污染小、废物利用率高等优势。结合荒石滩的综合开发整治过程中产生的生活垃圾中的有机垃圾产量少、有机含量相对偏低、含水率低的特点,堆肥是比较有效的处理。堆肥可以更好地实现生活垃圾的"无害化、减量化、资源化",且更加经济和环保,能够实现绿色施工。更主要的是,垃圾堆肥产品可作为土壤的肥料进行利用,从而可实现生活垃圾的资源化利用。垃圾堆肥后使土壤的理化性质得到改善,养分含量得到提高,具有一定的培肥改土效果,有利于荒石滩的土地整治中土壤结构改良,在调节土壤肥力的作用中起着重要意义。

6.3.3.2 弃渣的循环应用

荒石滩的综合开发整治工程建设过程中产生的弃渣处理十分复杂,首先应尽量扩大弃渣的循环应用,作为填方、路基路面材料、路基边坡填筑料或混凝土骨料,只要能满足材料的成分、物理性能指标,应尽力做好运输调配,充分利用,减少废弃土石方,其余寻找适宜的弃渣场堆放。

荒石滩综合开发整治的主体工程包括土地平整工程、灌溉工程、道路工程、防护林工程等。由于各项工程的土石方开挖量、利用量和利用途径不同,若不在分析各种效益的基础上加以全盘考虑,往往会新增许多弃渣。因此,在可行性研究阶段,可以根据主体工程分布相对集中的有利条件,尽量在主体工程间互相利用弃渣。例如在路基边坡建设过程中,除路基开挖的土石方可以利用外,还需大量的土石方,这时就可以考虑就近利用土地平整和灌溉工程的土石方弃渣,这样一方面可有效解决弃渣的出路,另一方面可减少路基边坡填筑料的开采量,避免产生新的水土流失。

6.3.3.3　木材的循环应用

世界四大建筑材料包括水泥、钢筋、塑料和木材,木材是其中唯一一种可再循环、可再生的绿色材料。木材质轻、加工能耗小,而且容易加工。树干中的木纤维打碎后可以加工成人造木材衍生材料,如废旧木材可以重复利用制造人造板,包括中纤板、水泥刨花板、刨花板和石膏刨花板等。这些人造板每立方米只需要 1.5 倍木材为原料就可以代替 3 倍的原木。除了人造板,也可以将塑料和废旧木材结合制成木塑复合材料。

6.3.3.4　砖石、水泥、混凝土的循环应用

将砖石回收和循环应用,一方面可以有效解决废弃黏土砖的处理问题,另一方面可以节约砂石资源,减少资源浪费。废弃的混凝土数量巨大,如果不经过处理就会造成严重的资源浪费和环境污染。再生混凝土的生产和应用可以在一定程度上缓解这个问题。拆解旧建筑的建筑材料(混凝土块、水泥、砖石等),将它们破碎、清洗和分级后,按照一定比例混合作为骨料来代替天然骨料,最后加入水泥砂浆所制成的混凝土,就是再生骨料混凝土。但是,由于表面粗糙、吸水率大、密度小、黏结能力较弱且强度低,所以它在应用中也存在很多问题。目前,再生混凝土的应用主要是在非高强度结构构件如隔墙或者铺路等方面(周维,2012)。

混凝土是施工建设中用量最大,也是用途最广的建筑材料,混凝土材料的绿色施工与可持续发展一直受到各个国家的重视。美国有将混凝土废弃物作为混凝土的粗、细骨料进行废弃利用的研究,日本、德国也相继开始了废弃混凝土再生利用研究,但是废弃混凝土的再生骨料,需要一系列的加工和分离处理,成本较高。

6.3.3.5　废碎玻璃的循环应用

废碎玻璃的开发前景很可观,原因是废碎玻璃回收加工工艺简单,且附加值高、投资少、周期短。如废旧陶瓷片与不同颜色的废碎玻璃混合,经过简单的加工就能制成装饰板。1 t 废碎玻璃就能生产 15 标准重量箱的平板玻璃。经过回炉的废弃玻璃可以拉成玻璃纤维,用于建筑涂料骨料或纺织玻璃布等。在沥青混合料中渗入碎玻璃,就是玻璃沥青混凝土,其寿命比普通沥青混凝土寿命长。

6.3.3.6　施工材料的循环应用

(1)由于土方回填时对材料的力学性能要求不高,土方回填时要首先使用施工过程中产生的材料,如基坑开挖过程中挖出的土体在回填时使用,产生的废弃混凝土(砂浆)也可作为回填材料使用。

(2)对于施工现场原有的建筑进行拆除时,对其废弃物进行测试,达到要求的可再利用,如拆除产生的砖石、混凝土等材料达到使用要求的可以直接使用;达不到要求的,筛选和粉碎后按一定比例掺入到新拌混凝土中混合使用。

(3)剩余的建筑拆除或者施工过程中产生废弃的材料,通过其他途径力争得到利用,尽量避免作为垃圾处理。

(4)落实工地附近的可利用资源,如工业废渣(如粉煤灰、钢渣、纤维等)情况,把它们

的利用考虑到施工过程中去。

（5）混凝土支撑体系在拆除后其废料要再次利用，如粉碎后当作再生骨料和当作回填材料。

（6）在基坑回填土之前对一定埋深范围内土钉与铺杆进行回收利用。

（7）要用塑料薄膜或者草袋维护临时边坡，并做好回收如晒干等，以求重复使用。

（8）当支护结构采用钢丝网或者钢筋网时，在材料进场后应该进行调直，剩余废料收集处理。

（9）混凝土泵送时，如果出现堵管需要进行拆管检查，拆管接头下放置灰槽，让管中的混凝土流到灰槽中，再次收集后进行再利用。

（10）施工工地附近有废弃混凝土或者再生骨料条件时，可以选择使用废弃混凝土制造再生骨料或采购符合要求的再生骨科制备混凝土。

（11）使用袋装水泥时，要注意保护袋子的完整性，杜绝破坏。使用完毕后，要及时对水泥袋进行收集，可以装扣件、锯末等物品。

（12）施工用的料斗和搅拌提升设备要密封严密，杜绝在下料和搅拌时产生撒漏和扬尘；对浇筑过程中撒漏的混凝土要收集和再利用，在确保施工质量的前提下对混凝土进行再利用。

（13）混凝土养护和保温用的草苫、保温阻燃被和塑料布等要在使用完后进行收集，以备下次使用。

（14）脚手架损坏了也要设立再利用的制度，如长度大于 0.5 m 的要进行再利用等。

6.4　施工组织优化

6.4.1　概述

施工是指工程按计划建造。传统的施工具有质量安全难以保证、劳动效率低下、能源消耗较大、不利于环境保护等缺点，会大大增加整个工程的建造期和使用期的成本，这与国家倡导的可持续发展战略是不符的。为此，建设部高瞻远瞩地在 2007 年发布了《绿色施工导则》，该导则由总则，绿色施工原则，绿色施工总体框架，绿色施工要点，发展绿色施工的新技术、新设备、新材料、新工艺及绿色施工应用示范工程 6 个章节组成，系统阐述了绿色施工的概念，是开展绿色施工的指导性文件。绿色施工在中国有了正式的定义，绿色施工是指在工程建设中，在保证质量以及安全等最基本的要求前提下，通过科学管理和技术进步最大限度地节约资源与减少对环境负面影响的施工活动，实现"四节一环保"荆州（节能、节地、节水、节材、环境保护）。在工程中通过各种措施，使施工过程变得更加高效率、安全、环保、节能降耗。

绿色施工是建筑全寿命周期的重要组成部分。如果实施绿色施工，应将总体方案进行优化。在规划、设计阶段，就应该把绿色施工的总体要求充分考虑进去，为绿色施工的实施提供基础条件。从传统意义上来说，可持续发展理论在建筑施工中的重要体现就是绿色施工，它的原则是环保优先，核心是资源的高效利用，追求环保、高效、低耗等，统一实现社会、生态、经济、环保综合效益最大化的施工理念。依照绿色建筑评估体系来看,绿色施工能够定义为:在保证安全、质量的前提下,通过高效率的工作和管理制度,改进传统管理思路和施工工艺,极大程度地避免施工过程对环境的不利影响,减少能源和资源的消耗,体现施工过程中环保、降耗和增效效果,从而实现可持续发展的施工技术。绿色施工并不是独立于传统施工技术的全新技术,而是符合可持续发展战略的施工技术,涉及经济和社会的发展、生态和环境保护、资源和能源的利用等可持续发展的多个方面,这种全新的理解也必将给社会带来经济、环境保护等多重效益。

绿色施工同绿色设计一样,涉及可持续发展的多个方面,比如社会和经济发展、资源和能源利用、生态和环境保护等。绿色施工应该是将绿色方式作为一个整体运用到施工过程当中,并且将整个过程当作一个微观系统来科学地组织绿色施工。当前的绿色施工技术除包括减少环境污染、清洁运输、减少噪声、文明施工、封闭施工等外,还包括节约水电和材料等资源和能源、保护当地环境、减少场地周边干扰,并且要结合气候施工、使用健康环保的工艺、控制填埋废弃物,以及保证施工安全质量、实现科学管理等(王军翔,2012)。

在国外的施工研究当中,虽没有和我国"绿色施工"完全一样的概念,但有与"绿色施工"含义相近的"可持续施工"。绿色施工在国外的具体体现有精益建造、一体化施工、信息化施工、工业化施工等。可持续施工:1987年世界环境与发展委员会提出了可持续的概念,之后包括建筑业在内的世界各个领域都开始了自身的可持续发展的研究。可持续施工的概念正是在这个背景下提出来的,其基本思想是在建设工程的规划、设计、建造、运营与维护、更新改造、拆除整个生命期限内,用可持续发展的思想观念来进行工程项目的建设,最大限度地降低对人类健康的影响、减少污染物的排放、实现不可再生资源的高效利用,从而保护好人类赖以生存的绿色环境。国外相关的研究应用是很值得我国在绿色施工发展过程中学习借鉴的(王军翔,2012)。

(1)精益建造:精益建造是目前建筑业发展的新领域,它是在建筑业上应用了在制造业上取得巨大成功的精益思想,其理论发展的时间较短。可持续施工的理论在进行绿色施工研究时,精益建造的思想是有很大帮助的。精益建造的思想是从精益生产中引进来的,无论在制造业还是在建筑业都是一个先进的管理理念,通过管理方法来实现计划与控制,达到优化安排工序和节约材料的目的。通过对施工过程的优化安排,不但能够节约施工材料、能源和资源,还能够减少施工对周边环境的干扰和废弃物的排放等。建造流程是一个随时间和空间变化而变化,从原材料到最终产品并向顾客传输价值的持续流动的过程(Bertelsen et al,2006)。所以,它也是在保证质量、最短的工期、消耗最少资源的条件下以建造移交项目为目标的新型工程项目管理模式(陈勇强和张浩然,2007)。

(2)一体化施工:一体化施工是指利用单台工程机械能够连续完成工程的多个或全部工序,这样不但减少了进场工程机械的数量和品种,极大地减少了工序之间交接的时间,还能减少物品材料消耗、提高效率、保护环境。大量工程施工实践资料表明,在工程任务确保完成的前提下使用工程机械的机台数越少,工程的环保、工效和料耗就越少,所以一体化施工成为实现绿色施工的一个重要方式,但前提是要有深厚的机械研究基础,所以很多著名的国外企业竞相开发新的一体化工程机械。如俄罗斯研制的压实轮凸块式(多功能)压路机,主机由压实轮凸块式压轮机构成,推土板前置在压实轮上,平板式振动器后置于机身,能够集合推土机、静压压路机和振动压路机于一身,一气完成地基的回填、找平、静压实和振动压实多种作业,加快了施工的进度,减少了进场机械的机种及数量,从而减少了10%的作业成本。在国外随着连续式运输机械的发展,连续运输机械逐渐成为绿色施工的运输方式,并且获得了大力推广。日本在连续运输机械上的研制是比较靠前的,其研制的连续式运输机械每推进150 m,皮带机能够自动接长,这是间歇式的汽车运输效率无法比拟的,其在隧道掘进作业中得到了极大利用,使每掘进循环作业时间缩短15%,并且在隧道内没有废气排放和噪声污染,使作业环境得到了很好的改善。

(3)信息化施工:这是一种国外发达国家采取绿色施工的有效方法之一,它还可以称为情报化施工,因为它依靠的是动态参数(施工现场信息和作业机械)实时定量、动态实时地进行施工管理的绿色施工方式。它运用较多的现代化硬件设备(比如自动遥控装置、全球定位系统、电子传感器、全视角摄像机等)和配套的相应软件进行施工机械管理、劳务管理、运行管理、生产管理等,并且还能够选择最适宜的设备数量和品种,能进行实时调配,以较少的投入来高效率地完成任务目标,达到环保、高效、低耗的目的。

(4)工业化施工:工业化施工是由发达国家住宅产业化演变而来的一种集约化绿色施工方式。它要求把多种不同种类的房屋视为工业产品,采用统一的结构形式,并且设计成套的标准构配件,利用先进的技术工艺,在工厂集中进行大批量的生产,然后在进驻现场实施机械化程度很高的安装。这种工业化组装式的住宅主要采用钢或木骨架结构形式,配以复合材料的楼板和墙体,在生产线上完成盒子结构的组装。整体厨房、楼梯、门窗、厕所等同时安装在盒子内,就连屋顶也是分段在工厂里制作好的,因此极大地减少了现场的工作,体现了绿色施工的精神。但是这种工业化施工方式是需要强大的科研开发力量作为技术支撑的。

6.4.2 绿色施工理论

6.4.2.1 绿色施工

绿色施工是建筑寿命周期的重要阶段之一,在建筑行业实现绿色施工是节能减耗的关键。关于绿色施工的定义,建设部颁布的《绿色施工导则》是这样规定的:在保证质量以及安全等最基本的要求前提下,通过科学的管理模式以及先进的技术力量,将资源利用最大化和环境破坏最小化,以达到"节能、节地、节水、节材、环境保护"(四节一环保)的施工过程。

绿色施工不是简单的表面操作,不是实施封闭施工、没有噪声、没有尘土、工地种植绿色植物、定时洒水这些简单的操作,而是应该全面体现可持续发展的理念,包括资源与能源利用、生态与环境保护、社会与经济的发展等内容,这种理念不仅给建筑领域带来全面性改革,也在环境保护等方面做出贡献(Lauren and Vittal,2011)。根据建设部颁布的《绿色施工导则》,绿色施工原则可以概括为以下两点:

(1)绿色施工是建筑全寿命周期中的一个重要阶段。实施绿色施工,应进行总体方案优化。在规划、设计阶段,应充分考虑绿色施工的总体要求,为绿色施工提供基础条件。

(2)实施绿色施工,应对施工策划、材料采购、现场施工、工程验收等各阶段进行控制,加强对整个施工过程的管理和监督。

绿色施工遵循的基本原则是减少填埋废弃物、减少场地中环境的污染和自然资源的使用最小化,并将建筑物完成后对室内空气质量的危害降到最低。这种潜含着可持续发展观念的施工理念对实现绿色施工技术的应用有着重要的作用。为了使绿色施工技术得到有效的推广与实施,不仅仅要在规划设计阶段考虑到绿色施工的要求,为实施绿色施工提供良好的基础,最重要的是将绿色施工的过程控制好(周在辉,2014)。

6.4.2.2 绿色施工的特点

根据绿色施工的概念和原则,可以将其特点概括为以下几点:

(1)资源节约。因为建设项目需要大量的资料、能源的供应,因此节约能源就成为绿色施工的一个控制目标,在保证工程安全和质量的前提下,要根据项目的具体实施要求和特殊性,制定具体的节约能源措施,包括节材、节水、节能、节地等。

(2)环境友好。环境保护作为绿色施工的另一个重要方面,要求在施工过程中对环境造成的负面影响降低到最小,遵守"减少场地干扰、尊重基地环境",制定环境保护措施,这些措施应包含扬尘、噪声、光污染、水污染、周边环境改变以及大量建筑垃圾的处理,通过制定实施措施,达到环境保护的目的。

(3)经济高效。绿色施工要求与可持续发展相协调,它要求绿色施工在生态系统规律下合理利用资源,实现"资源—产品—再生资源—再生产品"的循环流动。通过这样的循环,实现能源和资源的长久合理利用,提高物质利用率,实现经济高效。

(4)系统性强。绿色施工是一项系统工程,绿色意识贯穿到施工过程的每个环节,每个环节相互影响、紧密相连,相较于传统施工中利用施工机具和环保型封闭施工等措施,绿色施工是将本身的理念贯穿到施工策划、材料采购、现场施工、工程验收的整个建筑寿命周期中。

(5)信息技术支持。传统施工的决策方式是主观的,例如在选择机械设备、材料时都是根据决策者主观判断来决定资源的投放量,管理比较粗放,对资源的预计需求量往往要比实际需求量大,造成资源的浪费,也造成工程量的动态调整比较困难。绿色施工能够借助先进的信息技术来预测资源的需求量和动态监管工程量的变化,能够更加有效地节约利用资源。

总体来讲,绿色施工的内容框架如图6-1所示。

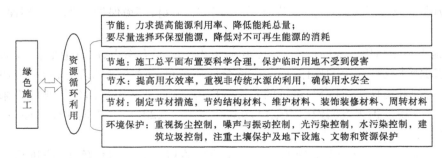

图6-1 绿色施工的内容框架

6.4.3 绿色施工技术优化

对荒石滩的综合开发整治主要包括河道治理和造田开发两个方面,在对荒石滩的综合开发整治过程中,如何对施工技术进行优化从而实现绿色施工,采用绿色施工技术对旧河道荒石滩地进行综合整治,整理出耕地资源,以达到保护生态环境、保障耕地面积、实现耕地占补平衡的目的,是我们急需解决的问题。

本部分主要介绍了施工现场的场容场貌优化、临时设施的绿色构建、设备的绿色选用、材料资(能)源的节约及保护环境等,具体地论述了如何优化绿色施工措施,在宏观上对绿色施工的可持续发展做出贡献。

在每个分部分项工程的绿色施工中,有几个流程对绿色施工具有决定性的影响,并且在每个分部分项工程施工中都具有如下特性:

(1)把绿色设计渗透到每个分项工程的施工方案中去(绿色理念应该在施工过程中体现,贯彻"四节一环保")。

(2)在施工前应该对专项施工方案进行基于绿色施工的评审、论证并提出改进意见,修改后的方案在通过评审后方可用于具体指导施工工作。

(3)在施工前除进行安全和技术交底外,还应该对绿色施工相关内容进行交底,交底的内容应该含有相应分项工程的伪绿色因素、主要的绿色施工技术及管理措施和相关岗位人员的规范操作方法等。

6.4.3.1 土石方工程与地基处理

1. 环境保护方面的优化措施

(1)在土石方开挖施工前,应该掌握水文、地质勘察资料,对施工有可能影响范围内的文物、生物、市政地下管网等进行摸底,并依据勘察资料确定详细的施工方案和应急措施。

(2)对提前编制的施工方案进行绿色因素审核,尽量做到场地内的挖填平衡,减少植被的破坏,不污染周围土壤及不影响地上地下水体。

(3)对施工作业人员提前进行绿色施工交底,交底内容应该有机械操作的规范方法、车辆出场的清洗,以及作业的路线等。

(4)对参与施工作业相关的机械设备以及车辆进行尾气和噪声排放进行检查,不达标的禁止参与施工,确保施工作业的相关机械设备和车辆达到环保标准。

(5)在平整场地施工时,应该采取覆盖容易扬尘区域及适当洒水等措施,防止车带、风吹扬尘,当6级风以上时应停止场地平整的施工作业。其中,易扬尘区域按照土壤含水量的检测结果来确定,含水量低于30%时就应采取防尘措施。

(6)在施工现场出入口处设置冲洗和清理设施设备,对所有沾染泥土的出场车辆进行清洗,保证出场的车辆不沾泥,从而不污染场外道路。下雨时,如果土方必须外运,应当采取防雨遮盖措施,并且大雨时停止一切挖土作业。

(7)现场设置洒水设施以降尘,如扫把、储水池、洒水器等;洒水降尘时,应该采取少洒、勤洒的办法,杜绝一次洒水超量致使污水横流;建设污水疏导和处理设施,如导水沟、沉淀池、集水井等。

（8）在冻土开挖时为减少噪声，应避免在土体冻结期开挖，若必须施工，宜先对冻土采取覆盖保温措施，必要时可以采取通蒸汽的方法。

（9）土回填以及压实作业时，优先采用普通压路机，且分层回填压实（如坚持薄填、慢行、多层）的方法。

（10）碎石、石屑、粉土等回填施工必须采用夯实设备振动碾压时，优先选择噪声小的设备。施工时选用轻型推土机推平，坚持低速碾压四至五遍，使表面成型后再采用振动碾压。

（11）土石方爆破作业时，施工企业应有专业的资质，爆破前对周围环境、爆破材料和爆破物进行专门研究，对飞石量、振动进行计算。严格按照政府关于易燃易爆品的规定进行材料采购保管，并且通过设置警戒区、隔声布围挡等方式减轻爆破产生的噪声、飞石等不利的影响。

（12）对施工现场的洒水设施、清扫工具、排水和水处理设施等做到定期检查和维护，不符合要求的要及时更换、维修，保证其工作状态。

（13）夯实施工作业，应按要求合理选择夯锤，并避开中高考时间及夜间施工。当在敏感土质地区及时间打夯时，需在打夯面上覆盖薄草袋，以减小分层厚度。

（14）当必须夜间施工时，要向附近居民进行解释说明，采用定向的照明灯具并采取遮挡措施。

（15）土石方开挖、地基处理（基坑支护和基础施工）阶段要收集天气预报等信息。施工现场准备麻袋、千斤顶、塑料布等，以预防大雨、大（台）风、冰雹、大雪等天气因素造成的不利影响。

2. 水资源利用与节水方面的优化措施

（1）对降水要做好专项方案和施工组织设计，依据挖土范围和深度分强度、分阶段地降水，以保护地下水资源并减少工程降水量。对施工人员进行专项交底，内容包含降水管网的布设、基坑降水和排水活动中的伪绿色因素及相应的绿色施工措施。

（2）降水抽出的地下水要进行利用，并做好合理的使用方案；现场设置集水及储水设施，如储水池（罐），以收集人工降水，储水池（罐）设置在靠近施工现场出入口生活区、现场搅拌机位置等用水较多的地方，并设置沉淀措施。经汇集及沉淀再处理后用于混凝土（砂浆）搅拌、养护、生活使用、车辆洗刷等，为了更好地节约用水，在水管上应多设置阀门。

（3）施工过程中产生的废水，在排放前进行一定的过滤和沉淀净化处理，保证达到排放标准要求；施工现场产生的不能处理的废水要收集交给相关部门处理。

3. 节能与能源利用方面的优化措施

（1）对施工机械的选择和论证工作要提前进行，依据挖掘作业的强度及工况，确定不同的施工机械，保证所选择的施工机械在效率和环保上都符合要求。

（2）排列好施工进度计划表，使施工更加连续。施工方案制订好后，依据方案确定的顺序时间逐步安排机械设备进场。

（3）不同种类的施工机械搭配作业时，要避免长时间的空转。施工现场依据土方运距、路况的实际情况，确立运输时间，结合挖土机械的作业速度搭配适量的运输车辆，保证作业流畅;设立施工设备的高效节能作业规章,限制施工机械的最大空载运转时间。例如限制挖掘机的最大空载运行时间是 4 分钟,推土机是 3 分钟,运输汽车是 6 分钟等。

(4)计算土石方开挖和回填的工程量,规划取土地点,回填土要就近堆放,结合各种实际情况,减少土方运输的数量。

4.节地与施工用地保护方面的改进措施

(1)调查土石方开挖施工影响范围内的地下设施(如给排水、煤气、通信、电力)的情况,并制定相应的保护措施。

(2)协同文物保护部门,对施工工地地下是否有遗址和墓葬等进行勘测,如果有,要立即做好文物保护工作。

(3)在土石方工程确定场地道路选线时要考虑后续施工方便。临时道路的选线应该本着和永久道路共线的原则,避免道路重复占用土地。

(4)开挖出来的回填土堆放在现场时,要做好场地的周转利用工作,从而提高场地的使用率。在条件允许的情况下,应该分条段间隔地开挖及回填,回填完毕的场地应该作为后开挖土体的堆放场地。

(5)准备回填的土采取就近堆放的原则,以减少车辆行驶和停放时的土地占用量。

6.4.3.2 基坑支护与基础工程

1.环境保护方面的优化措施

(1)机械设备钻机、打桩机、起重机、深层搅拌机、灰浆搅拌机、泥浆泵、提升速度测量设备、冷却泵、旋喷管、空气压缩机等在进场前要进行试运转,并且在施工过程中要定期检查,及时保养和维修,确保施工机械设备的工作状态,避免施工过程中的损坏造成不必要的污染。机械设备在维护如更换机油的时候要避免油污污染。

(2)当进行含有泥浆置换的施工作业时,要依据桩施工定位布置图,对桩位以外的场地进行硬化处理,并设置导水沟、集水井等,避免施工现场受泥水浸泡。

(3)若采用静力压桩能够达到要求,则不采用锤击打桩的办法。

(4)使用膨胀材料拆除混凝土支撑体系,不适用风镐甚至爆破法作业。拆除过程中对结构实时进行浇水湿润以及遮挡,减少扬尘。

(5)在安装和拆除钢支撑的过程中,应当设置围挡措施,防止电焊光线以及噪声污染居民生活环境。

(6)拆除混凝土支撑体系及拆除安装钢支撑体系时,应避开周边居民的休息时间。

(7)振冲桩或者打桩大噪声施工作业时,施工前及时通知附近居民,并做出解释,听取多方面的相关意见,第一时间处理投诉。

(8)避免采用砂石地基或者灰土地基等对环境破坏大的形式。

(9)使用场外预制的泥浆,当施工过程采用泥浆时,在现场应建立收集疏排设施,如泥浆收集池、过滤沉淀池等,集中对泥浆进行处理。

(10)当施工作业结束时,清洗泵送管道的污水必须排到污水收集系统进行处理。

(11)由于空气压缩机噪声极大,必须进行封闭,然后进行钻孔、泵送、风镐作业等。

(12)在钢支撑体系或者钢桩施工时所用的氧气、乙炔、油料等要在指定的地点存放,并采取防火(爆)措施。

（13）边坡支护施工时，应使用能耗低及噪声低的混凝土搅拌喷射设备。

（14）对施工过程中产生的废弃或者破损木块、塑料膜、土工布、草袋等，要第一时间收集进行专门处理。杜绝焚烧等现象的出现。

2. 节水和水资源利用方面的优化措施

在制备泥浆时，要采用基坑降水中产生的地下水。利用导水沟将过滤后的水等输送到搅拌、制备地点，当作制备水使用。

3. 节材和材料资源利用方面的优化措施

（1）当施工旋喷桩及深层搅拌水泥土桩的时候，要进行配合比设计，设计时考虑灰浆泵的输送量、灰浆初凝时间、灰浆强度等参数来确定配合比，避免浪费和返工修改。

（2）在搅拌站设立台秤等称量设备，用来计量泥浆配合料，确保准确地配制现场的泥浆。

（3）计划好泥浆的使用量和时间等，保证施工作业的流畅，避免出现因为材料不足造成的窝工，避免初凝前没有使用完全的浪费现象。

（4）当遇到雨雪天气时，要在现场的泥浆池上方设置防雨棚，避免因为天气造成材料的浪费。

（5）在深大基坑支护时，尽量使用钢结构体系，因为钢材可以做到重复利用，并且钢支撑可在工厂加工好后运到现场进行拼装；当采用大体量的钢支撑体系时，要使用预应力结构形式，可以减少材料的用量。

（6）混凝土支撑体系在拆除后其废料要再次利用，如粉碎后当作再生骨料和当作回填材料。

（7）当支护结构采用钢丝网或者钢筋网时，在材料进场后应该进行调直，剩余废料收集处理。

（8）要用塑料薄膜或者草袋维护临时边坡，并做好回收如晒干等，以便重复使用。

（9）在基坑回填土之前对一定埋深范围内的土钉与铺杆进行回收利用。

（10）要严格按照施工操作标准规程进行混凝土浇筑或者灌浆，避免由于不连续浇筑产生的断桩及断层现象，进而造成材料的浪费。

4. 节能和能源利用方面的优化措施

（1）计划好施工机械的使用，杜绝不连续的作业，比如要在打桩机械到场之前就要安排钢板桩、吊车进场。

（2）施工机械，例如吊车、打桩机、灰浆泵、搅拌机等合理配备，作业人员到位，避免不必要的窝工。

5. 节地和施工用地保护方面的优化措施

（1）进驻施工现场后在一定深度范围内要对土层进行勘探，摸清其物理性能，做出土壤的利用保护甚至改良的方案。

（2）依据地质情况选择和当地土壤酸碱度一样的泥浆，或者调整改良现场的土壤酸碱程度，做到土体处理和土壤改良同时进行。

（3）设计打桩机械设备的场内施工进场顺序和运行路线，杜绝场地的重复占用及道路的重复建设。

6.4.3.3 混凝土结构工程

1. 环境保护方面的优化措施

(1)在条件允许的情况下要使用预制的商品混凝土。

(2)施工现场的机械设备,例如翻斗车、运输车辆、振捣器、泵车等,施工前要进行尾气及噪声排放的检测,保证达到国家相应的标准。在机械设备的使用过程中,要定期进行检查和维修,保证施工机械设备有优良的工作状态。

(3)要设立封闭式搅拌站(棚),使用低噪声的混凝土泵等机械,不使用自落式搅拌机等大噪声的设备。机械尽可能布置在远离周围居民的方向,并且避开夜间、午休等敏感时间作业。

(4)大噪声的施工机械,例如搅拌机和输送泵等应该采取隔声措施,如设置围挡。条件允许的情况下,可为设备建立专门的封闭工作间。

(5)施工现场进出口的位置设置专门的洗车设备,用于对出场可能造成扬尘和污染路面的车辆进行清洗工作。

(6)散体材料的运输,例如砂石、外加剂、施工垃圾的运输,车辆应进行严格覆盖,同时填装高度不能超过车槽高度。车辆出场前进行严格检查,保证不造成路上撒漏等。

(7)水泥优先选择罐装散体水泥,并使用专用运输车辆。当使用袋装水泥时,装卸过程中还应该轻拿轻放,尽量使用吊装,以避免扬尘现象的发生。

(8)超过 5 级的风力时,停止水泥(非罐装)、砂石等的装卸、运输、过筛等作业,以避免扬尘现象的发生。

(9)现场的砂石要采用封闭存放的方式,当能保证大多数天气情况下露天堆放不会对环境造成影响时,可考虑采用露天存放,但现场应该准备相应的覆盖物,例如防雨布和草苫等。

(10)现场搅拌机棚应该进行场地硬化、抹光等,硬化的区域还应包括材料堆场及运输通道。当有使用较少的临时道路时,要使用铺垫钢板的办法。

(11)混凝土搅拌机旁边要安装除尘设备(Best R,1997),搅拌量较小的时候设立喷雾除尘设备,搅拌量较大的时候要安装电子除尘设备,当具有相当条件时,要配备自动监控设施。

(12)要及时收集气象信息,遇大风、降雨等恶劣天气时要采取措施,防止扬尘、材料浪费、产生污水的现象发生。

(13)车辆、搅拌机、管道冲洗、泵送设备以及混凝土养护产生的废水,要通过导水沟流至沉淀池和储水池,做到符合排放标准后再排放。

(14)混凝土搅拌机械和泵送设备要牢靠固定,并配备橡胶垫等以减小振动。混凝土泵送管道每隔一定的距离要使用支架进行固定。管线设计要做到覆盖整个浇筑范围,在浇筑过程中只需要拆除管段,而不需要再增设管段。

(15)当施工现场位于市区和居民区时,不使用外部振捣器进行振捣,以防止噪声的产生;混凝土施工应做到白天进行,必须进行夜间施工时,应提前办理相关手续,并向附近居民进行公示,减少不必要的投诉。实际上,施工完全可以通过压缩夜间作业时间、调整施工计划以及降低夜间工作强度的方式减弱(少)噪声。

（16）混凝土施工作业时，要安排专人指挥。联络可使用对讲机、手机、信号旗等，避免使用哨子、扩声喇叭等工具。运输车辆进入现场后不能鸣笛甚至再加大油门，夜间施工更应该注意减小噪声的排放强度。

（17）当大体积混凝土连续浇筑作业时，夜间施工现场应采用定向照明设备，照明要集中在施工的范围内，避免照射附近的住宅等楼宇。

（18）混凝土外加剂的使用，要依据材料性质按照注意事项进行操作。

（19）浇筑混凝土前，检查从模板里面清理出的垃圾，要及时清扫并装袋。

（20）做好混凝土浇筑运输设备（如料斗、小推车）的检查与维修工作，确定合理的浇筑路线和计划，并且严格执行，减少混凝土运输和浇筑过程中的撒漏。

（21）混凝土养护采用喷涂薄膜时，应注意喷涂材料的化学成分对环境的影响，达到环保要求方可使用。

（22）施工现场使用完的试验试块、养护用的草苫（塑料薄膜）等，要进行集中收集后再专门处理，禁止乱扔乱丢的现象发生。

（23）冬期施工时，要选择蓄热或者添加外加剂的施工方法。当采用加热方式时，优先采用电加热，杜绝使用煤、油等方式加热，以避免造成空气污染甚至危害作业人员的身体健康；在电加热炉或锅炉附近 10 m 范围内保证没有易燃物品存在，并要准备有效的灭火器材等。

2. 节水与水资源利用方面的优化措施

（1）要尽量使用预制的商品混凝土。

（2）施工过程中要使用就近的取用点采水，防止长距离运水的损耗等。

（3）搅拌站由于用水量很大，在供水管铺设时，要设置专门的供水管线，并且线路要使用镀锌铁管暗埋的方式敷设，不能使用塑料管明铺。供水管敷设过程中注意，当要经历冬季时，应埋在冻土层下面，并且深度不应小于 50 cm，以防止冻坏。在穿越道路或者有重车经过的路线时，要使用砌块砌筑通道或者使用外套钢管进行防护等。

（4）工程施工现场的输水管线要定期检查与维护，避免渗漏浪费水资源；在通向搅拌站的供水管要装阀门和水表，计量好用水量，杜绝浪费。

（5）当现场搅拌混凝土的时候，对场地内的非市政水源要进行充分的利用，比如基坑降水以及夏季大量收集的雨水等，但在使用前要检测成分，如氯离子含量，保证在其要求的范围内。

（6）当施工现场位于水资源缺乏的地区时，施工应该采取节水措施，例如搅拌混凝土时添加减水剂。当搅拌有抗渗要求的混凝土时，首选节水外加剂。

（7）养护用的输水管道上要设置阀门，禁止直接打弯关水。选择节水的喷雾装置进行养护最好，杜绝使用管子直接浇水养护。养护好了，再覆盖草苫等吸水材料或者塑料膜保水养护。

（8）养护用水选择施工现场沉淀池的循环利用水。

3. 节材与材料资源利用方面的改进措施

（1）在条件允许的情况下，要选择使用商品预制混凝土；通过仔细采购以及资源和材料的重新利用，降低材料费（Public Technology Inc,1999）。

（2）在浇筑混凝土前，要做好使用量和材料进场时间的计划，确保混凝土入场后能及时使用。浇筑过程中，混凝土搅拌工厂和施工现场要保持通畅联系，统一调度搅拌站、施工现场甚至混凝土运输车，以便确保在初凝前浇筑使用完毕。

（3）施工现场操作混凝土泵的作业人员要持证上岗，施工过程中监测设备运转，及时发现问题并处理，杜绝设备故障引起的浇筑中断和材料浪费的现象。

（4）混凝土泵送时，如果出现堵管需要进行拆管检查，拆管接头下放置灰槽，让管中的混凝土流到灰槽中，收集后进行再利用。

（5）施工工地附近有废弃混凝土或者再生骨料条件的时候，可以选择使用废弃混凝土制造再生骨料或采购符合要求的再生骨料来制备混凝土。

（6）砂石材料在现场要设置专门的砂石料场进行堆放保存，杜绝和其他材料混杂。

（7）水泥要进行封闭库存，并务必采取防潮措施以便延长使用时间；受潮的水泥材料要经鉴定后方可在保证质量的前提下降低标号使用。

（8）混凝土搅拌站要设置台秤、水计量电子秤等计量设备，要对设备采取防护措施，还要定期校验，确保计量设备的准确。

（9）混凝土的配合比要进行严格的试验，配置时在满足要求前提下考虑使用粉煤灰或者矿物质超细粉替代部分水泥。

（10）搅拌机出料口的位置应设置溜槽及挡板，使搅拌好的混凝土顺利流入运输车辆中，杜绝撒漏。物料装运不要使用人工铲运，尽量使用提升设备，以免撒漏。

（11）使用袋装水泥时，要注意保护袋子的完整性，杜绝破坏。使用完毕后，要及时对水泥袋进行收集，可以装扣件、锯末等物品。

（12）施工用的料斗和搅拌提升设备要密封严密，杜绝在下料和搅拌时产生撒漏和扬尘；对浇筑过程中撒漏的混凝土要收集和再利用，在确保施工质量的前提下对混凝土进行再利用。

（13）大体积混凝土施工时，在条件允许的情况下，可以考虑利用混凝土后期强度以达到节约材料的目的。

（14）施工项目部要收集气象信息，遇大风、降雨雪等恶劣天气时，要提前做好防备，采取措施杜绝施工材料被污染浪费现象的发生。

（15）尽量选择泵送方式进行混凝土运输，这样能提高输送的效率，并且减少撒漏的损耗。减少采用手推车和料斗等高损耗的施工方式，当必须采用手推车和料斗等运输方式时，装料不要装得过满（一般别超过载量的1/4），好防止撒漏。

（16）混凝土快浇筑完毕时，要精确估算所需的混凝土量（要把泵管内混凝土包括在内），然后按量进行搅拌，杜绝过多造成的浪费。

（17）冬期施工的时候，要对料斗、泵管以及浇筑的混凝土构件等进行保温包裹，保温材料要绑扎牢固，避免散落破碎。

（18）泵送结束后，要对管道和设备进行清洗，管道清洗用的海绵球做到回收重复利用。

（19）混凝土养护和保温用的草苫、保温阻燃被和塑料布等，要在使用完后进行收集，以备下次使用。上述材料在保存过程中还要进行晾晒，杜绝因为保管不当造成的浪费。

4. 节能与能源利用方面的改进措施

(1)规定材料的采购距离,在满足经济要求的情况下,选择近距离进行采购。

(2)现场搅拌混凝土时,其搅拌站要靠近施工道路设置,利用塔吊运输时搅拌站要设置在塔吊的工作半径内。当使用泵送时,要保证可从搅拌站一次输送到浇筑点。

(3)当使用商品混凝土时,施工机械的型号及数量要和现场的工况合理搭配。依据浇筑方量、距离和运输车量选择混凝土泵,依据混凝土泵确定振捣设备的型号及数量,并配备合适的施工作业人员,杜绝施工机械工效不能充分发挥的现象出现。

(4)施工机械及车辆在空载运行超过 5 分钟后,要熄火等待(除混凝土搅拌运输车外),杜绝长时间空载运行(李叶,2009)。

(5)冬期施工时,要选择改善配合比的方法,例如添加早强剂、减水剂、防冻剂,确保混凝土的质量。上述方法如果还不能达到要求时,要采用早强剂加蓄热原材料的方法以缩短加热养护的时间,尽量杜绝在施工现场搭设暖棚等高耗能的做法。

(6)冬期施工必须采取加热蓄热施工时,加热前要将预加热的混凝土用草苫及保温被等进行覆盖,以减少热量流失。加热过程也要进行实时测温,超过要求温度要及时停止,等温度降低后再重新加热。

5. 节地与施工用地保护方面的优化措施

(1)施工要使用预制的商品混凝土。

(2)对于施工所必需的散装材料,如砂石等,要设置专门的材料维护堆放设施,例如高 1 m 的抹灰砌块墙堆放池,防止材料随意散落流淌。

(3)做好凝结材料的运输防撒漏控制措施,在保护区域设立隔离警戒线,避免此区域受到污染。

(4)做好进场材料和施工机械设备的使用计划。根据使用的时间和地点进行规划,合理设置存放的位置和时间,防止重复线路或者空置场地等,力求场地的周转使用,以提高利用的效率。

(5)要使用移动泵送设备,并对浇筑路线进行合理设计。防止使用固定泵送设备造成的管道和设备占用大量的施工用地,甚至造成拥堵。

(6)在有可能使用塔吊运输时,混凝土制备地点要选择在塔吊的工作半径内,防止地面运输而占据施工场地。在此基础上,做到塔吊工作半径可以覆盖整个浇筑现场,防止因搬运材料而造成工作面拥挤现象的发生。

第7章 华阴市白龙涧荒石滩 工程实践及示范应用

7.1 项目区概况

白龙涧位于陕西省华阴市境内,主流发源于秦岭北麓,河源区山高坡陡,流程较短,出峪后穿越黄土台塬区进入渭河冲积平原,于华阴市卫峪乡汇入二华排水干沟。

白龙涧主河道全流域面积 35.4 km²,河道全长 24.57 km。其中峪口以上流域面积 27.8 km²,蒲峪水库坝址以上河道长 8.73 km,河床平均比降 7.45%;中下游(峪口以下)流域面积 7.55 km²,河道长 15.84 km,河床平均比降 3%。其出峪后流经山前洪积扇区及孟塬黄土台塬区,河槽以宽浅型天然断面为主,河床宽 135 ~ 430 m,主槽摆动不定,造成两岸塌岸失地,主要建筑物有陇海铁路、310 国道、连霍高速公路。本次河岸治理的工程范围为:起点位于蒲峪水库下游约 700 m 处,终点至陇海铁路桥,治理长度 5.226 km。项目区位置见图 7-1。

图 7-1 项目区位置

7.1.1 区域自然特征

7.1.1.1 气象

项目区气候属暖温带季风气候,多年平均降水量 599 mm,年平均蒸发量 1 261 mm。该地区四季分明,光照充足,年平均日照时数 2 130.6 小时,无霜期 208 天左右,最长 245 天,最短 178 天。年平均气温 13.5 ℃,最热 7 月气温 26.8 ℃,年极端最高平均气温 40.2 ℃;最冷 1 月气温 -7.2 ℃,年极端最低气温 -13.1 ℃。年植被蒸发量 968.3 mm,干燥度 1.4~1.8,最大冻土深度 0.6 m。

7.1.1.2 水资源

项目区位于秦岭山麓延伸段,上游建有蒲峪水库,水质良好,宜于灌溉和生活用,可保证建成的耕地有充沛的水源。地表水系丰富,雨量充沛,为地下水提供了丰富的补给来源。

7.1.1.3 土壤

项目区土壤以淤土为主,包括河淤土和洪淤土 2 个亚类。由于河流多次泛滥的流量、流速均不同,淤土沉积物成分各异,剖面中沉积层次明显,但土壤无层次发育,多粉砂、砂和砾石,有机质含量低,肥力低,漏水漏肥,利用上多属广种薄收。

7.1.1.4 植被

渭河滩地地势平坦,土壤质地良好,适宜粮棉和经济作物生长,是酥梨的优质生长地,林木资源也很丰富。

项目区内原有耕地主要种植小麦、玉米和棉花等农作物,复种指数 1.8。树木品种主要有杨树、柳树、槐树、酥梨等。

7.1.1.5 地质地貌

白龙涧位于华阴市孟塬镇境内,属秦岭山麓延伸地段,地形总体南高北低,为条形冲积带区,区域内为河道夹槽地带。白龙涧属于南山支流,堤防堤基均为第四系全新统冲积地层,堤基岩性主要有砂壤土、粉质壤土、粉质黏土(淤泥质)及砂层。

7.1.1.6 自然灾害

项目区的主要自然灾害是出现在 5 月下旬至 6 月初的干热风,常造成小麦青干减产。5 月下旬 23 ℃ 以上气候出现概率为 57%,相对平均湿度为 60% 以下。入春后,随气温的回升,蒸发逐渐变强,由于水热条件分布的不均衡,年内干旱时常发生。降雨季节与作物生育期不够适应,常出现春旱、伏旱甚至春夏连旱现象。

7.1.2 基础设施条件

7.1.2.1 交通条件

项目区距 310 国道约 12 km,乡村道路顺河道分布在项目区两侧,有 2 条通村水泥路横跨项目区,项目区内仅有人行便道。

7.1.2.2 水利设施状况

项目区内无灌排设施,但是地表水资源丰富,上游蒲峪水库库容 110 万 m³,蒲峪水库东西干渠从近两侧经过,项目区可以考虑通过引西干渠水灌溉以满足作物需要。

7.1.2.3 电力设施

项目区内有 10 kV 高压线通过,用电比较方便。

7.1.3 区域社会经济状况

项目区位于陕西省中东部、关中平原东部,地处华阴市东部塬区的孟塬镇。孟塬镇现辖 25 个村民委员会,总人口 26 651 人,其中农业人口 21 183 人。全镇共有耕地 30 009 亩,水浇地 9 000 亩,属典型的台塬区农业乡镇,主要农作物有小麦、玉米、棉花、油菜、土豆等。

项目区农业经济发达,适宜种植小麦、玉米、棉花等农作物,复种指数 1.8。统计资料表明,项目区人口多,劳动力资源充裕,劳均负担耕地 1.38 亩,农业生产水平较高,农民收入水平属中等。

7.1.4 区域水土资源及开发利用现状

本次治理河段长度 5.226 km,治理段起点位于蒲峪水库下游约 700 m 处,终点至陇海铁路桥。区间河道平均比降 4.6%,高差 243 m。河道宽度 135 ~ 430 m,河槽深 0.5 ~ 3 m,局部较浅,主河槽左右摆动不定,河漫滩内杂草丛生,凹凸不平。河床质地以卵石、粉砂、粉壤土为主。

7.1.4.1 土地利用现状

1. 土地利用结构

项目区总面积 77.846 5 hm²,全部为河道滩涂荒地。

2. 土地权属状况

项目区土地全部为国有土地,属于华阴市水务局,经调查权属无异议。

3. 土地利用限制因素

1)限制因素

本项目区土地利用主要限制因素:一是土壤结构不合理,项目区内土壤主要为砂土和砾石;二是项目区内无灌溉设施;三是受水库多于兴利库容的下泄水侵袭,田块易水毁。

2)改善措施

河道整治和土地整治项目的实施措施:一是治理河道,加固河堤,保证河道顺畅、安全,避免洪灾淹没农田;二是通过覆土改善土壤结构;三是修建引水渠道,完善项目区灌溉设施;四是在河道治理的基础上开发河道滩涂地,增加耕地面积,同时改善该区域的生态环境,促进当地农民生产,增加农民收入,提高当地农民的生活水平。

7.1.4.2 水土资源分析

1. 供水量分析

项目区主要规划为耕地,水资源平衡分析时主要考虑农业用水需求,以最大限度地满足农作物需水要求。

为保证项目区的居民生活用水和农业用水的要求,即项目区在有一定的保证率的前提条件下可供水量大于项目区的用水量,有必要对项目区进行水资源平衡分析。项目区供水量主要为有效降雨量和蒲峪水库来水量。

1) 有效降雨量

地表径流量相应 75% 保证率的降雨量为 579 mm。降雨径流系数 $\alpha = 0.35$,降雨有效利用系数取 60%。集雨面积按项目区土地总面积计算为 134.720 8 hm²,则地表径流可利用量为:$(579 \div 1\,000) \times 0.35 \times 0.6 \times 134.720\,8 = 16.38$(万 m³)。

2) 蒲峪水库来水量

蒲峪河属黄河二级支流渭河支流之一,控制面积较小。截至目前,尚未设立水文测站,故无实测资料,但该支流以西的罗敷河设有罗敷堡站,有多年实测资料,在此拟运用水文比拟法,以罗敷河为参证流域对蒲峪河径流过程进行分析。

罗敷堡站位于秦岭山地与台塬区的交界地带,站址以上干流均穿行于山地之间,为典型的山区型河段,与蒲峪河极为相似。该站测流断面以上流域面积 122 km²,现有 1956～1999 年共 44 年的实测资料与蒲峪水库年径流量进行水文比拟。由表 7-1 分析可以看出,蒲峪坝址 44 年的径流系列中包含了丰、平、枯年及年组,可以认为具有一定代表性。然后采用矩阵法初选参数进行配线,采用皮尔逊型曲线,按最小二乘法适线,$C_v = 0.42$,$C_s/C_v = 3.5$,得出不同频率的径流量,详见表 7-1。

表 7-1 蒲峪水库坝址径流量计算成果表

频率 P(%)	25	50	75	95	多年平均
年径流量（万 m³）	1 025.4	782.8	592.5	396.4	838

蒲峪水库来水过程同样是借用罗敷堡站实测年月来水过程。根据罗敷堡站径流分析成果选定不同设计保证率的设计代表年,根据罗敷堡站实测径流系列的频率分析成果,来水保证率为 50% 和 75% 时,相应年径流分别为 3 435 万 m³ 和 2 600 万 m³,相对应典型年的选取见表 7-2。

表 7-2 罗敷堡站径流不同典型年选取表

来水保证率	典型年度	径流量（万 m³）
50%	1961～1962	3 654.1
	1973～1974	3 358.8
	1991～1992	3 307.0
75%	1977～1978	2 702.8
	1985～1986	2 597.2
	1990～1991	2 453.8

对罗敷堡站各典型年按不同设计保证率的径流过程进行逐月同比例缩放,得到蒲峪水库不同保证率的来水过程,见表 7-3。

2. 蒲峪水库现有灌区以及人畜用水量

1) 蒲峪水库现有灌溉面积以及灌溉用水过程

蒲峪灌区分东、西灌区,其中东灌区灌溉面积 555.74 hm²,西灌区灌溉面积 333.3

hm²。结合灌溉制度可得到相应的灌溉用水过程,见表7-4。

表 7-3 设计代表年径流过程计算表

项目		$P=50\%$		$P=75\%$	
		典型年	设计代表年	典型年	设计代表年
各月径流量	9	44.8	40.5	105.7	104.6
	10	127.2	114.9	13.5	13.4
	11	20.3	10.0	7.5	7.4
	12	6.9	6.2	8.4	8.3
	1	3.3	3.0	10.9	10.8
	2	1.6	1.4	9.9	9.8
	3	5.0	4.5	14.8	14.6
	4	96.5	87.1	100.9	47.4
	5	135.9	122.7	102.6	99.8
	6	103.5	101.8	90.6	101.5
	7	193.7	174.9	62.3	89.7
	8	85.3	77.0	57.5	61.7
全年径流量		824.0	744.0	584.6	569.0

表 7-4 蒲峪水库灌区灌溉用水过程表 　　　　　　(单位:万 m³)

月份	11	3	7	8	合计
东灌区	39.6	32.4	33.9	32.4	138.3
西灌区	27.7	23.0	25.8	23.0	99.5

注:渠系水利用系数取 0.75,田间水利用系数取 0.9。

2)人畜用水过程

蒲峪水库已于 1996 年纳入华阴市甘露工程的水源地之一。依据《村镇供水工程技术规范》,结合供水受益人口,确定灌区饮用水及工业需水量,见表7-5。

3. 灌溉设计标准

根据项目区现有灌溉条件,参照《灌溉与排水工程设计规范》,灌溉设计保证率取75%,管道水利用系数 $\eta_{渠}=0.95$,田间水利用系数 $\eta_{田}=0.90$。

4. 项目区需水量预测

项目区土地开发整理主要是为了增加耕地面积和改善耕地质量,提高土地利用率和产出率,因此应主要考虑农业灌溉用水需求。

1)用水保证率的选定

根据《土地开发整理项目规划设计规范》和《灌溉与排水工程设计规范》,本次规划中取灌溉设计保证率为 75%。

表 7-5　蒲峪灌区生活及工业需水预测

序号	类型	数量	需水标准	年需水量(万 m³)
1	农村人口	1.61 万人	40 L/(人·天)	23.5
2	非农村人口	0.32 万人	90 L/(人·天)	10.5
3	大牲畜	2 312 头	40 L/(头·天)	3.4
4	小牲畜	7 856 头	20 L/(头·天)	5.7
5	工业需水	704 万元	80 m³/万元	5.6
6	其他			9.8
7	合计			58.5

2)灌溉定额的确定

根据实地调查,当地以小麦和玉米为主要种植作物,复种指数为1.8。灌溉制度如表 7-6 所示。

表 7-6　灌溉制度

灌溉作物	比例	生育期	生育期起终时间		灌水时间(天)	灌水定额(m³/亩)	灌溉定额(m³/亩)
			起	终			
小麦	80	越冬分蘖	12 月 1 日	12 月 23 日	23	45	180
		拔节	2 月 21 日	3 月 10 日	18	45	
		灌浆	4 月 11 日	4 月 25 日	15	45	
		乳熟	5 月 1 日	5 月 10 日	10	45	
玉米	80	播前	6 月 1 日	6 月 15 日	15	40	150
		拔节	7 月 1 日	7 月 15 日	15	40	
		抽穗开花	7 月 21 日	7 月 31 日	11	35	
		乳熟	8 月 9 日	8 月 20 日	12	35	
经济作物	20		5 月 1 日	5 月 10 日	10	35	35
总计	180						365

3)灌溉需水量计算

灌溉需水量按下式计算:

$$M_需 = M \times \frac{A}{\eta} \tag{7-1}$$

式中　$M_需$——灌溉需水量;

　　　M——灌溉定额;

　　　A——灌区面积;

　　　η——灌溉水利用系数,取0.86。

本次规划中耕地面积为 107.296 2 hm²(1 609.443 亩),项目区灌溉总需水量为

61.39 万 m^3。

5. 蒲峪水库水量调节计算

蒲峪水库灌区灌溉区域包括东灌区和西灌区以及扩灌区(本项目区)。参考资料,利用年调节计算法来核算水库的来水量与用水量的平衡关系,来水量按照枯水年($P =75\%$)水量计算。由于来水量是按照年径流量计算的,所以考虑到水库的渗漏和蒸发,结合关中地区小型水库资料,本次蒲峪水库的渗漏和蒸发系数取7%。本次蒲峪水库的调节计算见表7-7。

表 7-7　蒲峪水库月、旬水量调节计算表

月份		实际来水量（万 m^3）	扣除渗漏蒸发来水量（万 m^3）	用水量（万 m^3）				来水量－用水量（万 m^3）		蓄水量（万 m^3）	弃水量（万 m^3）
				东干渠	西干渠	人畜	合计	余水（＋）	亏水（－）		
9		104.6	97			6	6	91		117	78.7
10		13.4	12			6	6	6		117	6
11	上旬	2.4	2.2	13.2	9	2	24.2		22	92	
	中旬	3.2	3	13.2	9	2	24.2		21.2	69.8	
	下旬	1.3	1.2	13.2	9	2	24.2		23	53.8	
12		8.3	7.7	3	7.9	6	16.9		9.2	34.6	
1		10.8	10	1.2		6	7.2	2.8		37.4	
2		9.8	9.1		4	6	10		0.9	36.5	
3	上旬	5.2	4.8	10.8	7.7	2	20.5		15.7	13.8	
	中旬	4.6	4.3	10.8	7.7	2	20.5		16.2	0	
	下旬	4.8	4.5	10.8	7.7	2	20.5		16	0	
4		47.4	44		7.9	6	13.9	30.1		30.1	
5		99.8	93		9.4	6	15.4	77.6		107.7	
6		101.5	94		7	6	13	81		117	71.7
7	上旬	29.9	28	11.3	8.6	2	21.9	6.1		117	1.4
	中旬	29.9	28	11.3	8.6	2	21.9	6.1		117	3.8
	下旬	35.8	33	11.3	8.6	2	21.9	11.1		117	5
8	上旬	18.7	17	10.8	7.7	2	20.5		3.5	112.5	
	中旬	20.5	19	10.8	7.7	2	20.5		1.5	106.9	
	下旬	22.4	21	10.8	7.7	2	20.5	0.5		103.3	

注:全年来水量为532.8 万 m^3,除了给东、西灌区和人畜供水,弃掉高于兴利库容水位的水量,可利用水量还有48.6 万 m^3。

6. 水土资源供需平衡分析

总体来说,项目区水源比较丰富,在不开采地下水的情况下,项目区内供水量仍远大于需水量(见表7-8)。因此,项目区内水资源补给量完全能满足需求,本设计在水源保证方面完全可行。

表7-8　项目区水量平衡计算表　　　　　　　　(单位:万 m³)

需水量	供水量		供需差额
	地表径流量	过境水量	
61.39	16.38	48.6	+3.59

7.2　工程总体规划

7.2.1　规划指导思想

贯彻因地制宜、统筹兼顾、林路结合、资源节约、便于机械化管理、技术可行及经济合理的原则。在预留必需的生态防护林用地、道路用地、生产服务管理与仓储用地的基础上,合理开发利用现有的其他草地资源,通过多方案比选,确定优化建设方案。

7.2.1.1　土地平整工程

土地平整在合理灌排、节约用水、改良土壤、保水保肥、科学种田,以及提高劳动生产率和机械化作业效率等方面有着重要的作用。从总体上讲,土地平整应满足项目区自流灌溉的要求,由于项目区地形变化较大,原河道将其分割为东西两部分。考虑合理分配、挖填就近平衡,应尽量减少工程量,设计将项目区内的地块各自进行平整,使地块内挖填土方量自身平衡。

平整后原则上要求田块标准,标准格田为 150 m×50 m,田块长度的设计应有助于提高机械作业效率,有利于合理地组织田间生产过程、灌水组织工作,满足土地平整的要求。田块宽度应满足机械作业、灌溉排水等方面的要求。由于地块形状不规则,局部条田长度随地形条件有所变化。

覆土工程可以有效改善土壤机理及其物理结构,不仅能起到保水保肥作用,更能很大程度上防止水土流失。据类似工程的实际施工经验以及相关工程建设标准,本次设计覆土厚度 50 cm。

规划从项目区东边取土,计划取土点共6个,1 km一个取土点。取完土以后,将取土场修整为台田,既增加了耕地面积,稳定了边坡,又防止了水土流失。

7.2.1.2 河道工程

充分考虑白龙涧治理段沿河土地规划建设情况,进行工程总体布局。合理兼顾上、下游和左、右岸的利益,协调处理好防洪及环保等方面的关系。在确保防洪安全的前提下,尽量使河岸线平顺,避免大的弯道河顶冲存在。

7.2.1.3 灌溉工程

项目区灌溉形式采用低压管道引水灌溉。项目区属半干旱、半湿润地区,作物种类以小麦为主,根据《灌溉与排水工程设计规范》,灌溉设计保证率为75%,管道水利用系数为0.95,田间水利用系数为0.9。

7.2.1.4 道路工程

本项目区域规划主要道路标准如下:

田间路:路面宽3 m,路基宽4 m,路面铺设15 cm厚混凝土面层,高出田面0.30 m。

对项目区原有的两条混凝土路进行改道重修,两条混凝土路过河段分别修建桥涵和平板桥,使其更方便居民的生产、生活。

7.2.1.5 田间工程

条田规格:项目区内大石块较多,土地平整难度大,为了减少土方量,缩短推土运距,田块划分宽约50 m,长150 m左右,田面坡度不大于2%,部分条田规格结合地块形状综合确定。平整后地块覆土约50 cm。

按照划分的田块自身土方平衡计算,相邻田坎之间的高差在2.5 m左右,田坎与田块的田面夹角45°~60°,田坎用浆砌石、干砌石砌筑,砌石厚度30 cm。

7.2.1.6 防护林工程

根据当地的气候、土壤条件,同时考虑当地的实际经验,并考虑经济效益,防护林树种选用柳树,株距约5 m,林带沿着田间路布置。

7.2.1.7 水土保持生态工程

根据项目区实际地形,对于项目区两岸边坡不稳定的地方进行刷坡或者通过取土修建成梯田,达到稳定边坡、保持水土的目的。

7.2.2 规划原则

遵照《中华人民共和国土地管理法》,贯彻落实"十分珍惜、合理利用土地和切实保护耕地"的基本国策。按照国土资源部《关于加强和改进土地开发整理工作的通知》调整土地开发工作的重点和方向,加大对基本农田的投入力度,做到以建设促保护、以开发促效益。根据华阴市土地利用总体规划和土地开发整理专项规划,以强化项目区农业产业优势、全面改善农业生产条件、发展现代高效农业、建设农业标准化生产基地为目标,以土地开发为切入点,促进农业增产、提高农民收入、调整产业结构,实现农业产业贡献率最大化。以土地开发为契机,实现项目区环境、人口、资源和农业的可持续发展,以社会主义新农村建设服务为总的指导思想,并坚持以下规划原则:

(1)与相关规划协调一致。

(2)统一规划、统一开发、统一布设、政府与公众参与相结合。

（3）提高土地利用率和产出率,改善农业生产条件,促进水土资源可持续高效利用。

（4）田、水、林、路全面规划,综合配套,建设现代优质高产高标准基本农田示范基地。

（5）经济效益、社会效益与生态效益协调发展。

（6）因地制宜、科学论证、技术可行、经济合理。

（7）充分考虑白龙涧治理段沿河土地规划建设情况,进行工程总体布局。

（8）合理兼顾上、下游和左、右岸的利益,协调处理好防洪及环保等方面的关系。

（9）在确保防洪安全的前提下,尽量使河岸线平顺,避免大的弯道河顶冲存在。

7.2.3　规划目标

通过对该项目的实施,统一规划、合理布局、因地制宜、综合治理,以有效增加耕地面积和提高耕地质量,使项目区的旧河道滩涂地变为水浇地,实现河渠畅通、路网通达,最终建设成高产稳产的高标准良田。

（1）通过土地开发整理,将项目区的旧河道滩涂地变为良田,可增加耕地面积 107.296 2 hm^2（1 609.443 亩）。

（2）通过土地开发整理和河道整治,完善项目区内的水利设施,既能使项目区内农田灌溉设计保证率达到 75%,又能防治旱、洪灾害,使得项目区农作物保持常年稳产。

（3）通过土地开发整理,完善区内交通网络,使之适于现代化农业耕作、农产品运输以及居民生活的要求,显著提高居民生产生活的效率。

（4）通过土地开发整理,沿河道和道路种植生态防护林,既绿化环境,又防治风害,从而改善项目区的生态环境。

（5）通过土地开发整理,对项目区内废弃采石场进行整理,增加耕地面积;结合村、田、路、林的建设,完善基础设施建设。

（6）通过土地开发整理,在项目区采取一系列积极有效的技术措施,实现经济效益、生态效益和社会效益三者统一。

7.2.4　规划设计依据

7.2.4.1　有关法律法规

（1）《中华人民共和国土地管理法》。

（2）《中华人民共和国土地管理法实施条例》。

（3）《基本农田保护条例》。

（4）《中华人民共和国水土保持法》。

（5）《中华人民共和国环境保护法》。

（6）国家和地方制定的其他与土地开发整理相关的法律、法规。

7.2.4.2　有关政策

（1）《关于进一步加强土地开发整理管理工作的通知》（国土资发〔1998〕166 号）。

（2）《关于切实做好耕地占补平衡工作的通知》（国土资发〔1999〕39 号）。

（3）《国家投资土地开发整理项目管理暂行办法》（国土资发〔2000〕316 号）。

（4）《土地开发整理项目资金管理暂行办法》（国土资发〔2000〕282号）。

（5）《土地开发整理项目规划设计规范》（国土资发〔2000〕215号）。

（6）《关于进一步规范国家投资土地开发整理项目报件的函》（国土资耕函〔2005〕010号）。

（7）《陕西省水利水电工程概（预）算编制办法及费用标准》（陕计项目〔2000〕1045号）。

（8）《陕西省水利水电建筑工程预算定额》（陕计项目〔2000〕1045号）。

（9）《陕西省水利水电设备安装工程预算定额》（陕计项目〔2000〕1045号）。

（10）《关于陕西省水利水电工程概预算编制办法及费用标准（2000）调整意见的批复》（陕发改项目〔2009〕821号）。

（11）《建设工程监理与相关服务收费管理规定》（国家发展改革委、建设部价格〔2007〕670号）。

（12）《招标代理服务收费管理暂行办法》（国家计委计价格〔2002〕1980号）。

（13）《工程勘察设计收费标准》（国家计委、建设部计价格〔2002〕10号）。

（14）《陕西省水利水电建筑工程预算定额》（陕计项目〔2000〕1045号）。

（15）《陕西省水利水电工程施工机械台班费定额》（陕水计〔1996〕140号）。

7.2.4.3　相关规划

（1）《华阴市土地利用总体规划》。

（2）《华阴市土地开发整理专项规划》。

7.2.4.4　行业技术标准

（1）《土地开发整理规划编制规程》。

（2）《土地开发整理项目规划设计规范》。

（3）《土地整治项目验收规程》。

（4）《水利建设项目经济评价规范》。

（5）《灌溉与排水工程设计规范》。

（6）《水土保持综合治理技术规范》。

（7）《节水灌溉技术规范》。

（8）《渠道防渗工程技术规范》。

（9）《农田灌溉水质标准》。

（10）《堤防工程设计规范》。

（11）《公路桥涵设计通用规范》。

（12）《土地开发整理项目规划设计规范》。

（13）《水利水电工程等级划分及洪水标准》。

（14）《城市防洪工程设计规范》。

（15）《防洪标准》。

（16）《堤防工程设计规范》。

（17）《堤防工程施工规范》。

（18）《堤防工程管理设计规范》。

（19）《公路水泥混凝土路面设计规范》。

（20）《建筑工程设计文件编制深度规定》。

（21）《民用建筑设计通则》。

（22）《全国民用建筑工程设计技术措施》。

（23）《建筑设计防火规范》。

（24）《建筑内部装修设计防火规范》。

（25）《建筑玻璃应用技术规程》。

（26）《玻璃幕墙工程技术规范》。

（27）《公共建筑节能设计标准》。

（28）《民用建筑工程室内环境污染控制规范》。

（29）《建筑结构可靠度统一标准规范》。

（30）《建筑抗震设计规范》。

（31）《建筑结构荷载规范》。

（32）《建筑地基基础设计规范》。

（33）《混凝土结构设计规范》。

（34）《砌体结构设计规范》。

（35）《多孔砖砌体结构技术规范》。

（36）《湿陷性黄土地区建筑规范》。

7.2.5 项目主要建设内容

7.2.5.1 土地平整工程

项目区划分为 142 个田块，移动土方量 72.40 万 m^3；田块覆土厚度为 50 cm，覆土约 53.67 万 m^3，项目区平面布局图见图 7-2。

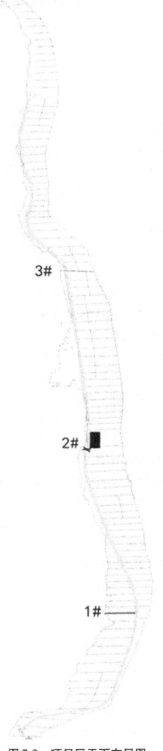

图 7-2 项目区平面布局图

7.2.5.2 河道工程

1. 河道治理工程

(1)考虑到河道开挖后砂砾石较多,上游水库泄洪时水量较大,行洪时容易将河底砂砾石带走并淤积到底部小梯形,使其丧失行洪功能,所以将河道断面变更为:取掉小梯形,并将河底整体下挖 15 cm,使河道过水流量与原设计相等。

(2)从经济性和安全性两方面考虑,将 1#交通桥南北两侧河底浆砌长度变更为 5 m。对 3 座交通桥浆砌石护坡长度进行了变更:1#交通桥变更为南北两侧各 5 m,2#交通桥变更为南北两侧各 300 m,3#交通桥变更为南北两侧各 200 m,护坡浆砌石高度均为从河底至上沿。

(3)从经济性和安全性两方面考虑,对河道护坡工程全部浆砌,共浆砌 5.3 km。除 1#交通桥南北两侧各 5 m、2#交通桥南北两侧各 300 m、3#交通桥南北两侧各 200 m 的护坡浆砌高度为从河底至上沿外,剩余河段护坡浆砌高度均为 1 m。

(4)从河道行洪安全性因素考虑,将河道护坡浆砌石厚度变更为:河底部 50 cm 厚,上沿 30 cm 厚。

2. 桥梁工程

桩号 1 + 231.8、2 + 526.1、3 + 839.6 处,设计新建交通桥 3 处,防洪标准为白龙洞河 10 年一遇洪水标准,设计荷载汽公路 - Ⅱ级。其中,1 + 231.8 处交通桥为石拱桥;2 + 526.1、3 + 839.6 处交通桥为平板桥,设计桥长 24 m,共 3 跨,单跨跨度 8 m,桥上部结构为预制 C40 钢筋混凝土空心板,厚 55 cm,桥面采用 C40 现浇混凝土铺装,厚 8 ~ 11 cm,设计桥面净宽 4.7 m,桥柱采用 C25 钢筋混凝土圆柱,直径 D600,柱中心距 2.4 m,基础采用 C20 混凝土基础,尺寸为 3.6 m × 2.2 m × 0.8 m,其下部为 10 cm 厚 C10 混凝土垫层,平板桥纵断面图见图 7-3。

1 + 231.8、2 + 526.1 处交通桥底部为浆砌石护底;3 + 839.6 处交通桥河床底部砂砾石层较薄,其下为湿陷性黄土,所以该处交通桥底为 20 cm 钢筋混凝土护底,并在护底来水侧设置上宽 80 cm、下宽 1.8 m、高 2 m 的浆砌石挡水墙,从而避免护底发生沉降。

7.2.5.3 灌溉工程

从蒲峪水库西干渠引水至蓄水池,采用低压输水管道系统进行灌溉,埋设 PE 管道 995 m,埋设 PVC 管道 24 558 m,修建泄水井 10 座、闸阀井 10 座、给水栓 218 个。

7.2.5.4 道路工程

新建主干路(4 m 宽混凝土路)2 条,长度超过 400 m;新建田间路(3 m 宽混凝土路)1 条,长度 4.4 km;修建平板桥 2 座;修建石拱桥 1 座。

7.2.5.5 防护林工程

沿项目区田间路一侧种植柳树 1 074 棵。

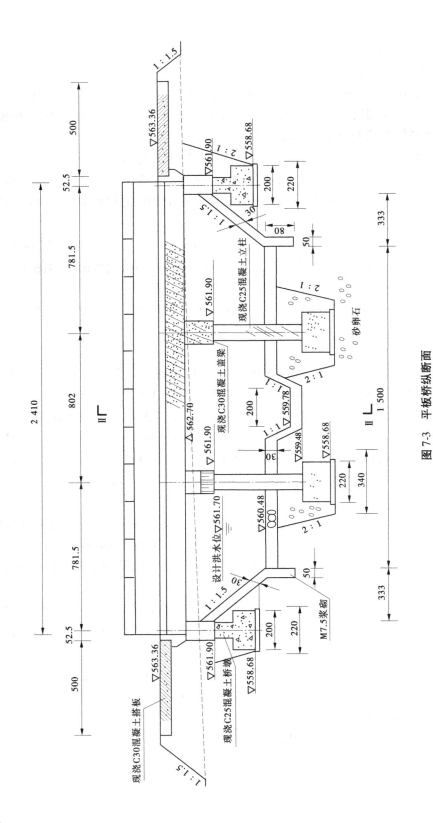

图 7-3 平板桥纵断面

7.3 工程优化设计与技术应用

7.3.1 河道整治工程

7.3.1.1 防洪标准

白龙涧河道为天然冲刷地下河,河床宽度 135~430 m,河床比降 4.6%,左右岸地面高于河床 2~12 m,在河道上游峪口建有蒲峪水库,蒲峪水库设计洪水标准为 50 年一遇,校核洪水标准为 500 年一遇。本次对白龙涧河道的治理,主要目的是整治河槽,平滩造地,按国家防洪标准,农田的防洪标准为 10 年一遇,确定本次泄洪主槽为 10 年一遇洪水,当发生超标准洪水时,由河床全断面泄洪。

7.3.1.2 工程设计

1.工程平面布置

现状河道主河槽在河滩中左右摆动,主槽极不稳定,将河滩分割得支离破碎,不适合成片耕种。本次治理工程的任务是将河道渠槽化,使上游河道来水在规划的河槽内流动,平面布置尽量沿坡脚单侧布设,尽可能保证耕地完整,便于以后耕种及其他基础设施的修建。

经过现场踏勘,现状河滩地形(上游约 1.5 km 范围内)地势西高东低,靠近西岸坡脚的河滩高程较东岸坡脚的河滩高程高 1~6 m,现状主河槽靠东岸坡脚,沿东岸坡脚 1.5 km 后主河槽在下游河滩之间左右摆动,下游段河滩坡脚两岸地形高程相差不大。根据现场踏勘情况,本次平面设计范围为上游 1.5 km 内,主河槽沿现状河槽布设,1.5 km 后,河槽拐至西岸坡脚,沿西岸坡脚布设。为避免深挖方,河道滩地进行土地平整时,将砂砾料堆至河槽两岸,形成河槽,施工简单,工程投资小。依据 1:2 000 带状地形图,设计堤岸线,避免出现大弯道和顶冲,保证堤岸线平顺,河道弯道段采用圆弧连接,共设置 9 处弯道,分别设在设计桩号 0+082、0+515.4、1+055.2、2+259.5、2+773.7、3+828、4+135.7、4+399.1、4+649.8 处,圆弧半径 R 分别为 150 m、150 m、700 m、500 m、500 m、200 m、200 m、300 m、600 m。

2.河道纵断面设计

治理段河滩有 6 处具有代表性的控制点高程,分别为:桩号 0+000,治理段起点河床底高程 684.5 m;桩号 0+515.4,设计河底高程 653.9 m;桩号 1+231.8,设计河底高程 619.47 m;桩号 2+526.1,通村公路设计河底高程 559.78 m;桩号 3+839.6,设计河底高程 499.7 m;桩号 5+225.6,设计河底高程 442 m。经计算,河床平均比降 4.6%。设计河床纵断面原则是设计河底纵比降高程与天然河床比降接近,避免出现河滩土地平整后,河底高程高于地面高程情况。

3.横断面形式选择

设计河床平均比降为 4.6%,比降较大,经计算,设计流速远大于河床介质的不冲流速。断面需考虑防冲措施。经调查,白龙涧近 10 年来仅有一次泄洪,发生在 2010 年 7 月,最大泄量为 28 m³/s,平时河道干涸,由于洪水历时较短,最大下泄流量也不大,因此设计横断面的大小及采用的工程措施对工程投资影响较大。

设计考虑选用了两种断面形式作比较,一种是梯形断面,另一种是复合梯形断面。

(1)梯形断面:当设计断面采用梯形断面时,断面砌护量较大,使工程造价大幅增加。

(2)复合梯形断面:在大梯形底部修建一个小梯形,作为小洪水行洪通道,进行全断面砌护,发生大洪水时,允许洪水溢出砌护槽。由于大洪水历时较短,发生频率较低,不会对河岸造成大的危害。

底部小梯形断面的确定,根据蒲峪水库多年运行情况,白龙涧河道来水多数为水库放水洞出口下泄水,经过计算,放水洞出口渠道最大下泄流量为 7.5 m³/s,因此底部小梯形断面过流能力按放水洞渠道最大下泄流量设计。

上部大梯形作为 10 年一遇洪水溢洪道下泄流量行洪槽,相应过洪能力为蒲峪水库 10 年一遇洪水下泄流量 50 m³/s。

4.河槽水面线设计

据工程设计,白龙涧整治工程行洪断面为渠化河槽,断面采用复式断面,河道顺直,易形成均匀流。水面线按明渠均匀流推算各断面设计水位。

河槽糙率采用综合糙率,浆砌石和砂砾石糙率分别 0.025 和 0.030。

河道变断面处 10 年一遇($P=10\%$)水面线计算成果见表 7-9。

表 7-9　白龙涧 10 年一遇($P=10\%$)水面线计算成果

序号	桩号	设计洪峰流量 (m³/s)	设计水深 (m)	设计流速 (m/s)	设计比降 (‰)
1	0+000~1+892	50	1.28	4.62	5.3
2	1+892~3+845.6	50	1.31	4.38	4.49
2	3+845.6~5+225.6	50	1.32	4.29	4.21

5.横断面设计

1)安全超高

(1)依据和方法:根据《堤防工程设计规范》对堤岸超高进行计算。

(2)堤顶超高(Y)计算:

$$Y = R + e + A \tag{7-2}$$

式中　R——波浪爬高,m;

　　　　e——风壅水面高度,m;

　　　　A——安全加高,对于 5 级允许越浪的堤防工程,安全加高值为 0.3 m。

①波浪爬高。根据莆田试验站公式计算:

$$R_{均} = K_\Delta \cdot K_w \frac{\sqrt{h\lambda}}{\sqrt{1+m^2}} \tag{7-3}$$

式中　K_Δ——上游坡糙渗系数,取 0.90;

　　　　K_w——经验系数,取 1.30。

设计爬高值根据工程等级确定,对于 5 级坝取累计概率 $P=13\%$ 的爬高值 $R_{13\%}$。

风浪爬高计算的参数为：

W——多年平均最大风速，m/s，依据《渭南地区暨铜川市实用水文手册》，$W=17$ m/s，风向为 NW 向。正常运用取多年平均最大风速的 1.5 倍，非常运用取多年平均最大风速；

D——风作用于水域的长度，km，依据地形图量得 $D=0.5$ km；

H——平均水深，$H_{设计}=1.32$ m。

风浪爬高计算见表 7-10。

表 7-10　风浪爬高 R 计算表

参数	计算结果
平均波周期 $T_{均}=4.438h^{1/2}$	2.51
平均波长 λ	9.82
设计爬高 $R_{5\%}$（m）	0.50

②风壅水面高度 e：

$$e = \frac{KW^2 D\cos\beta}{2gH} \tag{7-4}$$

式中　K——综合摩阻系数，取 $K=3.6\times10^{-6}$；

　　　W——风速，设计取多年平均最大风速的 1.5 倍；

　　　H——水域的平均深度，m；

　　　D——吹程，m；

　　　β——风向与水域中心的夹角，(°)。

经计算，e 值均很小，可忽略不计。

堤顶超高计算值见表 7-11。

表 7-11　堤顶超高计算值

工况	波浪爬高 R（m）	风壅水面高度 e（m）	安全加高 A（m）	堤顶超高 Y（m）
正常运用	0.5	0	0.3	0.8

2）横断面设计

下部小水主槽设计底宽 2.0 m，高 1.0 m，内坡比 1:1，直线段侧墙、底板采用干砌卵石衬砌，厚 30 cm，高 0.7 m，弯道段侧墙、底板采用 M7.5 浆砌卵石衬砌，厚 30 cm，高 0.7 m，上部设计洪水主槽，底槽 15 m，开挖坡比 1:1.5，高 1.1 m，直线段不做衬砌。

为防止大洪水时行洪槽水流流速过大，对河岸造成较大冲刷，对河岸顶冲段弯道进行 M7.5 浆砌卵石砌护，衬砌厚度 30 cm，衬砌高度 0.7 m。顶冲段位于左岸桩号 0+000～0+032.8、0+082.3～0+177.8、2+259.6～2+444.8、4+135.7～4+359.6、4+649.8～5+016.5、5+180～5+225.6。右岸桩号位于 0+000～0+032.8、0+515.4～0+677、1+055.2～1+567.1、2+773.7～2+850.1、3+828～3+961.4、4+339.1～4+559.6、5+

180 ~ 5 + 225.60 左右两岸砌护长度 2.11 km。

浆砌卵石河槽每 10 m 设一道伸缩缝,缝宽 2 cm,缝内灌注聚氯乙烯胶泥。

7.3.1.3 桥梁设计

桩号 1 + 231.8、2 + 526.1、3 + 839.6 处,设计新建交通桥 3 处,防洪标准为白龙涧河 10 年一遇洪水标准,设计荷载汽公路 – Ⅱ级。其中,1 + 231.8 处交通桥为石拱桥;2 + 526.1、3 + 839.6 处交通桥为平板桥,设计桥长 24 m,共 3 跨,单跨跨度 8 m,桥上部结构为预制 C40 钢筋混凝土空心板,厚 55 cm,桥面采用 C40 现浇混凝土铺装,厚 8 ~ 11 cm,设计桥面净宽 4.7 m,桥柱采用 C25 钢筋混凝土圆柱,直径 D600,柱中心距 2.4 m,基础采用 C20 混凝土基础,尺寸为 3.6 m×2.2 m×0.8 m,其下部为 10 cm 厚 C10 混凝土垫层。

1 + 231.8、2 + 526.1 处交通桥底部为浆砌石护底;3 + 839.6 处交通桥河床底部砂砾石层较薄,其下为湿陷性黄土,所以将该处交通桥底为 20 cm 钢筋混凝土护底,并在护底来水侧设置上宽 80 cm,下宽 1.8 m,高 2 m 的浆砌石挡水墙,从而避免护底发生沉降。

7.3.1.4 进出口设计

1. 进口设计

为使上游来水平顺地汇入人工渠化河槽,防止洪水从进口两侧溢洪,结合地形,需布设防护措施,进口段具体设计为:左岸维持人工渠化河槽顶高程不变,向南顺延,与现状地面线相交。右岸布设浆砌卵石护岸,斜向东南约 30°,布设长度 32.6 m,顶宽 0.5 m,底宽 1.8 m,高 0 ~ 1.6 m,基础埋深 1.5 m。砌护坡脚铺设铅丝笼石护根,铅丝笼石尺寸为 1 m × 1 m。

2. 出口设计

出口位于陇海铁路桥处,为平顺地与铁路桥衔接,设计 37 m 长的渐变段,渐变段底板采用 M7.5 浆砌卵石,厚 30 cm。

7.3.1.5 开挖弃料的处理

河槽开挖的砂砾石,一部分用作填方段堤身填筑料,另一部分堆放到背河侧堤坡外,并用履带式推土机推平。

7.3.2 土石方工程

7.3.2.1 土地平整设计

1. 平整原则

(1)根据地形条件,合理确定田块标高,使平整工程量最小。

(2)按照各个田块统一标高,田块内平整。

2. 规格要求

(1)以每个田块为一个平整单元,进行田块内平整。

(2)考虑到田块内平整工程量较大,田面坡比控制在 2% 以内。

3. 田面高程和田坎设计

田坎设计应遵循安全稳定、占地少、用工省的原则,依据式(7-1) ~ 式(7-5)计算:

$$B_m = H\cot\theta \tag{7-5}$$

$$B_n = H\cot\alpha \tag{7-6}$$

$$B = B_m - B_n = H(\cot\theta - \cot\alpha) \tag{7-7}$$

$$H = B/(\cot\theta - \cot\alpha) \tag{7-8}$$

$$B_1 = H/\sin\theta \tag{7-9}$$

式中　θ——原地面坡度,(°);

　　　α——埂坎坡度,(°);

　　　H——埂坎高度,m;

　　　B——田面净宽,m;

　　　B_n——埂坎占地,m;

　　　B_m——田面毛宽,m;

　　　B_1——原坡面斜宽,m。

本项目区田坎大部分高度为 2 m 左右,最高为 4 m,田坎稳定坡的坡角为 45°~60°。

4. 土源布置

规划从项目区东边取土,计划取土点共 6 个,1 km 一个取土点。取完土以后,将取土场修整为台田,既增加了耕地面积,稳定了边坡,又防止了水土流失。

7.3.2.2 土地平整土方量计算

田块内旧河道滩涂地平整以每个田块推移土方量计算。本次土方量计算前,选取了 5 块条田,分别用 DTM 法、20 m×20 m 方格网法、区域土方量平衡法三种方法来计算土方工程量,三种方法的计算结果平均误差小于 1%。由于方格网简便直观,图面表达清楚,实际工作中非常实用,所以本次土方量计算采用 20 m×20 m 方格网法。具体计算步骤如下:

(1)绘制方格网:土地平整工程量推算按照 1:2 000 地形图,根据设计比降,在图上的拟开发土地上绘制方格网,方格网边长为 20 m。

(2)计算设计高程:在每块田块挖填方量基本平衡的前提下,根据地形图上的等高线,分别求出每个方格顶点的地面高程式,计算每个小方格的平均地面高程,将所有方格的平均高程相加后除以方格总数,即得设计高程。根据方格角点的地面高程及各方格角点在计算每格平均高程时出现的次数进行计算,将各顶点分成四种情况,按下式进行设计高程的计算:

$$H_{设} = \left(角点高程之和 \times \frac{1}{4}\right) + \left(边点高程之和 \times \frac{2}{4}\right) + \left(拐点高程之和 \times \frac{3}{4}\right) +$$

$$\left(中点高程之和 \times \frac{4}{4}\right) \div 总格数$$

$$\tag{7-10}$$

(3)计算出设计高程点,连接各点,即为填、挖边界线,以此为界确定挖填区域,确定平均移动土方运距。

(4)计算填、挖深度:各方格填、挖深度为该点的地面高程与设计高程之差。

(5)计算填、挖量:根据方格网土方量公式计算

$$\sum V = \frac{a^2}{4} \times (0.5\sum h_{0.5} + \sum h_1 + 1.5\sum h_{1.5} + 2\sum h_2 + 2.5\sum h_{2.5} +$$
$$3\sum h_3 + 3.5\sum h_{3.5} + 4\sum h_4) \tag{7-11}$$

本项目共划分田块 142 块,经逐块计算汇总,共计移动土方 72.40 万 m³。通过平整开发新增耕地 107.296 2 hm²(1 609.443 亩),新增耕地率达到 79.64%。土方量统计表见表 7-12。

表 7-12 土方量统计表

田块编号	净增耕地(亩)	推土方量(m³)	覆盖黄土(m³)
一区	546.740	259 042	182 338
二区	625.788	260 872	208 700
三区	436.715	204 135	145 644
总计	1 609.243	724 049	536 682

7.3.2.3 土壤改良工程

项目区由原有荒石滩旧河道和周边未利用地组成,原河床内为大块砾石,周边未利用地土壤为砂土,土壤表层裸露的砾石较多。项目区内原河床内滩涂荒地,地表为荒石滩,土壤由砂土、砾石组成。

根据项目区实际情况,参考《土地开发整理工程建设标准》和眉县荒石滩河道整治实际工程经验,最终确定项目区土地开发地块覆土厚度为 50 cm。

项目区东岸土源深厚,可作为土源地,选取东边土岸边坡不稳定、边坡原貌荒乱的地方作为取土点。本次项目区田块表面覆土约需 53.67 万 m³,共涉及 6 个取土点,取土平均运距 1 km。取土后将土源点修建成梯田,边坡坡比为 1:2,以防止水土流失。

7.3.2.4 施工技术要点

1. 土方工程

具体在施工中进行土方填筑时,应根据填土土料特性、压实度指标,以及填土高度等因素,预留足够的沉陷量。为确保土方填筑质量及密实度指标符合设计要求,保证回填土的质量,必须做到以下几点:

(1)土方回填前清除原地面草皮、树根、垃圾等杂物,并将堤基表面碾压密实,报监理工程师验收合格后,进行填筑。

(2)填土面保持一定的横坡或中间高、两边低,以利排除表面积水。当天填土再碾压完成。由于气候、施工等原因停工的,对回填土面层加以保护。复工时,对不合格的面层作局部处理后进行回填。

(3)施工过程中避免出现"弹簧土"、层间光面、层间中空、虚压层等现象,一旦发生及时处理。

(4)混凝土强度指标达到设计强度的 70% 以上时,进行建筑物墙后土方回填。回填前,清理建筑物表面杂物,清除建筑垃圾、积水等,并报请监理工程师检查验收。

2. 砌体工程

（1）石料应在未冻前洗刷完毕，堆放于不受风雪灰尘影响的场地。使用时，应扫除石块上附着的雪块、冰屑。

（2）运送砂浆应尽量采取保温措施，已冻结的砂浆不再使用。掺有氯化钙的砂浆应尽量缩短运距及操作过程，并要在半小时内用完。因此，在砌筑施工时，砂浆宜采取小体积拌和。

（3）冬季施工条件下，浆砌石砌体的砂浆缝，不应超过常温下施工所规定的尺寸。每日砌筑中断时，在最后一层砌筑面上不铺置砂浆层，并不得留有砂浆残渣。砌体的垂直缝则须用砂浆填满。

（4）建筑物砌体在开始砌筑前，密切注意天气预报，防止寒流袭击。在施工中，如遇天气突然降温（夜间不低于 - 3 ℃，白天高于 0 ℃），已开工的砌体仍然可以继续进行，但要用温水拌制砂浆，使砂浆温度不低于 10 ℃，砌完后，表面加盖保温层。

（5）冬季施工所用砂浆的流动性，应比常温施工时适当增大（常温时一般为 5 ~ 7 cm），且不得使用石灰砂浆、黏土砂浆和石灰黏土砂浆。

（6）干砌石砌筑，应按设计坡比一层一层错缝锁结方式铺砌，砂砾垫层料的粒径应不大于 20 mm，含泥量小于 5%，垫层应与干砌石铺砌层配合砌筑，随铺随砌。已砌好的块石，不得随意挪动；封顶的眉子石应选用尺寸较大、块形匀称的块石，排砌要求达到结合密实，顶平沿齐，脚踩不动、不响。

（7）护坡表面砌缝的宽度不应大于 25 mm，砌石边缘应顺直、整齐、牢固。

（8）砌体外露面的坡顶与侧边，应选用较齐整的石块砌筑平整。

（9）为使沿石块的全长有坚实的支撑，所有的明缝均应用小片石料填塞紧密。

3. 混凝土工程

（1）混凝土原材料质量检验。每批进场的水泥均应有厂家的品质试验报告，进场后按国家和行业的有关规定，对供货商提供的每批水泥进行取样检测。检测取样以 200 ~ 400 t 同品种、同标号水泥为一个取样单位，不足 200 t 时也应作为一个取样单位。检测的项目包括水泥标号、凝结时间、体积安定性、稠度、细度、比重等。

黄砂必须进行筛分析试验，并检测其含泥量、含水量、比重等。石子也必须做筛分析试验，并检测其比重、容重、含泥量、压碎指标等。砂、石料的检验频率为：同批号产品每 400 m³ 检验一次，不足 400 m³ 也取一组。

混凝土所使用的各种外加剂均应有厂家的质量证明书，并按国家和行业标准进行试验鉴定，储存时间过长的应重新取样，严禁使用变质的不合格外加剂。对配置的外加剂溶液浓度，每班至少检查一次。

粉煤灰及其他批准的掺合料的检测取样以每 100 ~ 200 t 为一个取样单位，不足 100 t 也作为一个取样单位。

（2）选用优质模板，杜绝不合格模板的使用；加强模板的制作安装质量控制，确保模板的接缝横平竖直，不漏浆、不变形。用密封胶嵌入模板的接缝之间，避免因振捣漏浆形成麻面、挂帘；闸墩圆头模板采用定形钢模，用过的模板及时清理、整型，刷新矿物油防锈，使用前刷脱模剂。从项目一开始就要对整个水工建筑物的模板组合方案进行总体规划，要做到清水混凝土浇筑成型后模板拼缝横平竖直,排列呈现明显的规律。

(3)底部结构表面采用磨光机磨平、提浆,三搓二抹收光成活,确保表面平整光滑。

(4)严格控制混凝土分层厚度,并辅以边模处的人工插捣,以有效消除气泡,提高表面观感。

(5)选用同厂、同批号水泥浇筑相邻结构,确保颜色统一,粗细骨料固定厂家、固定质量。

(6)混凝土质量检测。

①坍落度检测:按施工图纸的规定和监理工程师指示,每班应进行现场混凝土坍落度的检测,出机口检测4次,仓面检测2次。

②强度检测:现场混凝土抗压强度的检测,以标养28天龄期的试件强度抗压值作为评定依据,按每100 m³混凝土成型1组试件,1组3个试件应在同一盘混凝土进行取样;每一单元工程成型试件最少1组,每一工作班成型试件1组。

7.3.3 农田水利工程

7.3.3.1 水源工程

项目区内灌溉水源从蒲峪水库西干渠接地埋管道引水。通过前面的水资源分析得知,项目区地表水资源比较丰富,在不开采地下水的情况下,天然降雨和地表水供给量仍大于项目区农业灌溉需水量。因此,项目区内水资源补给量能满足需求,本设计在水源保证方面完全可行。

7.3.3.2 灌溉工程布局

(1)结合地形条件布设。项目区平整工程完成后,总体地势南高北低、西高东低。根据项目区地形地貌及水源状况,灌溉工程整体布局采取引水灌溉的方式。

(2)从西干渠引水至蓄水池,起到水流缓冲作用,蓄水池与低压管道连接处设置栅栏,防止水中漂浮物进入管道。

7.3.3.3 低压管道设计

根据项目区实际情况,将水利工程修建低压输水管道和渠道的条件及预算作综合分析对比,最终确定采用低压输水管道灌溉系统。经分析比较,PE、PVC管材完全可以满足要求,且价格低廉,性能优越,安装施工方便,故输水管材选用工作压力为0.6 MPa的PVC管材。

本项目灌溉采用低压输水管道灌溉系统,即在田间设置固定不动的低压地埋暗管,低压输水管道埋设管顶距地面至少0.6 m。

1. 灌溉设计流量

采用《低压管道输水灌溉工程技术规范》规定的管道流量计算公式:

$$Q_{设} = \frac{\alpha m_{设} A}{\eta T_{设} t} \qquad (7-12)$$

式中 $Q_{设}$——设计流量;

   α——作物种植比例;

   A——设计灌溉面积;

$m_{设}$——设计灌水定额;

η——灌溉水利用效率;

$T_{设}$——灌水周期;

t——日工作小时数。

根据《陕西省作物需水量和灌溉模式》的有关资料,项目区冬小麦的最大一次灌水定额为 45 m³/亩,每天灌水时间为 14 h,灌水周期为 18 d。

最终由上述公式计算出灌溉设计流量为 0.10 m³/s。

2. 管径的确定

1)主管管径的确定

根据田间灌溉系统的设计水量,确定低压干管输水流量为 0.10 m³/s。管道直径按照下面的公式计算:

$$d = \sqrt{\frac{4Q}{3.14v}} \qquad (7\text{-}13)$$

式中 d——管道直径,mm;

Q——管道设计流量,m³/s;

v——管道经济流速,m/s,取 1.2 m/s。

根据经验,管道选用 PVC 塑料管,流速取经济流速,通过计算选取,主管管道直径 $D = 200$ mm。随着水流由南至北主管管径依次递减,分别为 160 mm、110 mm。

2)干管管径的确定

项目区共布置低压输水干管 10 条,干管平行于主管,通过计算得干管管道直径 $D = 110$ mm。

3)支管管径的确定

项目区共布置低压输水支管 109 条,通过计算得支管管道直径 $D = 75$ mm。

3. 管道水头损失的计算

管道的沿程水头损失采用《低压管道输水灌溉工程技术规范》中规定的水头损失的计算公式:

$$h_f = f \frac{Q^m}{D^b} L \qquad (7\text{-}14)$$

式中 h_f——沿程水头损失,m;

f——管材摩阻系数;

L——管长,m;

D——管道内径,mm;

m——流量指数;

b——管道内径指数。

UPVC 塑料管的参数取 $f = 0.464$、$m = 1.77$、$b = 4.77$,则干管沿程水头损失 $h_{f干} = 13.74$ m;支管沿程水头损失 $h_{f支} = 1.75$ m。

管道局部水头损失按沿程水头损失的 10% 计算,得到:$h_{f干总} = 1.37$ m,$h_{f支总} = 0.18$ m,$h_f = 17.04$ m。

从蒲峪水库西干渠引水到项目区,项目区与蓄水池高差约 10 m,项目区灌溉区域最北端和灌溉区域最南端的高差约 20 m,水头总共约 30 m,能满足项目区采用低压输水管道灌溉的水头要求。

4. 管网布置

根据项目区地形条件、地块大小、地块形状及作物种植方向等条件,贯通项目区南北方向沿河道方向埋设 PE、PVC 低压输水主管约 5 369 m,干管平行于主管,支管垂直于干管布置,主管与干管连接处设置闸阀井。对于面积大于 10 亩的地块,设置出水桩 2 个,出水桩间距约 70 m。管道布置详见项目区总体布置图。

管道的设计压力按照管道系统最大静水头的 1.5 倍计算,最终确定管材选用 0.6 MPa 的 PVC 塑料管。

对于项目区西岸上 5.242 6 hm²(78.639 亩)其他草地,设计采用接项目区外现有渠道进行灌溉。

7.3.3.4 管道施工安装

(1)测量放线。用经纬仪和钢尺放线,在管线的转折点、支管接头处、出水栓、闸阀等处设木桩。先定出管道中心线,后根据基槽开挖宽度,在中心线两侧用石灰撒出基槽开挖边线。

(2)基槽开挖及处理。基槽底宽 0.8 m,深度为 0.8 m。三通、弯头与管材连接安装时,在管线的转折点、出水栓等位置,基槽的开挖宽度适当加大。槽底要求平直、密实,用水准仪测定其底面坡度,如遇软基、坑穴等,超挖后要回填夯实。

(3)管道安装。塑料管一般为同径管,每节长 10 m 左右,采用热扩口涂黏结剂承插法连接。承口内壁和插口外壁均应涂黏结剂,其搭接长度应大于 1 倍外径。

(4)管件安装。管件与管道连接采用胶粘承插法衔接,安装前,首先对地基进行处理,夯实或铺垫黄土,以免产生不均匀沉陷。

(5)出水栓的安装。螺杆压盖式给水栓由一个下栓体和一个上栓体组成。安装前,首先根据基槽深度和给水栓的埋设高度,截取一节竖管,然后将竖管分别与给水栓的下栓体和管路中预留的三通(或弯头)承接成整体。

(6)管网试水前准备。在管网安装完成后,做好管道系统试水的准备工作,在每节管子中部可先填一到两堆土(约沟深的 1/3),以固定管道。

①管道试水试验。开泵前,先打开枢纽和试水支管首末端给水栓,开机充水后,关闭管网中除试水支管首末端以外的给水栓,支管末端出水后,缓慢调节末端给水栓的开启度,使管路中的水压力达到设计工作压力,保持 1~2 个小时,检查管路中的所有接头、管道、管件、阀门有无渗水、漏水、破裂现象,如有以上情况做出标记,以便停水后进行修补。

②管道修补。试压中如发现有纵向裂纹的管道,应锯掉,用承插法重新衔接;如发现小的漏洞,用防水胶带缠绕即可。修补完毕 3 天后,再放水检查,直至无渗漏时方可全部回填。

③管沟回填。试水结束后,回填管沟并夯实,回填时先用松散并剔除石块的碎土填至管顶以上 15~20 cm,用木夯夯实,然后分层回填、夯实,每层填土高度 20 cm,直至略高出地面为止。

7.3.4　防护工程

7.3.4.1　农田防护林

1.林带方向的确定

林带的方向,首先取决于当地主风的方向。实践证明,当林带的方向垂直主害风方向时,林带的防护距离最长。根据项目区实际情况,综合考虑其他方面的要求,如耕作方向、灌水方向和水土保持的要求等,林带不能与主害风垂直时,允许一定的偏角,偏角以不超过30°为宜。考虑本项目区风向的变化规律以及与项目区周边环境的协调关系,全年以西北方向为主害风,防护林带沿田间路单侧南北方向布设。

2.林带结构

考虑到项目区的防风目标,林带结构设计为疏透结构,林带疏透度在35%~50%,林带株距设计为5 m。

3.树种的选择

考虑项目区当地的气候和土壤等因素,防护林树种选用柳树。为保护生态环境、绿化及美化环境,项目区田间路单侧植树。项目区规划植树1 074棵。

4.施工技术要点

苗木的选择一定到规范的苗木基地,随起随用,适时造林。

施工先用经纬仪放线,根据树行距撒出白灰线,然后在白灰线上根据树株距找出每棵树的具体位置,再按要求挖穴栽树。栽种完毕后一定要浇水,坑中储水深10 cm。

项目实施以后,苗木的管理应有专人负责,可由所在地块的主人负责,栽后一个月浇水两次,天旱时可增加浇水次数。

7.3.4.2　堤岸砌护工程

浆砌石护坡、护底工程主要为人工施工,施工程序是施工准备、坡面清理、施工放线、基础开挖、基础砌石、坡面砂砾石垫层铺筑、坡面砌石。石料场外运输以汽车为主,场内用架子车转运,开挖基槽和砌石采用人工施工。砌护工程施工质量要求如下:

(1)施工前应首先建立施工档案资料及隐蔽工程签证资料。

(2)施工前应根据设计砂浆标号由国家认证实验室试验作出相应设计标号的砂浆配合比,作为施工砂浆拌和的控制依据。

(3)石料要求质地坚硬,比重在2.6 t/m³以上的块石。禁止使用风化的山皮石和裂缝石。一般要求块石质量控制在25 kg以上。

(4)水:井水、河水,以及不含有害物质,适宜于饮用的洁净水均可。

(5)砌筑前要严格按照设计要求进行清基、整坡、开挖基槽、放样等,做好各工序的前期工作,在开挖过程中如发现洞穴、贯通性裂缝,应进行开挖回填处理。

(6)砂浆拌和应符合以下要求:

①砂浆配合比与水灰比应严格按照设计要求配制。

②砂浆拌和应采用机械拌和,时间不少于2分钟。若采用人工拌和水泥砂浆,应先干拌三遍,再加水湿拌至色泽均匀,可塑性一致方可使用,拌和后的砂浆不得有小块和离析现象。

③砂浆应随用随拌。水泥砂浆在拌和后必须在 2 小时内使用完毕。如因故停歇时间过长,砂浆初凝后,应作废料处理,严禁重新搅拌使用。

(7)起坡石:面石的第一层为起坡石,起坡石对护坡整体稳定影响很大,砌筑时应遵循下列操作方法:

①砌筑前应选用厚大的石块打成适当的斜面,或选用楔形大块石作为起坡石。严禁采用小块石起坡,亦不得在大块石下边安放垫子石起坡。

②条件许可时,也可按照设计坡度,预先开挖斜形沟槽,以便安放起坡石。

③起坡石的上顶面要与砌体坡面垂直。

(8)面石应逐层扣砌,同一层面石的厚度应大致相等,使每层面石横缝水平,整齐一致。

(9)砌筑时每块面石应先行试放,使上下、左右石结合平稳,没有直缝、斜缝、咬牙缝(上下竖缝相差 2 cm 以内者为咬牙缝)等情况,如石块不均或石缝不合规定,必须另选石块重砌。

(10)砌筑时石料应大面临空;对一般长条形石料应丁向使用,不得顺水流方向使用;禁止采用薄片石砌面。

(11)上下层面应层层接茬,前半部分不得使用垫子石,当不稳定时,应用手锤敲打平整或在其后部用整齐的片石垫稳,垫衬时禁止使用圆垫子、重垫子、碎垫子和活垫子。

(12)两石侧面应相互接触,其边角洞隙须选用适当的石块塞紧,然后再用碎石填严。

(13)砌筑过程中,要随时注意坡度,防止凸凹现象发生。

(14)已砌好的块石,不得随意挪动,如有个别块石出现凸凹必须修正时,应防止附近石块发生松动和移位现象。

(15)封顶的眉子石应选用尺寸较大、块形匀称的石块,排砌要求达到结合紧密,顶平沿齐,脚踩不动、不响。

(16)面石表面要求坡度平顺,无凸凹不平现象,无浮石、活石、小石和补贴石;表面洞隙最大不得超过 20 cm²,纵缝、横缝最宽不得超过 2 cm。

(17)面石勾缝及其操作要点:

①勾缝所用 M7.5 水泥砂浆应采用较小水灰比,以防干裂,具体由现场试验确定。

②勾缝砂浆必须单独拌制,严禁与砌体砂浆混用。

③勾缝前要剔缝,将灰缝剔深 2～3 cm,然后用清水冲洗干净,或用毛刷进行清扫,缝内不得存有泥土、干灰等杂质。

④勾缝必须将拌制好的砂浆,向缝内分数次填充压实,直到与坝面平齐,再勾成平缝,然后抹光、勾齐。

⑤勾缝后要及时洒水养护,每天洒水 3～5 遍,养护期不少于 3 天。

⑥勾缝应连续进行,砂浆初凝后不应扰动。

护坡工程应严格按照《浆砌石坝设计规范》、《堤防工程施工规范》等规范进行施工。

7.3.4.3 水土保持工程

根据《中华人民共和国水土保持法》和《中华人民共和国水土保持法实施条例》,本项目区的整理开发建设,必须以保护生态环境为前提,加强水土保持与生态环境建设。

本工程水土保持设计,认真贯彻"预防为主、全面规划、综合防治、因地制宜、加强管理、注重实效"的水土保持方针,合理配置生物与工程、临时性与永久性措施,以形成有效的防治体系,保护和合理利用资源;坚持与主体工程同时设计、同时施工、同时投产使用的"三同时"政策;坚持综合治理与绿化美化相结合,实现生态、经济和社会效益的同步协调发展。

工程实施过程中,采取以下水土保持措施:

土地平整工程:本项目规划设计根据方田建设的要求,将原有的荒滩地全部推平,设计田块坡度控制在2%以内,相邻田块田坎高差控制在2.5 m左右,田块与田坎夹角控制在60°左右,防止水土流失,确保耕地稳定性。

覆土工程:土地平整工程完成后,及时对建成的方田地表进行覆土,覆盖项目区土壤表面大石块,有效改善土壤机理及其物理结构,起到保水保肥作用;取土点取完土后,将其设计为梯田,田坎坡比控制在1:2左右,最大限度地减少水土流失。

防护林工程:防护林是传统的水土保持林草措施。按照当地生态环境条件择优选择耐瘠薄、耐风蚀、易繁殖、生长快的林木品种,工程中选用一、二级苗木,1~2年生,株高1.5 m以上,生长健康的苗木,严禁选用等级外苗木。工程完成后,在项目区田间路靠近田块一侧栽植林带贯穿整个项目区。

主体工程施工区的水土保持措施安排与主体工程同步实施,其他区域的水土保持措施根据各施工区域的具体情况作出安排:临建工程防护措施与主体工程同步建设,植物措施建设安排在主体工程完建期。

通过在施工区全面布置水土保持工程措施和生物措施,使原有的水土流失得到基本控制,工程水土流失治理程度达到80%以上,因工程建设损坏的水土保持设施恢复到90%以上。工程建设完成后,对建设过程中损坏的植被进行恢复。

7.3.5 观测站工程

7.3.5.1 工程概述

根据华阴白龙涧旧河道滩涂地综合开发治理项目设计要求,为满足科研试验需要,在桩号2+576.1处(贺家桥北)修建野外科研观测站1座,分为实验室和门房,实验室由生活区和试验区构成。

实验室建筑结构为砖混结构,所有墙体均采用240 mm厚承重砖,所用混凝土基础垫层为C15,基础、悬挑梁、阳台板、楼梯、楼板为C25,其余现浇构件为C20。总建筑面积为260 m²,建筑层数为地上1层,建筑高度为3.3 m(至大屋面),建筑总高度为4.4 m,长20 m,宽12 m。生活区由休息室、展厅兼会议室、厨房、餐厅及卫生间构成;试验区安装中央试验台1套,实验室内购置基本实验仪器及耗材、工具柜、试剂柜、置物架等物品。

门房建筑结构为砖混预制结构,建筑总面积为56 m²,长8 m,宽7 m,包括宿舍、值班室、厨房和卫生间。

7.3.5.2 建筑施工图设计总说明

1. 总述

(1)设计范围。

①本工程的施工图设计包括建筑、结构、给排水、动力、暖通、电气等专业的配套内容，不包括钢结构、电梯、玻璃幕墙、内装修等专业的施工图设计；

②本建筑施工图仅承担一般室内装修设计，精装修及特殊装修另行委托设计；

③本建筑施工图含总平面布置图，主要表示建筑定位及室内外高差，其他详见总施工图。景观设计须另行委托。

（2）标注说明：除标高及总平面图中的尺寸以 m 为单位外，其他图纸的尺寸均以 mm 为单位。图中所注的标高除注明者外，均为建筑完成面标高。尺寸均以标注的数字为准，不得在图中量取。

（3）本说明未提及的各项材料规格、材质、施工及验收等要求，均应遵照国家标准各项工程施工及验收规范进行。

（4）当门窗（含防火门窗、人防门）、幕墙（包括玻璃、金属及石材幕墙）、电梯、特殊钢结构等建筑部件另行委托设计、制作和安装时，生产厂家必须具有国家认定的相应资质。其产品的各项性能指标应符合相关技术规范的要求。还应及时提供与结构主体有关的预埋件和预留洞口的尺寸、位置、误差范围，并配合施工。厂家在制作前应复核土建施工后的相关尺寸，以确保安装无误。

（5）施工前认真阅读本工程各专业的施工图文件，并组织施工图技术交底。施工中如遇图纸问题，应及时与设计单位协商处理。未经设计单位认可，不得任意变更设计图纸。

（6）根据《建筑工程质量管理条例》第二章第十一条的规定，建设单位应将本工程的施工图设计文件报有关主管部门审查，未经审查批准，不得使用。

（7）未尽事宜应严格按国家及当地有关现行规范、规定要求进行施工。

2. 建筑防火

（1）防火（防烟）分区的划分：每层为一个防火分区。

（2）疏散楼梯采用一部开敞疏散梯。

（3）本建筑四周设环形消防车道。

（4）施工注意事项。

①防火墙及防火隔墙应砌至梁底，不得留有缝隙；

②管道穿过防火墙及楼板处应采用不燃烧材料将周围填实，管道的保温材料应为不燃烧材料；

③防火卷帘上部穿有管道时，应用防火板（或墙）料，并达到耐火极限要求；

④除工艺及通风竖井外，管道井安装完管线后，应在每层楼板处补浇相同标号的钢筋混凝土将楼板封实；

⑤金属结构构件应喷涂满足规范要求的防火涂料；

⑥防火门、窗和防火卷帘等消防产品应选用国家颁发生产许可证的企业生产的合格产品，以及经国家有关部门检验合格并符合建筑工程消防安全要求的建筑构件、配件及装饰材料。

3. 建筑防水

1) 屋面防水

根据《屋面工程技术规范》，防水等级为Ⅱ级，两道设防。具体见工程做法。屋面柔性防水层在女儿墙和突出屋面结构的交接处均做泛水，其高度≥500 mm，屋面转角处、檐沟、天沟、直式和横式水落口周围，以及屋面设施下部等处做附加增强层。出屋面管道或泛水以下穿墙管，安装后用细石混凝土封严，管根四周与找平层及刚性防水层之间留四槽嵌填密封。水落口周围500 mm直径范围内坡度加大至15%。

2) 其他防水

(1) 卫生间的楼地面标高，比同层其他房间、走廊的楼地面标高低20 mm；

(2) 卫生间墙根部应用C20混凝土现浇250 mm高条带；

(3) 相关楼(地)面防水层详见工程做法；

(4) 突出墙面的腰线、檐板、窗台上部不小于1%向外排水坡度，且与墙面交角处做成直径100 mm圆角，并在下部做塑料成品滴水线(15 mm×10 mm)；

(5) 所有防水工程必须由专业施工队施工，严格执行相关规范，以确保防水效果。

4. 建筑节能

所属气候分区为寒冷地区，建筑体型系数 $S = 0.226$。

(1) 外墙外保温：55 mm厚挤塑聚苯防火保温板XPS(燃烧性能B1级)，$K = 0.59$ W/(m²·K)；

(2) 屋面保温：钢筋混凝土屋面板，65 mm厚挤塑聚苯保温板(燃烧性能B2级)，$K = 0.43$ W/(m²·K)；

(3) 外门、窗为断桥铝合金型，玻璃为LOW-E中空玻璃，空气层厚度为9 mm，$K = 2.5$ W/(m²·K)；

(4) 气密性等级不低于《建筑外门窗气密、水密、抗风压性分级及检测方法》中规定的6级；

(5) 采暖与非采暖房间相邻隔墙刷30 mm厚膨胀玻化微珠浆料(B1级)，$K = 1.466$ W/(m²·K)；

(6) 走廊木门为防盗门(具有保温、防盗功能)，$K = 1.76$ W/(m²·K)；

(7) 外墙保温材料各项指标均应满足国家建筑标准图集10J121的规定要求，并通过质监单位审查；

(8) 节能计算详见建筑节能计算书。

5. 环保设计

本工程采取的环保措施：

(1) 建筑材料及装修材料均选用环保型产品。

(2) 废弃物的运输与处理均应符合有关规程。

6. 墙体

1) 结构

所有墙体均为砖墙，采用240 mm厚承重多孔砖。砖墙配筋及其与钢筋混凝土墙、柱的连接构造详见结施图。门窗过梁根据非承重墙上洞口宽度及该处的墙体厚度，按Ⅱ级荷载级别,选用《钢筋混凝土过梁》(陕 09G05)中相应的预制过梁。洞口宽度≥2 400 mm,以及位于钢筋混凝土柱或墙边的现浇过梁,详见结施图。墙体凡 300 mm 以下预留洞口,建施均未标注,施工时应与有关工种配合施工留洞。

2)墙身防潮

(1)水平防潮层:设于底层室内地面以下 60 mm 处,用料见工程做法。

(2)当室内墙身两侧地面有高差时,在临土的一侧做竖向防潮层(用料同上),以保证防潮的连续性。

(3)当防潮层部位遇有钢筋混凝土基础梁或圈梁时,可不另做防潮层。

7.门窗

门窗玻璃及幕墙玻璃应严格执行《建筑玻璃应用技术规程》及《建筑安全玻璃管理规定》的有关规定。门窗见门窗详图及门窗表,所注尺寸为结构洞口尺寸,加工制作前应进行现场复测,并根据饰面层总厚度预留安装缝隙。门窗及幕墙(包括石材、玻璃、金属幕墙)由具有专项设计资质的单位设计施工。施工企业应根据合同及国家规范、标准进行门窗及幕墙技术设计和图纸制作,并对门窗及幕墙工程(结构设计、玻璃选型及厚度)的质量和安全负责。

外窗水密性能:雨水渗透性能不得低于国家标准《玻璃幕墙物理性能分级》中的 6 级标准;外窗及幕墙气密性能:气密性能不得低于国家标准《玻璃幕墙物理性能分级》中的 6 级标准;外窗保温性能:保温性能不得低于国家标准《建筑外窗保温性能分级及检测方法》中的性能标准及节能专项说明要求。

外门窗框料为白色断桥铝合金型材,玻璃为 LOW - E 中空玻璃(在线),空气层厚度 9 mm;门窗均采用无色透明白玻;外窗开启扇均设纱窗;外门窗框与墙体连接处必须先行清除杂物并用聚氨酯发泡密封胶填充后,方可做外墙防水及饰面材料,以防漏水;除注明者外,平开内门立栏与开启方向墙面水平。弹簧门(弹力小)、内窗及外门窗立栏均居墙中。

本项目外墙塑钢门窗、幕墙采用断热型材,具体节能要求详见建筑节能专项要求。玻璃雨篷及玻璃栏板中涉及钢构件部分,外饰面为氟碳喷涂(两涂)、亚光、颜色为灰色,具体要求详见外装修工程;同时具体材料、色板以业主及建筑师批审为准;所有机电设备用房门窗百叶及进排风洞口均加设 18 mm×15 mm 不锈钢丝防鼠网;有关铝合金门窗和幕墙,图纸中未尽事宜另见铝合金门窗及幕墙工程供应及安装技术规范。

五金配件配置选择:平开窗为执手多点锁(2 点或以上),不锈钢四杆滑拉铰链;平开门为两面执手多点锁(3 点或以上),内置合页,其中首层设独立锁具。铝格栅应在满足结构计算书的要求下,壁厚<1.0 mm;对于悬吊空调室外机承重铝格栅部分,其荷载按 200 kg/台考虑。

临空窗台距楼面低于 0.8 m(住宅 0.9 m)时,应加设护窗栏杆,做法见大样详图,同时防护高度应满足由可踏面算起不低于 1.10 m。

根据《建筑玻璃应用技术规程》,活动门玻璃、固定门玻璃和落地窗玻璃的选用应符合下列规定:有框玻璃应使用该规范表 7.1.1-1 规定的安全玻璃;无框玻璃应使用工程厚度不小于 12 mm 的钢化玻璃;根据该规范第 8.2.8 条,屋面玻璃必须使用安全玻璃。当屋面玻璃最高点距离地面大于 3 m 时,必须使用夹层玻璃。

8. 室内二次装修

(1)室内二次装修的部位详见工程做法。

(2)不得破坏建筑主体结构承重构件和超过结施图中标明的楼面荷载值,也不得任意更改公用的给排水管道、暖通风管及消防设施。

(3)不得任意降低吊顶控制标高以及改动吊顶上的通风与消防设施。

(4)不应减少安全出口及疏散走道的净宽和数量。

(5)室内二次装修设计与变更均应遵守《建筑内部装修设计防火规范》,并应经原设计单位的认可。

(6)二次装修设计应符合《民用建筑工程室内环境污染控制规范》的规定。

9. 其他

(1)所有预埋木砖及木门窗等木制品与墙体接触部分,均需涂刷两道环保型防腐剂。

(2)室内为混合砂浆粉刷时,墙、柱和门洞口的阳角,应用 20 mm 厚 1:2 水泥砂浆做护角,其高度≥2 000 mm,每侧宽度≥50 mm。

(3)屋面水落口:外落选用 PVC 材质与相应墙面同色的水斗及水管,尺寸见构件详图。内轮廓详见水施图。

(4)所有室内外露明金属构件及基层应采用热镀锌工艺,以防锈蚀。面层采用静电粉末或氟碳漆喷涂。构件应与主体有可靠连接。

(5)室内外装修(不包括二次装修)材料的规格、色彩、质地的选择须经建设单位和设计单位协商后确定,二次装修应委托有资质的装饰单位。

(6)凡窗台高度低于 900 mm 时,必须加装 1 100 mm 高的安全护栏,竖向栏杆净距 110 mm。

(7)严禁按单专业图纸进行施工,本图应与结构和各设备专业施工图配合使用。本工程需经有关部门审批后方可施工。

7.3.5.3 结构设计总说明

1. 概述

(1)本建筑结构类型:砖混结构;抗震设防分类:丙类建筑;地基基础设计等级:丙级;本建筑结构的合理使用年限:50 年;结构环境类别:地下部分:二 b 类;上部结构:一类。

(2)本建筑抗震设防烈度:8 度第一组;场地类别:Ⅱ类;相关构造措施按上述抗震等级和设防烈度取用。

(3)全部尺寸(除注明者外)均以 mm 为单位,标高以 m 为单位。

(4)本设计未考虑冬、雨季施工措施,施工单位应根据有关施工及验收规范确定。

(5)施工中应严格遵守国家规定的各项施工及验收现行规范。

(6)本说明与选用的标准图发生矛盾时,除特殊注明外,均以标准图为准。

(7)未经技术鉴定或设计许可,不得改变结构的用途和使用环境。

2. 使用荷载设计标准值

(1)宿舍、盥洗间、卫生间、楼梯、上人屋面为 2.0 kN/m²,走廊为 2.5 kN/m²,不上人屋面为 0.5 kN/m²;

（2）使用荷载及施工堆载均不得超过上述各值。

3. 地基与基础

（1）地质情况：甲方未提供地质报告，在施工及报建前，甲方应向设计单位提供地质报告，否则不得开工，如甲方擅自开工，由此产生的相关后果由建设单位承担，设计单位概不负责。甲方在提供地质报告后设计单位根据相关地勘成果可能修改基础设计。

（2）承载力特征值按 $f_{ak} = 200$ kPa 取用。

（3）120 mm 厚的隔墙下无梁者基础按相关图纸施工。

4. 材料

（1）混凝土强度等级（标准图集已注明者，见标准图）为：基础垫层：C15，基础：C25；悬挑梁、阳台板、楼梯楼板：C25；其余现浇构件：C20。

（2）钢筋：ΦHPB300 级热轧光圆钢筋，Φ 为 HRB335 级热轧带肋钢筋。

（3）型钢：Q235 - B、Q235 - C、Q235 - D。

（4）焊条与焊剂：应按《钢筋焊接及验收规程》选用。

（5）砖砌体：一至顶层非承重隔墙 120 mm；±0.000 以下，采用实心黏土砖，砖的强度等级为 MU10，采用水泥砂浆，砂浆强度等级为 M10；±0.000 以上，采用 P 型烧结多孔砖，砖的强度等级为 MU10；一至六层采用 M10 混合砂浆；六层以上采用 M7.5 混合砂浆。

5. 钢筋混凝土部分

（1）受力钢筋的混凝土保护层厚度：基础、基础梁、底板为 40 mm，圈梁、构造柱为 30 mm，梁为 35 mm，柱为 30 mm，板为 15 mm。

（2）梁、柱、板受力钢筋的搭接：受力钢筋的接头应设置在受力较小处，对承受均布荷载的梁、板，上部钢筋在两端各 1/3 跨度范围内、下部钢筋在跨中 1/2 内不应设置搭接接头；板和梁中受力钢筋可采用搭接接头，位置应相互错开，从任一接头中心至 1.3L 的区段范围内，接头面积的允许百分率，受拉区为 25%，受压区为 50%。

（3）未注明的现浇板分布筋均为 Φ8@200，板短跨大于 4 000 mm 时按相关图纸放置板盖顶（底）加强筋；支模起拱高度 L/500。

（4）现浇板上留洞不大于 300 mm × 300 mm 时，可不设置附加钢筋，板受力钢筋可绕过洞边。

（5）施工中必须采取有效措施确保板面钢筋的正确位置，现浇梁板及悬挑构件的上部钢筋严禁踩倒、踏扁，浇筑混凝土前必须对钢筋进行修整，方可浇筑。

（6）现浇悬挑构件的支撑必须待混凝土强度达到 100% 设计强度等级且上部结构施工一层或屋面施工完后，方可拆模。

（7）预制过梁见《钢筋混凝土过梁》（陕 02G05），荷载等级 3 级。

（8）当梁跨度大于等于 3 600 mm 且支座处无构造柱时，均须在支承面下设置钢筋混凝土梁垫，梁垫同墙宽，配筋见相关图纸。

（9）本工程必须密切配合建施、水施、电施、设施、动施等有关图纸施工。如门窗安装、楼梯栏杆、阳台栏杆、阳台板下及檐口板下的晒衣钩、檐口落水管的孔洞，均应按建施要求设置预埋件及预留孔洞。同时也应按电施要求进行预埋管线、防雷接地及水施的预留洞等施工。

6. 抗震构造

（1）构造柱尺寸及配筋见结施04,其构造节点及纵筋的锚固连接均参照《砌体结构构造详图》（陕02G01-1）第7～17页。

（2）构造柱必须先砌墙后浇筑,墙体应砌成马牙搓,并沿高每500 mm设2个拉接筋,每边伸入墙内不少于1 000 mm厚,砌隔墙与承重墙的连接见《砌体结构构造详图》（陕02G01-1）第70页。

（3）构造柱与基础的连接见《砌体结构构造详图》（陕02G01-1）。

（4）楼、屋面板与砖墙及梁的构造：

①现浇楼板及屋面板应伸入墙内≥120 mm;

②预应力混凝土空心板选用《预应力混凝土空心板》（陕02G09）;

③圈梁构造节点及做法参见《砌体结构构造详图》（陕02G01-1）第32～38页。

（5）当洞口宽度≥2 100 mm时,在洞口两侧增设构造柱,截面为墙厚×180,除注明者外,配筋均为4｜12｜6@200。

（6）女儿墙构造柱做法见《砌体结构构造详图》（陕02G01-1）第23～25页。

（7）墙体水平配筋做法见《砌体结构构造详图》（陕02G01-1）第62、65～38页。

（8）管沟框详图见《砌体结构构造详图》（陕02G01-1）第18～20页。

7. 结构标高

宿舍结构标高比建筑标高低50 mm,楼梯间结构标高比建筑标高低50 mm,卫生间结构标高比建筑标高低100 mm。

8. 其他

（1）所有外露铁件均涂红丹2度,色漆2道。

（2）隔墙下未设梁时板底加筋2@14。

（3）不得在截面长边小于500 mm的承重墙内埋设管线。

（4）为防止反复留洞破坏现浇板,在施工时应核对卫生器具型号及其他设施留洞后方可浇筑混凝土。

（5）砌体工程施工质量控制等级为B级。

（6）未尽事宜应按现行设计与施工规范的有关规定执行。

7.4　项目综合效益分析

7.4.1　社会效益评价

通过河道整治和土地开发整理项目的实施,一是治理河道,加固河堤,保证河道顺畅、安全,避免洪灾淹没农田;二是通过覆土改善土壤结构;三是修建引水渠道,完善项目区灌溉设施;四是通过在河道治理的基础上开发河道滩涂地,增加耕地面积,同时改善该区域的生态环境,促进当地农民生产,增加农民收入,提高当地农民的生活水平。

通过河道整治和土地开发整理项目的实施,土地利用结构发生转变,这势必增加农民收入,有利于促进农业发展,加快农业现代化进程,提高农民生活水平,对建设社会主义新农村发挥显著作用。

项目实施后,增强了项目所涉及村镇广大人民群众、各级政府和国土管理部门合理利用土地、切实保护耕地的意识。

7.4.2 生态效益评价

20 世纪 90 年代,联合国统计机构出版的《综合环境经济核算手册》,第一次正式提出绿色 GDP 的概念,即用自然资源的损耗价值和生态环境的降级成本以及自然资源、生态环境的恢复费用等调整现有的 GDP 指标,也就是把自然资源的损耗价值、生态环境的降级成本和自然资源、生态环境的恢复费用从国民经济总值中扣除,即所谓的绿色 GDP。

从国内外的研究情况来看,世界上许多国家都在对绿色 GDP 核算进行探索并付诸实践。目前各国绿色核算理论与实践还存在很多差异,全世界还没有统一的标准,也没有一个国家的政府以自己的名义发布核算结果。但是,核算的方法逐渐规范了,核算账户的范围也扩大了,而且联合国统计办公室已经在努力把绿色核算处理标准化,并在各国推广。从我国的绿色 GDP 核算研究情况来看,近年来的研究主要是由政府牵头,一些研究单位和高校参与,研究的重点放在森林资源的核算上,研究进程也主要放在一些案例的研究上,但仍然缺乏对核算内容、核算方法、核算框架等基础性的研究。另外,国内外有关绿色 GDP 核算的研究也表明,绿色 GDP 核算是一项复杂的系统工程,涉及会计、统计、资源、环境等各个方面,要全面推行绿色 GDP 的开展,需要不断地探索和研究。

7.4.2.1 华阴白龙涧项目实施对地区绿色 GDP 的贡献

农田防护林生态系统服务是指自然生态系统不仅可以为人类的生存直接提供各种原料或产品,而且在大尺度上具有调节气候、净化污染、涵养水源、保持水土、防风固沙、减轻灾害、保护生物多样性等功能,进而为人类的生存与发展提供良好的生态环境,对地区绿色 GDP 有重要贡献。华阴市白龙涧项目区实施农田防护林工程,栽植防护林带,采取单面种植,一期种植旱柳 400 棵,二期种植 450 棵,三期种植 550 棵。三期共种植旱柳 1 400 棵。根据陕西省造林标准 DB 61 - 142 - 1993 规定,旱柳的一般密度为 20 ~ 50 棵/亩,取平均值 35 棵/亩,项目区林网折合面积 3.05 hm^2(林网折合面积指以农田防护为主体功能的林带面积,单行林带需填报株数,按当地一般密度的株数折算为面积)。防护林工程的实施对绿色 GDP 的贡献主要体现在防护林作为整体的生态系统发挥的生态服务功能的价值上,包括农田防护林防护、保育土壤、固碳供氧、净化空气、生物多样性保护的价值。

1. 农田防护林防护的价值

项目区农田防护林防护的价值是指防护林保护农田免受风沙、干旱、霜冻、盐碱等自然灾害引起的作物增产价值,以及其改善当地生态环境,保护农田、道路和河堤免遭沙压,并引起作物增产的价值。根据国家统计局的统计数据,2012 年粮食平均价格为 2.92 元/kg,冯靖宇(2012)研究认为有农田林网的农田单位面积粮食平均产量增加 937.80 kg/hm^2,华阴市白龙涧项目区农田防护林防护价值的计算公式为:

$$U_1 = AQ_1C_1 \tag{7-15}$$

式中　U_1——农田防护林防护价值,元/a;

　　　A——农田防护林面积,hm^2;

Q_1——因农田防护林存在增加的单位面积农作物年产量,kg/(hm²·a);

C_1——农作物价格,元/kg。

2. 保育土壤的价值

森林植被在很大程度上能够减少土壤的侵蚀量、防止土壤流失和增加土壤的肥力水平。所以,森林保育土壤的价值应该从减少土地侵蚀、减少土壤流失和减少土壤肥力损失等 3 个方面考虑(秦伟等,2006)。项目区农田防护林保育土壤的价值主要计算其固土和保肥的价值。我国有林地比无林地平均减少的土壤流失量达到 335.57 t/(hm²·a),土壤平均容重为 1.24 g/cm³,平均库容成本为 6.11 元/m³,森林土壤表层氮、磷、钾的含量分别为 0.37%、0.11%、2.23%(张颖,2010)。碳酸氢铵含氮量、磷酸氢铵含磷量、氯化钾含钾量分别为 17.7%、53.7%、53.5%,国家统计局 2012 年调查数据表明,碳酸氢铵、磷酸氢铵、氯化钾价格分别为 520 元/t、580 元/t、2 200 元/t。农田防护林固土的价值计算公式为:

$$U_2 = AC_2X/\rho \tag{7-16}$$

式中　U_2——农田防护林年固土价值,元/a;

C_2——库容成本,元/m³;

ρ——土壤容重,g/cm³;

X——有林地比无林地平均减少的土壤流失量,t/(hm²·a)。

森林中含有大量的凋落物,由于森林土壤中微生物和森林动物的作用,形成了土壤养分循环系统。林木强大的固氮作用可以维持长期的土地生产力,循环利用营养物质,改善森林生态系统中土壤的物理、化学和生物特性(Jose,2009)。森林增加土壤肥力具体表现为森林减少了土壤侵蚀过程中一些营养物质的流失,这里主要考虑土壤中的氮、磷、钾三种主要矿物养分的损失量。不同土壤中 N、P、K 含量不同,根据研究地区主要土壤类型的 N、P、K 平均含量,可以估算出不同地区森林生态系统增加土壤肥力的经济价值。农田防护林保肥的价值计算公式为:

$$U_3 = AX(NS_1/R_1 + PS_2/R_2 + KS_3/R_3) \tag{7-17}$$

式中　U_3——农田防护林年保肥的价值,元/a;

N、P、K——林分表层土壤含氮、磷、钾量(%);

S_1、S_2、S_3——碳酸氢铵、磷酸氢铵、氯化钾的价格,元/t;

R_1、R_2、R_3——碳酸氢铵含氮量、磷酸氢铵含磷量、氯化钾含钾量(%)。

3. 固碳供氧的价值

联合国环境规划署和世界气象组织共同成立的政府间气候变化专门委员会(IPCC)报道,目前全球 CO_2 的排放量一年超过 230 亿 t,和 1800 年相比增加了 30%。这些气体在地球大气层制造出一个隐形的温室,热量被封闭在大气层内,造成地球温度急剧上升。到 2030 年,如果全球能源结构仍以化石燃料为主,按照 CO_2 当量计算,全球温室气体排放量在 2000~2030 年将会增加 25%~90%。按目前排放量继续等值排放,大气中 CO_2 等温室气体的体积浓度将近乎直线增长,2050 年为 450 mg/kg,2100 年将增加到 520 mg/kg,增长趋势令人担忧。温室效应越来越威胁到人类的生存和文明,因此林木应该充分发挥其吸收 CO_2、释放 O_2 的生态系统服务功能。

固碳供氧的价值分别采用造林成本法和影子价格法计算。中国造林成本为 260.9

元/t,工业制氧的成本为 600 元/t(张颖,2010)。王桂岩等(2001)研究认为杨树木材比重为 0.286～0.379 t/m³,计算中取平均值 0.33 t/m³;1 g 干物质(干物质量为林木净生长量和木材比重的乘积)形成过程中可以固定 0.44 g CO_2,同时释放 1.408 g O_2。固碳供氧的价值计算公式为:

$$U_4 = MDB \tag{7-18}$$

式中 U_4——固碳(供氧)的价值,元/a;

  M——形成 1 g 干物质可以固定 CO_2(释放 O_2)的量,g;

  B——中国造林成本(工业制氧价格),元/t;

  D——平均干物质量,t/(hm²·a)。

4. 净化空气的价值

净化空气的价值主要计算农田防护林吸收二氧化硫、氟化物、氮化物以及阻滞降尘的价值。单位面积阔叶树种吸收氟化物、氮化物、滞尘的能力分别为 4.65 kg/(hm²·a)、6.0 kg/(hm²·a)、0.11 kg/(hm²·a)。阻滞降尘的清理费用取 0.56 元/kg,氟化物处理的价格采用煤炉窑大气污染物排污收费标准的平均值 0.16 元/kg,氮化物处理的价格为 1.34 元/kg(张颖,2010)。

吸附二氧化硫的价值常用的有 3 种计算方法,具体有阈值法、叶干重估算法和面积—吸收能力法。这 3 种方法采用的公式一样,只是每种方法采用的树木吸收二氧化硫能力不同。阈值法计算采用的是中国环境科学院生态研究所的测量结果,树木吸收二氧化硫能力平均为 120.8 kg/(hm²·a)。叶干重估算法计算是根据北京市园林局等单位的有关研究,杨树等阔叶林对二氧化硫的吸收能力为 12.0 kg/(hm²·a)(张颖,2010)。面积—吸收能力法计算是采用国家环保部南京科研所编写的《中国生物多样性经济价值评估》的研究数据,阔叶林对二氧化硫的吸收能力为 88.65 kg/(hm²·a),二氧化硫的治理费用为 0.6 元/kg(张颖,2010)。显然,这 3 种方法的计算结果差异较大,一般来说,面积—吸收能力法的测试结果为全国的平均值;阈值法反映的是树木的最大吸收能力,计算结果一般偏高;叶干重估算法的计算结果偏小。本书采用面积—吸收能力法计算吸收二氧化硫、氟化物、氮化物、滞尘的价值,计算公式为:

$$U_5 = Q_2 A K_2 \tag{7-19}$$

式中 U_5——吸收二氧化硫(氟化物、氮化物、滞尘)的价值,元/a;

  Q_2——单位面积吸收二氧化硫(氟化物、氮化物、滞尘)的量,t/(hm²·a);

  K_2——清理二氧化硫(氟化物、氮化物、滞尘)的价格,元/kg。

5. 生物多样性保护的价值

我国有丰富的生物多样性资源,森林生物多样性在人类的生存中扮演着非常重要的角色,与人类生存发展息息相关。森林生物多样性包括森林生态多样性、森林物种多样性以及遗传基因多样性。森林物种多样性保护是指森林生态系统为生物物种提供生存与繁衍的场所,从而对其起到保护作用。物种多样性是森林生物多样性中最基本的,对其价值进行评估具有重要的现实意义。

物种多样性价值计算目前还没有比较成熟的评价方法,因为其属于生物多样性的非使用价值范畴,目前非使用价值货币化计算还比较困难,但有一些学者提出了支付意愿法、效益分析法、利益资本化法、保护物种定价法等(靳芳,2005),尝试量化物种多样性的价值。这些只是对生物物种多样性核算方法的探索性研究,不够准确。这些方法中,支付意愿法在国内外相关研究中认可度比较高,我国学者在评价森林生物多样性价值中一般都采用该方法。但在采用支付意愿法时,由于个人主观因素的影响,评估结果会存在较大的偏差,使可比性大大降低,这也是现阶段支付意愿法仍然无法避免的难题。因此,目前对森林物种多样性非使用价值的计算仍然没有客观的合乎逻辑推理的评价方法。王兵等(2008)认为 Shannon – Wiener 作为衡量生态系统物种多样性的指数,比较经典。根据 Shannon – Wiener 指数,计算项目区防护林生物物种多样性资源保护的价值。该指标的计算公式如下:

$$H' = - \sum_{i=1}^{s} p_i \lg p_i \qquad (7\text{-}20)$$

式中　H'——Shannon – Wiener 指数;

　　　p_i——总体中个体所占的比例,它能够同时反映物种的丰富度以及物种分布的均匀度。

根据 Shannon – Wiener 指数的计算公式,得到陕西省 Shannon – Wiener 指数为 1.56,因此该项目区农田防护林生物多样性的指数等级大于 1 小于 2,为第二等级。根据国家林业局、国家统计局《中国森林资源价值核算及纳入 GDP 研究》,采用专家评估法确定的第二等级生物多样性单位面积生物物种资源保护价值为 10 000 元/(hm^2·a)(王兵等,2008),通过 Shannon – Wiener 指数表得到 $S_{生}$(物种资源保护的价值)为 10 000 元/hm^2。生物多样性保护的价值采用以下计算公式计算:

$$U_6 = S_4 A \qquad (7\text{-}21)$$

式中　U_6——生物多样性保护的价值,元/a;

　　　S_4——单位面积物种资源保护的价值,元/(hm^2·a)。

根据上述计算公式,得到华阴市白龙涧项目实施对地区绿色 GDP 的贡献,见表 7-13。

表 7-13　华阴市白龙涧项目实施对地区绿色 GDP 的贡献

指标类别	价值量(元)	指标因子	价值量(元)
防护林防护	8 352.05	作物增产	8 352.05
保育土壤	111 239.38	固土	5 043.16
		保肥	106 196.22
固碳供氧	32 148.97	固碳	3 857.97
		供氧	28 291.00
净化空气	189.20	吸收二氧化硫	162.23
		吸收氟化物	2.27
		吸收氮化物	24.51
		滞尘	0.19
生物多样性保护	30 500.00	物种保护	30 500.00
合计	182 429.60	合计	182 429.60

由表 7-13 可知,华阴市白龙涧项目区农田防护林对地区绿色 GDP 的贡献为 182 429.60 元。其中,农田防护林防护的价值为 8 352.05 元,保育土壤的价值为 111 239.38元,固碳供氧的价值为 32 148.97 元,净化空气的价值为 189.21 元,生物多样性保护的价值为 30 500.00 元。

7.4.2.2 生态效益

项目区通过土地平整,道路、灌溉系统的修建,提高了土地的利用率和产出率,改善了农业生产条件和农民居住环境。同时,生态环境将会得到大大改善,大面积的滩涂荒滩造成的恶劣生态一去不复返,将出现焕然一新的"田成方、路相通、林成排"的优美环境。新开发的耕地,土壤结构合理,有机质含量高,水利设施健全,可形成新的生态型综合农业模式。

7.4.3 经济效益分析

(1)项目实施后,新增耕地面积 107.296 1 hm^2,每公顷小麦产量 6 000 kg,每公顷玉米产量 6 750 kg。作物的效益计算如表 7-14 所示。

表 7-14 效益计算表

白龙涧	作物	面积 (hm^2)	单产 (kg/hm^2)	单价 (元/kg)	收入 (万元)	成本		预期收益 (万元)
						(元/hm^2)	(万元)	
新增 耕地	小麦	107.296 1	6 000	2.5	160.94	6 000	64.38	96.56
	玉米	107.296 1	6 750	2.0	144.85	6 000	64.38	80.47
	小计				305.79		128.76	177.03

(2)本项目土地开发及田间配套工程的实施,使原地类中水面、其他草地、滩涂地变为水浇地,新增水浇地 107.296 1 hm^2,单位面积产值增加 13 500 元/hm^2。

项目实施完成后,按种植小麦、玉米测算,年净增产值共计 177.03 万元,按农业产值的静态效益计算,年投资收益率及回收期如下:

年投资收益率为:177.03 ÷ 2 647.66 = 6.69%。

投资回收期为:2 647.66 ÷ 177.03 = 15(年)。

7.5 推广示范

7.5.1 典型示范

华阴市白龙涧旧河道滩涂地综合开发治理项目由渭南市国土资源局于 2010 年 9 月批准立项,陕西省土地工程建设集团华阴项目部负责组织实施,是典型的荒石滩整治区。集团公司本着"科研支撑、试验先行"的原则,于 2010 年 7 月对"旧河道荒石滩土地整治中客土厚度和耕作层稳定性"课题开始进行研究,2011 年 6 月陕西省科技厅将该课题列入陕西省科技发展计划。

项目实施规模 77.846 5 hm^2,新增耕地 61.913 6 hm^2,新修 20~30 m 宽泄水河道 4.50 km,移动土石方 118 万 m^3,覆土 33.48 万 m^3,砌石 1.27 万 m^3,新修混凝土道路 4.81 km,架设平板桥 2 座、石拱桥 1 座,铺埋低压输水管道 18.40 km,架设 50 kVA 变压器 1 台、10 kV 高压线 2 000 m、低压线 100 m,新建试验观测站 1 座。

"旧河道荒石滩土地整治中客土厚度和耕作层稳定性"课题科研成果于 2014 年初通过了陕西省科技厅组织的验收,并进行了成果登记。

华阴市白龙涧旧河道滩涂地综合开发治理项目实施后,新建成高标准水浇田,实现一年两熟制。小麦单产达到 400 kg/亩,玉米单产达到 450 kg/亩,不仅补充了耕地数量,改善了当地生产生活环境,增加了农民收入,而且对提高当地社会、生态、经济等综合效益也有积极的意义。

7.5.1.1 土地平整工程

(1)设计标准:田面宽度设计为 20~50 m,坡降不大于 2%,满足机械化耕作要求。

(2)施工流程:施工放线—地表清理—石方平整—施工抄平—碾压—砂水沉淀。

田块纵断面图如图 7-4 所示。

图 7-4 田块纵断面图

7.5.1.2 覆土工程

(1)设计标准:覆土厚度不低于 50 cm。

(2)施工流程:

①土源检测—选定土源—剥离表土—拉运—覆土 10 cm—压实—覆土 20 cm—压实—覆土 20 cm;

②土源地修复—剥离表土回填—复耕。

覆土断面图如图 7-5 所示。

7.5.1.3 河道工程

(1)技术标准:10 年一遇洪水,宽度 20~30 m,比降 4.6%,护岸双侧浆砌,基础 50 cm,厚度 30 cm,坡度 1:1.5。

(2)施工流程:施工放线—河道开挖—坡面清理—基础砌石—坡面垫层铺筑—坡面砌石—养护。

河道断面图如图 7-6 所示。

7.5.1.4 桥梁工程

(1)设计标准:桥长 24 m,桥面宽 4.7 m,10 年一遇洪水标准,四级公路桥梁。桥梁设

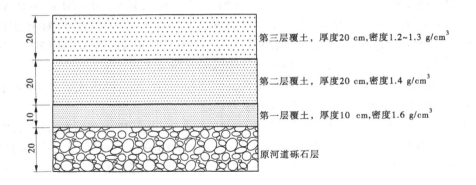

图 7-5　覆土断面图

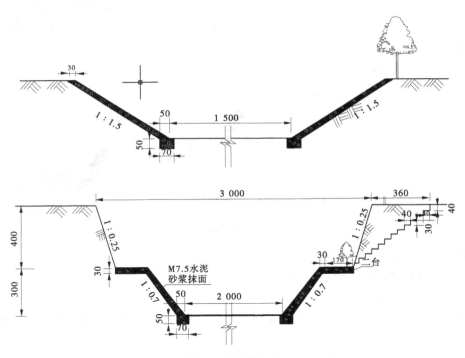

图 7-6　河道断面图

计荷载汽公路－Ⅱ级。

（2）施工流程：测量放线—基础开挖—桥台、桥墩、盖梁施工—预制面板吊装—桥面铺装施工—护栏、排水管施工—养护。

平板桥纵断面图如图 7-7 所示。平板桥平面图如图 7-8 所示。

7.5.1.5　道路工程

（1）技术标准：主干路面宽 4 m，路基宽 4.6 m，面层厚 18 cm；田间路面宽 3 m，路基宽 3.5 m，面层厚 15 cm。

（2）施工流程：路基处理—基础施工—混凝土面层施工—伸缩缝、路沿、路肩处理—

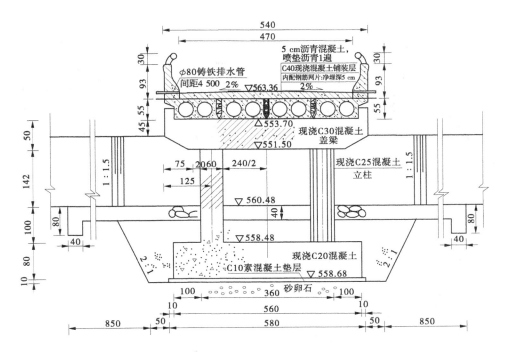

图 7-7　平板桥纵断面图

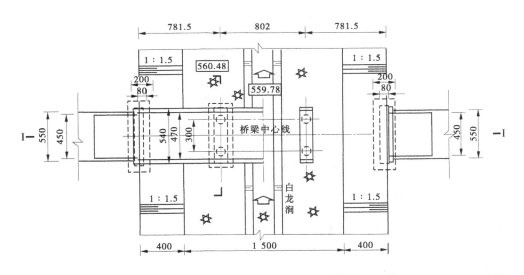

图 7-8　平板桥平面图

养护。

　　道路断面图如图 7-9 所示。

7.5.1.6　低压输水管道工程

　　(1)设计标准:灌溉设计保证率为 75%,管道水利用系数为 0.95,田间水利用系数为 0.9。

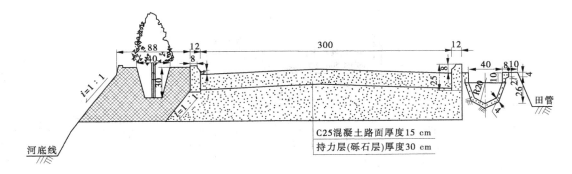

C25混凝土路面厚度15 cm
持力层(砾石层)厚度30 cm

图 7-9　道路断面图

（2）施工流程：放线定位—管槽开挖—管道安装—管道试水—管槽回填。
低压输水管道平面布置图如图 7-10 所示。

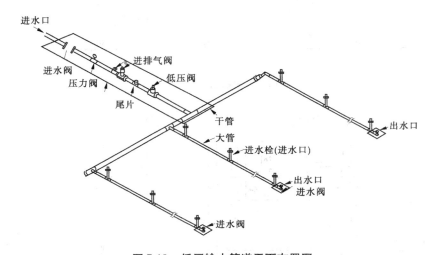

图 7-10　低压输水管道平面布置图

7.5.2　组织管理经验

华阴白龙涧土地开发项目是省级投资重点土地开发项目,项目施工中陕西省副省长以及省国土资源厅厅长、副厅长多次来视察,对项目给予了充分肯定,在全省影响巨大,起到了示范推广作用。项目验收前,组织了华阴土地工程质量现场会,对项目建设、施工要点、工程质量等进行了详细介绍,参会人员达到 200 人,起到了巨大的辐射效应。2014 年11 月 11 日,陕西省国土资源厅检查组与渭南市局耕保科一行专家对华阴白龙涧土地开发项目进行了检查验收。此项目在项目管理和资金管理方面都值得借鉴,并且有着巨大的示范作用。

7.5.2.1　工程管理

为切实搞好项目建设工作,该项目成立了华阴市白龙涧旧河道滩涂地综合开发治理项目工作领导小组。由市政府市长任组长,市政府分管副市长和市土地局局长任副组长,市政府办、发展改革、农业、水利、畜牧、环保、审计、财政、林业局等局长以及孟塬乡乡长为成员,办公室设在市国土资源局,领导小组全面负责项目论证、工程设计、施工、监理、检查、验收等组织协调和建设管理工作。

1. 严格建设程序,规范建设行为

华阴土地开发项目是为实现土地资源优化配置,保持水土,保护生态环境,实现可持续发展的基础工作,也是为了增加有效耕地面积、提高土地使用质量、促进集约化利用土地的工程,直接关系着华阴区域经济的发展和农民的切身利益。该项目规模大、投资大,所以项目建设必须严格按照基本建设程序实施,即建立健全项目法人制、工程建设招投标制和工程建设监理制,通过三项制度的建立健全,确保项目从投资、施工、竣工验收等各个环节得以顺利进行。

实行项目法人制,由项目法人对项目的工程策划、资金筹措、建设实施、工程质量、生产经营和资产的保值增值,实现全方位负责。由建设单位坚持"公开、公平、竞争和诚实信用"的原则,选择有资质、信誉好、技术力量强、施工经验丰富的施工企业和监理单位确保项目施工质量。

同时,与施工、监理单位签订土地开发施工与监理合同,明确其权利、义务与责任,严格合同管理,规范双方行为,使资金、进度、质量等措施落到实处。

2. 建立健全各级质量保证体系,使质量从组织上得以保障

在整个项目实施全过程中,进一步建立健全业主负责、施工企业保证、监理单位控制和政府质量监督部门监督的四级质量保证体系。主要实行一把手质量负责制,落实质量检查机构,督促检查监理、施工企业质量措施是否到位,施工质量是否达标;施工企业要建立项目质量检查部门,固定专业质检人员,制定各道工序质量标准与检查制度,从源头上把好施工质量关;监理单位要按合同文件要求制定出《监理规划与监理细则》,对重点部位重点布控,做到项目"事前、事中、事后"对施工进度、质量、投资全方位控制与管理;同时,市(区)质量监督及土地监察部门从政府监督与管理、执法方面对项目实施重点监督和检查,对发现的质量问题令其整改,对重大质量问题应追究当事人的刑事责任。

3. 高度负责,精心组织

参与项目实施单位要把土地整理项目列入到重要议事日程,落实组织,落实人员,落实措施,落实责任,落实质量,密切配合,协同进展。同时,依据《土地开发整理项目验收规程》,结合工程进度,有计划、有步骤地会同质量监督机构实施检查与验收,组织周密,坚持原则,不降低标准,不走过场,发现问题及时解决,严把质量验收关;质量监督部门也应对土地开发整理项目进行质量跟踪检查,特别是对重点部位重点检查,市国土资源局、乡土地所协助土地监督执法人员与村干部一道,及时解决项目实施中可能出现的土地纠纷及其他不确定因素,确保项目按计划顺利进展。

4. 加强工程监理,确保项目质量

实施项目监理,既是国家工程建设三项制度的要求,也是提高工程质量,控制项目投资、进度、质量的最重要环节。一是监理单位选派奉公守法、忠于职守、认真负责、业务精湛的监理人员组成项目监理部,审查施工企业的施工组织设计,使其在工期、进度、质量措

施上趋于合理,便于监控。同时,按照监理规划与监理细则,制定出各道工序的质量控制标准,合理划分质量控制单元,采取抽查、跟踪检查、旁站监理等方式控制工程质量,对工程重点部位采取24小时旁站监理,发现问题就地解决。二是监督检查施工企业落实"三检制"是否到位,即每道工序完成后,由施工班组自检,质检员中检,项目部终检后,交监理检查验收,不合格的绝不允许进入下一道工序施工。三是协助业主组织施工单位,选取集中连片的整理田块,作为示范点,高标准、高质量地整理成型,达到现场学习、交流,以点带面,辐射整个项目的目的。四是加强对土地开发整理项目投资预算、工程进度、施工质量监理、监督方面的动态管理。使施工企业能够按照《土地开发整理项目验收规程》要求内容施工,杜绝单纯为了方便施工或降低工程成本而造成的工程质量不合格的现象,杜绝"豆腐渣"工程。特别是对工程重点部位决不允许以任何名目、手段进行转包、分包。同时,会同质量监督部门,使整个项目处于全方位、全过程的监控之中,使土地开发整治项目按投资计划、工程进度、保质保量全面实现,确保建设行为的合法性、合理性、科学性和安全性。

7.5.2.2 资金使用管理和后期管护

1. 资金使用管理

严格执行《陕西省土地开发整理项目资金管理暂行办法》,成立资金管理专项部门,设立项目资金专户,专款专用,实行"报审批用"制度和程序。规范财务手续,实行项目资金预算管理制度,如实上报资金运转情况,主动接受有关部门对项目资金管理使用的监督与检查,决不允许弄虚作假,截留、挪用和挤占项目资金等违法行为,使资金能够按序使用,保证土地开发项目的顺利实施。

2. 后期管护

1) 成立管护机构

根据项目的特点,结合项目所在地的实际情况,项目建成后,根据"谁受益、谁养护、谁管理"的原则,以承包形式指定专人负责。

(1) 水利工程建成后交付项目所在地区、所属单位成立专门管理机构,组织专人管理。

(2) 制订合理的用水计划,做到作物布局合理,用水提前预定,按量供水,计量收费。

(3) 制定奖罚措施,所有工程划段落实责任承包人,谁受益、谁保护。

(4) 管理企业或受益村每年都要提取一定资金用于工程维护养护,实行专户专账、专款专用、专人管理、定额投入。

(5) 开发后的高标准耕地实行基本农田保护,建设高效、生态现代农业示范基地,生产无公害、绿色蔬菜。

2) 设置管护机制

完成后的耕地全部纳入基本农田保护区,基本农田上的农业结构调整应在种植业范围进行,确保基本农田数量不因农业结构调整而减少,质量不因农业结构调整而减低。根据国土资发〔2005〕29号文要求,"按照谁使用、谁管护的原则,建立责任制,落实工程管护措施,严禁只用不管、破坏工程设施行为,确保工程长期发挥效益"。

工程运行管理拟采取承包经营的运行管理模式。加强已成项目管护,落实责任制。

项目法人与项目使用者签订管护合同,明确专人管护,完善项目运行管理机制。

7.5.3 应用推广

7.5.3.1 荒石滩开发潜力

　　土地是人类赖以生存的重要资源,而未利用土地作为土地资源中重要的后备资源,经常用来补充耕地,是土地利用结构调整的最大变数,也是生态建设中合理利用土地资源的有效缓冲空间(金旭,2004)。

　　中国是一个人多地少的国家,近几年正处于快速城市化和工业化阶段,通过加大基本建设投资来拉动国民经济增长,各项建设占用了大量未利用土地,并且,今后随着经济建设快速发展,规模不断扩大的建设用地不可避免仍将继续占用较大量的未利用土地(袁春等,2003)。

　　未利用土地中有的生态环境极为脆弱,潜在退化威胁大,有的担负着生态承载功能,有的改良后可作为耕地后备资源(胡萃,2011)。

　　据统计,2010 年中国未利用土地总面积达到 212.57 万 km^2,占 2010 年遥感监测中国土地利用总面积的 22.00%。其中裸岩石砾地面积最大,其次为戈壁和沙地,分别占未利用土地总面积的 32.31%、27.96% 和 24.32%,三项合计达 84.59%,沼泽地、盐碱地、裸土地和其他未利用土地类型只占未利用土地总面积的 15.41%,具体的构成比例为沼泽地5.59%、盐碱地 5.49%、裸土地 1.59%、其他未利用土地 2.74%(易玲等,2013)。

7.5.3.2 荒石滩开发理念

　　从国家宏观政策上看,我国土地资源开发利用,关键在于正确处理开发利用与生态保护的关系问题,如西部地区生态环境脆弱,土地退化严重,西部地区,特别是西北地区又是我国土地后备资源的富集区。土地后备资源开发具有两重性:一方面,如开发得当,可以有效地改善区域的生态环境;另一方面,如不尊重客观规律,极有可能导致区域生态环境的恶化。因此,在土地资源开发中,必须克服两种错误倾向,一种是不尊重客观规律,盲目开发,不重视生态保护,最终导致开发的失败和区域生态环境的退化;另一种是唯生态保护而生态保护,排斥土地资源的开发利用。事实上,土地资源开发,如果开发方式和手段得当,不是强行向自然索取,而是在原有的基础上通过治理、利用、改造、保护,建立新的生态体系,其系统的生产力就会大大提高。实践证明,实事求是的思维方式、科学的态度和手段、先进的管理和组织方式,以及符合实际的融资方式和利益分配机制是土地资源开发成功与否的重要因素。

　　1. 在保护生态环境的前提下,适度开发部分耕地后备资源

　　保护和合理利用土地资源,增强土地资源的保障和供给能力,促进社会经济可持续发展,是我国土地资源利用和保护的一贯方针。由于受人口增长、经济发展和生态环境保护与建设等综合因素的影响,我国土地资源保护和利用正承受来自三方面的巨大压力,即人口持续增长对食物和生存空间的需求给土地资源保护和利用带来的压力、社会经济快速发展对土地资源总量需求的压力,以及生态建设和环境保护对土地资源利用方式改变所形成的压力。从总体趋势上看,我国人口将逐步接近土地资源承载能力的限度,各业用地矛盾将进一步加剧,耕地、林地、湿地等一些重要土地资源减少的问题将越来越突出,土地

利用环境退化趋势在近期难以改变,我国土地资源保护和利用面临的形势非常严峻。

今后 20 年,是我国社会经济发展的关键时期。随着加强水利、交通和能源基础性建设,积极推进城镇化、工业化等国家宏观社会经济政策的逐步实施,以及西部大开发在深度和广度上的逐渐展开,非农建设用地和农业结构调整对耕地的需求将进一步加大,对耕地资源形成了较大压力。据预测,到 2030 年,因建设占用、农业结构调整和自然灾毁等所造成的耕地减少将达到 600 万 hm²,耕地"占补平衡"的任务相当艰巨。在积极开展土地整理和土地复垦的基础上,按照"在保护中开发,开发中保护"的基本原则,选择耕地后备资源开垦条件好,并具有建立国家级开发复垦基地条件的地区,进行耕地后备资源开发,补充耕地面积,实现国家耕地"占补平衡"的战略目标。

2. 合理利用水土资源,科学制定国家级土地后备资源开发规划

我国集中连片耕地后备资源主要分布于西北干旱半干旱地区,以及东部的沿海滩涂地区,这些地区多地处生态脆弱带,在开发过程中,稍有不慎,就可能引起当地生态环境的破坏,甚至形成灾难性的后果。要开发这些地区的耕地后备资源,必须有水,而水资源利用还不能仅从局部利益出发,必须把上、下游作为一个总体来考虑,否则,会引起局域乃至全局性的生态退化,我国特别是西部地区耕地后备资源开发实际上是水土资源综合开发。所以,开发耕地后备资源的前提是从全局生态环境保护出发,制定国家级土地开发基地的耕地后备资源开发规划,以达到有计划、规模化地开发耕地后备资源的目的。

3. 建立土地开发项目管理制度,实行土地开发的科学管理

针对具体耕地后备资源开发项目,在进行开发前,必须组织多领域的专业技术人员,从不同角度调查、研究与土地开发项目有关的自然、社会、经济和技术资料,分析、比较可能的投资建设和施工设计方案,预测项目的社会、经济和生态效益或后果,在此基础上,形成土地开发项目的可行性研究报告。编制具体实施计划,组织力量和资金实际实施,定期进行技术、质量和财务监督,实行土地开发项目的全程跟踪管理,可有效保证土地开发项目的科学性和顺利实施,同时也是对土地开发进行科学化管理的关键,可以防治土地开发的短期行为,确保土地开发资金的专款专用和工程质量。

4. 建立和完善土地开发多元化融资机制,提供土地开发资金保障

土地开发是一项耗资巨大的工程,需要有大量资金保障。在组织大规模的土地开发项目时,政府投资是一项重要的资金来源。但针对具体的土地开发项目,为了减轻政府投资压力,有必要按照市场规律,建立和完善土地开发多元化融资机制,包括通过合作、股份、独资等形式,引进国外和内地资金,成立土地开发企业进行土地资源开发。从目前新疆土地开发的经验看,只要本着谁投资、谁开发、谁收益、谁负责的原则,即有责有偿、风险与利益共存的原则,建立公平合理的土地开发市场机制,就可以极大地提高投资者的投资积极性。建立土地开发多元化融资机制,有效地推进土地开发进程和当地社会经济的繁荣,同时可以减轻国家财政压力。

5. 明晰和稳定产权,建立土地开发收益的公平分配机制

20 世纪 80 年代初期农村推行的划分责任山、自留地、鼓励农民植树造林政策,由于土地产权不明晰,农民担心土地承包不稳定,积极性不高,效果不明显。80 年代后期实行"四荒"拍卖或租赁承包,农民或其他投资者出一笔钱就可以得到几十年长期的土地使用

收益权,而且规定在出让期间允许转让、出租或抵押,极大地调动了各方面投资开发的积极性,推动了"四荒"资源的合理开发利用。借鉴上述的经验和教训,耕地后备资源开发,必须从法律角度确立待开发土地的使用权,建立稳定合理的土地开发收益分配机制,才能极大地刺激投资主体进行长期的开发复垦投入,调动国家、集体和个人开发的积极性。

7.5.3.3　荒石滩开发实例

在荒石滩上覆盖客土,改良土壤,改变土壤结构,使其变成可以利用的土地,是响应国家政策和顺应时代的一种大趋势。截至目前,全国各地的农民政府也已经相继开展此项工作,将荒石滩变为农业用地、工业用地及城市用地等,不仅起到了绿化作用,还创造了巨大的经济效果,另外也起到了推广示范作用,为荒石滩治理提供了技术支持。

(1)华县高塘韩良村等 2 个村荒草地滩涂地开发和莲花寺镇等 3 个镇南寨村等 6 个村滩涂地开发项目为荒石滩地类,土壤瘠薄,土地生产力低下,生态环境脆弱。自 2010 年开始实施土地整治工程,将荒石滩综合整治技术应用到当地土地开发中,至 2013 年 3 月底,土地综合整治总面积 18.375 4 hm^2,实现新增耕地面积 16.909 1 hm^2,新增产值 15.218 2 万元。项目的实施,在有效地增加耕地面积、缓解人口增长与土地减少矛盾的同事,有效地改善了生态环境,使项目区农业发展向现代化、机械化和高效化生态农业方向发展。

(2)宝鸡市眉县县域范围内分布较大面积的荒石滩,土壤瘠薄,土地生产力低下,生态环境脆弱,较难利用。自 2011 年开始应用荒石滩综合治理技术,在眉县范围内荒石滩土地上进行综合整治。至 2013 年 3 月底,共计整治耕地面积 1 212.08 hm^2;累计新增耕地面积为 853.55 hm^2。综合整治后,该县生产条件有了明显改善,增加了耕地面积和粮食总产量,确保农业增收,农民增收,综合效益显著。

(3)宝鸡市太白县县域范围内分布较大面积的荒石滩,土壤瘠薄,土地生产力低下,生态环境脆弱,较难利用。自 2013 年 3 月底开始应用荒石滩综合治理技术,在太白县范围内荒石滩土地上进行综合整治,共计整治耕地面积 120.82 hm^2;累计新增耕地面积为 82.22 hm^2。整治后,该县生态环境和农田小气候得到较大程度的改善,有效提高了生态农业的发展,彻底改变了荒石滩原来的荒废状态,改善了村组的面貌,群众的收益也显著增加。

参考文献

［1］ 美国公共工程技术公司,美国绿色建筑协会. 绿色建筑技术手册:设计·建造·运行［M］. 北京:中国建筑工业出版社, 1999.

［2］ Barbier E B. Natural Resources and Economic Development［M］. New York: Cambridge University, 2005.

［3］ Barbier E B. Poverty, development and ecological services［J］. International Review of Environmental and Resource Economics, 2008,2(1): 1-27.

［4］ Bertalanffy L V. General System Theory: Foundations, Development, Applications［M］. 林康义, 魏宏森,译. 北京:清华大学出版社,1983.

［5］ Best R. Environmental Impact of Building Sustainable Practices. Environment Publishing, 1997.

［6］ Daly H E. Toward a Steady-State Economy. UK Sustainable Development Commission,2008.

［7］ Daly H E, Cobb Jr J B. For the Common Good: Redirecting the Economy Toward Community, the Environment, and a Sustainable Future［M］. Boston: Beacon Press, 1989.

［8］ Demetriou D, Stillwell J, See L. An integrated planning and decision support system (IPDSS) for land consolidation: theoretical framework and application of the land-redistribution modules［J］. Environment & Planning B-planning & Design,2012,39(4): 609-628.

［9］ Dexter A R. Advances in characterization of soil structure［J］. Soil Till. Res. , 1988, 11:199-238.

［10］ Djanibekov Nodir, Van Assche Kristof, Bobojonov. Farm restructuring and land consolidation in Uzbekistan: new farms with old barriers［J］. Europe-Asia Studies,2012,64(6):1101.

［11］ Eugene F. Brigham, Scott Besgley. Essentials of Managerial Finance. 2004.

［12］ Jose S. Agroforestry for ecosystem services and environmental benefits: an overview［J］. Agroforestry Systems, 2009, 76: 1-10.

［13］ Lauren Bradley Robichaud, Vittal S. Anantatmula. Greening project management practices for sustainable construction ［J］. Journal of Management in Enginering, 2011, 1:48-57.

［14］ Le Bissonnais Y. Aggregate stability and assessment of soil crustability and erodibility: I. theory and methodology［J］. Euro. J. Soil Sci. , 1996, 47:425-437.

［15］ Letey J. Relationship between soil physical properties and crop production［J］. Adv. Soil Sci. ,1985,1: 1277-1294.

［16］ Liu J. China Releases Green GDP Index, Tests New Development Path［R］. World Watch Institute: Online Features China Watch,2006.

［17］ Marcuss R D, Kane R E. US National income and product statistics: born of the Great Depression and World War II［J］. Bureau of Economic Analysis: Survey of Current Business,2007,87(2): 32-46.

［18］ Niu W Y, Harris M. China: The forecast of its environmental situation in the 21st Century［J］. J. Env. Manag, 1996,47: 101-111.

［19］ Oades J M, Waters A G. Aggregate hierarchy in soils［J］. Aust. J. Soil Res. , 1991, 29:815-828.

［20］ Robert C, Maureen H, Stephen P. Beyond GDP: The need for new measures of progress［J］. The Pardee Papers, 2009,4: 1-43.

［21］ Sven Bertelsen, Lauri Koskela, Guilherme Henrichand John Rooke. Critical flow-towards a construction flow theory [C]. Proceeding IGLC-14,Santiago, Chile, 2006.

[22] Turner R K, Daily G C. The ecosystem services framework and natural capital conservation[J]. Environmental and Resource Economics,2008,39：25-35.

[23] UNDP. Human Development Report[M]. Oxford：Oxford University Press,2010.

[24] United Nations, European Commission, International Monetary Fund. Organization for Economic Co-operation and Development World Band[R]. Integrated Environmental and Economic Accounting, 2003.

[25] Wallace K J. Classification of ecosystem services：problems and solutions[J]. Biological Conservation, 2007,139(3), 235-246.

[26] Wang Ying. The mudflat coast of China[J]. Canadian Journal of Fisheries and Aquatic Sciences, 1983, 40(1):160-171.

[27] WCED. Our Common Future[M]. Oxford：Oxford University Press,1987.

[28] World Bank. World Development Report[R]. Washing D C：World Bank,2010/2011.

[29] Zavala M A, Burkey T V. Application of ecological models to landscape planning：the case of the Mediterranean basin[J]. Land Scape and Urban Planning, 1997,38：213-227.

[30] Zhang B, Horn R. Mechanisms of aggregates stabilization in ultisols from subtropical China[J]. Geoderma, 2001, 99:123-145.

[31] Zheng J H, Bigsten A, Hu A G. Can China's growth be sustained：a productivity perspective[J]. World Development, 2009,37(4)：874-888.

[32] 陈恩凤,王汝庸,王春裕.改良盐碱土为什么要采取以水肥为中心的综合措施[J].新疆农业科学,1981,6(2):15-18.

[33] 陈放,马延祥.关于辽宁省海岸带、海涂开发战略的设想[J].中国海洋经济研究,1982,12(3):88-101.

[34] 陈国南.荷兰土地资源的利用与整治[J].自然资源,1990,11(1):72-76.

[35] 陈来卿.土地利用优化配置研究——以珠海市为例[D].广州：华南师范大学,2002.

[36] 陈永文,刘君德,李天任.中国国土资源及区域开发[M].上海：上海科学技术出版社,1989.

[37] 陈勇强,张浩然.精益建造理论在工程项目管理中的应用[J].中国港湾建设, 2007(4)：74-76.

[38] 程继承,林珲,杨汝万. 面向信息社会的区域可持续发展导论[M].北京：商务出版社,2001.

[39] 丁士昭,高丽萍.建筑工程管理与实务[M].北京:中国建筑工业出版社,2011.

[40] 范金梅.土地整理效益评价研究[J].中国土地, 2003(10):14-15.

[41] 冯靖宇.农田防护林网生态场研究[D].北京:北京林业大学,2011.

[42] 冯全洲,徐恒力.土地复垦的客土厚度及客土基质确定[J].农业科学和技术, 2009,10(4):183-188.

[43] 付旻峒,付英.我国建筑垃圾资源化循环应用状态及研究动态[J].辽宁化工,2012, 41(4):338-341.

[44] 傅伯杰,陈利顶,马克明,等.景观生态学原理及应用[M].北京：科学出版社,2001.

[45] 高吉喜.可持续发展理论探索——生态承载力理论、方法与应用[M].北京:中国环境出版社,2002.

[46] 韩霁昌,成生权,罗林涛.建立新增耕地质量评价体系[J].中国土地,2002,12(5):6-9.

[47] 韩霁昌.卤泊滩土地开发利用及评价体系研究[D].西安:西安理工大学,2004.

[48] 韩霁昌.土地工程概论[M].北京:科学出版社,2013.

[49] 胡萃.浅谈未利用地管理[J].资源与人居环境,2011(9): 28-29.

［50］胡渝清，罗卓.西南丘陵地区新增耕地质量评价方法研究——以重庆市大足县雍溪镇为例［J］.西南农业大学学报:社会科学版,2007(3):1-4.

［51］姜文来.湿地资源开发环境影响评价研究［J］.重庆环境科学,1997,19(5):9-13.

［52］金晓斌，何立恒，王慎敏.基于农用地分等土地整理项目的土地质量评价［J］.南京林业大学学报:自然科学版,2006(4):93-96.

［53］金旭.延吉市国土资源局未利用土地现状调查实施方案初探［A］//吉林省第三届科学技术学术年会论文集［C］.吉林:吉林大学出版社,2004.

［54］金争平，史培军.黄河黄甫川流域土壤侵蚀系统模型和治理模式［M］.北京:海洋出版社,1992.

［55］靳芳.中国森林生态系统价值评估研究［D］.北京:北京林业大学,2005.

［56］鞠正山，吴健生，赵艳玲，等.土地整理质量动态监测与评价技术［M］.北京:中国农业科学技术出版社,2012.

［57］柯克斯.农业生态学［M］.北京:农业出版社,1987.

［58］雷俊山，杨勤科.坡面薄层水流侵蚀试验研究及土壤抗冲性评价［J］.泥沙研究,2004,12(6):22-25.

［59］李德贤.河道治理的新模式——开发性综合整治［J］.海河水利,2003(6):50-52.

［60］李世楠.农业生态学的发展及趋势［J］.现代农业科技,2013,26(10):265.

［61］李叶.再生骨料混凝土性能的试验研究［D］.重庆:重庆大学,2009.

［62］李应中，梁佩谦，朱建国，等.关于我国湿地的开发与保护问题［J］.中国农业资源与区划,1995(1):1-4.

［63］连镜清.不同地区耕地开发治理的经济效益［J］.自然资源,1990,11(4):1-5.

［64］刘承平.数学建模方法［M］.北京:高等教育出版社,2003.

［65］刘光成，董捷.土地可持续利用评价初探［J］.中国农业资源与区划,2002,23(2):23-26.

［66］刘会平，严家平.不同客土厚度的煤矸石填充复垦区土壤生产力评价［J］.能源环境保护,2010,24(1):52-55.

［67］刘黎明.土地资源调查与评价［M］.北京:科学技术文献出版社,1994.

［68］刘丽莉.评价指标选取方法研究［J］.河北建筑工程学院学报,2004,22(1):134-136.

［69］刘强，杨俊杰，刘红军，等.有限长生态边坡客土稳定性分析［J］.岩石力学与工程学报,2009,S1:3264-3269.

［70］刘青泉，李家春，陈力.坡面流及土壤侵蚀动力学（Ⅰ）——坡面流［J］.力学进展,2004,34(3):360-373.

［71］刘小勇，吴普特.硬地面侵蚀产沙模拟试验研究［J］.水土保持学报,2000,14(1):33-37.

［72］刘彦随.区域土地利用优化配置［M］.北京:学苑出版社,1999.

［73］龙花楼，蔡运龙，张献忠.经济技术开发区土地可持续利用中的地理工程技术应用［J］.地域研究与开发,2002,21(1):13-17.

［74］龙花楼，李裕瑞，刘彦随.中国空心化村庄演化特征及其动力机制［J］.地理学报,2009,64(10):1203-1213.

［75］陆国庆，高飞.沿海滩涂资源开发利用研究［J］.中国土地科学,1996,10(2):11-14.

［76］鹿心社.试论土地整理的内涵及当前的任务［J］.农业工程学报,1997,12(2):93-100.

［77］路文丽.土地整理综合效益评价研究——以云南省丽江市拉市乡土地整理为例［D］.昆明:云南农业大学,2012.

［78］罗明，龙花楼.“土地整理理论”初探［J］.地理与地理信息科学,1996(6):60-64.

［79］吕明.利用石灰提高土壤稳定性［J］.Refractories & Lime,2014,39(2):42-46.

[80] 吕贻忠, 李保国. 土壤学[M]. 北京: 中国农业出版社, 2006.

[81] 马克思. 1844年经济学—哲学手稿[M]. 北京: 人民出版社, 1979.

[82] 马克思. 资本论[M]. 北京: 人民出版社, 1972.

[83] 马萍, 罗青红, 宋锋惠, 等. 伊犁河流域坡面径流侵蚀试验研究[J]. 西北林学院学报, 2010, 25 (3): 54-58.

[84] 马世骏. 中国生态学发展战略研究(第1集)[M]. 北京: 中国经济出版社, 1991.

[85] 苗慧玲, 李恩来, 杨耀淇, 等. 土地整治及其评价的研究进展[J]. 贵州农业科学, 2013, 41(9): 169-171.

[86] 穆鹏. 高烈度地震区黄土滑坡稳定性与防治技术研究[D]. 西安: 长安大学, 2014.

[87] 牛文元. 2004中国可持续发展战略报告[M]. 北京: 科学出版社, 2004.

[88] 牛文元. 可持续发展的能力建设[J]. 中国科学院院刊, 2006, 21(1): 7-13.

[89] 牛文元. 中国可持续发展总论[M]. 北京: 科学出版社, 2007.

[90] 彭建, 王仰麟. 我国沿海滩涂的研究[J]. 北京大学学报: 自然科学版, 2000, 36(6): 832-838.

[91] 彭建, 王仰麟. 我国沿海滩涂景观生态初步研究[J]. 地理研究, 2000, 19(3): 249-256.

[92] 彭少麟, 赵平. 以创新的理论深入推进恢复生态学的自然与社会实践[J]. 应用生态学报, 2000, 11(5): 799-800.

[93] 彭新华, 张斌, 赵其国. 红壤侵蚀裸地植被恢复及土壤有机碳对团聚体稳定性的影响[J]. 生态学报, 2003, 23(5): 2176-2183.

[94] 彭新华, 张斌, 赵其国. 土壤有机碳库与土壤结构稳定性关系的研究进展[J]. 土壤学报, 2004, 41 (4): 618-623.

[95] 齐援军. 国内外绿色GDP研究的总体进展[J]. 经济研究参考, 2004, 88(2): 25-29, 34.

[96] 秦伟, 朱清科. 绿色GDP核算中森林保育土壤价值的研究进展[J]. 中国水土保持科学, 2006, 4 (3): 109-116.

[97] 曲衍波, 张凤荣, 姜广辉. 基于生态位的农村居民点用地适宜性评价与分区调控[J]. 农业工程学报, 2010(11): 293-296.

[98] 石岩, 位东斌, 于振文. 土层厚度对旱地小麦氮素分配利用及产量的影响[J]. 土壤学报, 2001, 38 (1): 128-130.

[99] 宋绪忠. 黄河下游河南段滩地植被特征与功能研究[D]. 北京: 中国林业科学研究院, 2005.

[100] 王兵, 郑秋红, 郭浩. 基于Shannon-Wiener指数的中国森林物种多样性保育价值评估方法[J]. 林业科学研究, 2008, 21(2): 268-274.

[101] 王德彩, 常庆瑞, 刘京. 土壤空间数据库支持的陕西土壤肥力评价[J]. 西北农林科技大学学报: 自然科学版, 2008, 36(11): 105-110.

[102] 王桂岩, 王彦, 李善文, 等. 13种杨树木材物理力学性质的研究[J]. 山东林业科技, 2001(2): 1-11.

[103] 王军翔. 绿色施工与可持续发展研究[D]. 济南: 山东大学, 2012.

[104] 王亮, 杨俊杰, 刘强, 等. 表面渗流对生态边坡中客土稳定性影响研究[J]. 岩土力学, 2008, 6(2): 1440-1445, 1450.

[105] 王绍斌, 林晨. 从凉水河干流综合整治工程看城市河道的生态设计[J]. 北京水利, 2005(1): 15-17.

[106] 王有为. 中国绿色施工解析[J]. 施工技术, 2008, 37(6): 1-6.

[107] 魏景沙. 陕西杨凌渭河生态景观带规划设计研究[D]. 杨凌: 西北农林科技大学, 2011.

[108] 吴冠军. 发展现代农业的途径——建立机械化农场[J]. 农机使用与维修, 2009(5): 17-19.

[109] 吴加宁，董福平.浙江省河道治理思路与措施[J].中国水利，2004(1):41-43.

[110] 吴普特，周佩华.黄土坡面薄层水流侵蚀试验研究[J].土壤侵蚀与水土保持学报，1996，2(1): 40-45.

[111] 吴普特.动力水蚀实验研究[M].西安:陕西科学技术出版社，1997.

[112] 吴钦孝，杨文.黄土高原植被建设与持续发展[M].北京:科学出版社，1998.

[113] 肖笃宁，等.生态空间理论与景观异质性[J].生态学报，1997,17(5): 453-460.

[114] 肖笃宁，李秀珍.景观生态学的学科前沿与发展战略[J].生态学报，2003,23(8): 1615-1621.

[115] 肖国举，张强，王静.全球气候变化对农业生态系统的影响研究进展[J].应用生态学报，2007, 18(8):1877-1884.

[116] 肖培青，郑粉莉，贾媛媛.基于双土槽试验研究的黄土坡面侵蚀产沙过程[J].中国水土保持科学，2003，1(4):10-15.

[117] 辛德惠.浅层咸水型盐渍化地区综合治理与发展[M].北京:北京农业大学出版社，1990.

[118] 许巍，袁斌，孙水裕，等.城镇污染河流修复技术研究进展[J].广东工业大学学报，2004,21 (4): 85-89.

[119] 薛艳军.河北滨海平原区土地整理工程评价体系研究[D].保定:河北农业大学，2010.

[120] 杨宝国，王颖，朱大奎.中国的海洋海涂资源[J].自然资源学报，1997,2(4):307-316.

[121] 杨英，笪志祥.永定新河河道治理工程水土保持方案设计[J].中国农村水利水电，2010, 12(3): 78-81.

[122] 姚华荣，吴绍洪，曹明明，等.区域水土资源的空间优化配置[J].资源科学，2004,26(1): 99-106.

[123] 姚华荣，吴绍洪，曹明明.GIS支持下的区域水土资源优化配置研究[J].农业工程学报，2004, 20(2): 31-35.

[124] 姚华荣，郑度，吴绍洪.首都圈防沙治沙典型区水土资源优化配置——以河北省怀来县为例 [J].地理研究，2002，21(5): 531-542.

[125] 叶笃正，符淙斌，董文杰.全球变化科学进展与未来趋势[J].地球科学进展，2002,17(4): 467-469.

[126] 易玲，张增祥，汪潇，等.近30年中国主要耕地后备资源的时空变化[J].农业工程学报，2013,29 (6):1-12.

[127] 余作岳，彭少.热带亚热带退化生态系统植被恢复生态学研究[M].广州:广东科学技术出版 社，1996.

[128] 俞孔坚，李迪华，韩西丽.论"反规划"[J].城市规划，2005,29(9): 64-69.

[129] 袁春，姚林君.中国未利用土地资源的可持续开发利用研究[J].国土资源科技管理，2003,20 (6):20-23.

[130] 岳隽，王仰麟，彭建.城市河流的景观生态学研究:概念框架[J].生态学报，2005,25(6): 1422-1429.

[131] 张本家，高岚.辽宁土壤之土层厚度与抗蚀年限[J].水土保持研究，1997,4(4):57-59.

[132] 张毅川.郑州黄河滩地生态与景观重建研究[M].长沙:中南林业科技大学，2008.

[133] 张颖.森林绿色核算的理论与实践[M].北京:中国环境科学出版社，2010.

[134] 张勇，汪应宏，陈发奎.农村土地综合整治中的基础理论和生态工程[J].农业现代化研究， 2013,34(6): 703-707.

[135] 张征.环境评价学[M].北京:高等教育出版社，2004.

[136] 章家恩，象琪.恢复生态学研究的一些基本问题探讨[J].应用生态学报，1999,10(1):

109-113.

[137] 章明奎,徐建民.利用方式和土壤类型对土壤肥力质量指标的影响[J].浙江大学学报:农业与生命科学版,2002,28(3):277-282.

[138] 赵桂久,刘燕华,赵名茶.生态环境综合整治与恢复技术研究(第1集)[M].北京:科学技术出版社,1993.

[139] 赵桂久,刘燕华,赵名茶.生态环境综合整治与恢复技术研究(第2集)[M].北京:科学技术出版社,1995.

[140] 赵晓英,孙成权.恢复生态学及其发展[J].1998,13(5):474-480.

[141] 赵欣,陈丽华,刘秀萍.城镇河道景观生态设计方法初探[J].安徽农业科学,2007,35(6):1782-1783.

[142] 郑忠.坡面径流速度及土壤侵蚀量随坡度变化分析[J].土壤侵蚀与水土保持学报,1998,4(6):77-79.

[143] 周生路.土地评价学[M].南京:东南大学出版社,2006.

[144] 周维.再生混凝土及再生砌块在绿色建筑中的应用分析[J].绿色建筑,2012(5):61-62.

[145] 周在辉.基于3R1H原则的绿色施工节材研究[D].哈尔滨:哈尔滨工业大学,2014.

[146] 朱大奎.中国海涂资源的开发利用问题[J].地理科学,1986,6(1):34-40.

[147] 朱灵峰,张玉萍,邓建绵,等.河流修复技术应用现状及生态学意义[J].安徽农业科学,2009,37(7):3221-3222.

[148] 朱启贵.绿色国民经济核算论[M].上海:上海大学出版社,2005.

[149] 朱明君.我国滩涂资源可持续利用战略研究[J].中国土地科学,2000,14(2):8-12,47.